U-Boote

Die wichtigsten
Untersee-Boote und -Waffen
von den Anfängen bis heute

U-Boote

Die wichtigsten
Untersee-Boote und -Waffen
von den Anfängen bis heute

NEUER
KAISER
VERLAG

Inhalt

Einführung 6

Hinweise zur Benutzung
des Nachschlageteils 13

U-Boot-Typen 14

Torpedos und Raketen 160

Register 176

Einführung

U-Boote haben den Seekrieg revolutioniert. Die Fahrzeuge, die sich zwischen den Wellen bewegen, entwickelten sich im Laufe der Zeit von erstaunlich einfachen, dampfgetriebenen Fahrzeugen im amerikanischen Bürgerkrieg zu geräuscharmen Nuklearunterseebooten, die Monate unter Wasser bleiben und Interkontinentalraketen mit Mehrfachsprengköpfen tragen können. Das Konzept der Unterwasserkriegsführung ist jahrhundertealt. 1634 legten zwei französische Priester, Père Mersenne und Père Fournier, detaillierte Pläne für ein bewaffnetes Unterwasserfahrzeug vor.

1648 diskutierte John Wilkins, ein Schwager Oliver Cromwells, die Möglichkeit einer Unterwasserarche. Es war jedoch der amerikanische Unabhängigkeitskrieg, der die ersten Schritte in Richtung Bau eines U-Bootes als Waffe erbrachte. Der erste wahre Unterwassereinsatz fand im September 1776 statt, als der amerikanische Soldat Ezra Lee versuchte, mit dem U-Boot *Turtle* eine Sprengladung an dem britischen Kriegsschiff *HMS Eagle* im Hudson River anzubringen. Obwohl nicht als Tauchboot ausgelegt, befand sich bei *Turtle* die gesamte Schiffsstruktur unter Wasser, mit Ausnahme des kleinen Beobachtungsturmes, der mit Glasfenstern ausgestattet war, damit die Person in dem Boot den Weg zum Ziel finden konnte. Ezra Lee gelang es nicht, die Sprengladung an dem Rumpf des feindlichen Schiffes anzubringen, und das kleine Fahrzeug ging verloren, als die Fregatte, die es zum Ziel schleppen sollte, auf Grund lief.

Die napoleonischen Kriege hätten einen beträchtlichen Anteil an der U-Bootkriegsführung gehabt, hätte man die Ideen des

HMS M2 lief im Oktober 1918 vom Stapel, kam jedoch nicht mehr in einen Kriegseinsatz. Es wurde im April 1928 als Flugzeugträger umgebaut und verschwand 1932 spurlos vor Portland.

Die Lebensbedingungen in der HMS Graph *(ehemals* U-570*) waren extrem beengt.*

amerikanischen Erfinders Robert Fulton ernst genommen. Nachdem er in Amerika kein Interesse für seine Ideen wecken konnte, ging er 1797 nach Frankreich, wo seine Pläne für ein U-Boot Anklang fanden. Unter dem Namen *Nautilus* lief es als erstes U-Boot der Welt, das aufgrund eines Regierungsauftrages gebaut wurde, im Jahre 1800 vom Stapel. Während der Tests im Hafen von Le Havre blieb das Boot für eine Stunde, bei einer Tiefe von 7,6 m, getaucht.

Nachdem Frankreich das Interesse an dem Projekt verloren hatte, ging Fulton mit seinen Plänen nach England, wo es ihm gelang, Premierminister William Pitt für die Überprüfung der Idee zu gewinnen. Die Pläne wurden jedoch nicht akzeptiert. Die Einstellung der britischen Admiralität wurde in einer Zusammenfassung von Lord St. Vincent wie folgt dargestellt: „Pitt ist der größte Idiot, der jemals existierte, wenn er ernsthaft eine Kriegsart vorschlägt, die diejenigen, die die See befehligen, nicht wollen und die, falls

erfolgreich, sie ihres Einflusses berauben würde."

In der langen Periode des Friedens, die den napoleonischen Kriegen folgte, gab es wenig Möglichkeiten für erfinderische Gemüter, den Bau von Unterseebooten voranzutreiben. Erst der Ausbruch des amerikanischen Bürgerkrieges verlieh dieser Idee wieder Auftrieb. Die Fahrzeuge, die dabei erdacht wurden, waren aber echte Selbstmordwerkzeuge, die mit einer Sprengladung am Ende eines langen Stabes bestückt waren, dem sogenannten Spierentorpedo. *H. L. Hunley*, benannt nach seinem Konstrukteur, war das erste echte Unterseeboot, das erfolgreich gegen einen Gegner eingesetzt werden konnte. Am 17. Februar 1864 versenkte es ein Schiff der Unionstruppen, die *Housatonic*, wurde aber von der Sogwelle der Sprengladung mit in die Tiefe gezogen. Jahre später wurde das Wrack gefunden. Die Skelette der acht Männer, die die Handkurbel bedienten, saßen noch an ihren Plätzen.

Die verdammte unenglische Waffe

Es waren die Amerikaner, die um die Jahrhundertwende die Führung in der Entwicklung der U-Boote übernahmen. Führend in der Konstruktion war ein Amerikaner irischer Herkunft, John P. Holland. Hollands erstes erfolgreiches U-Boot war gleichzeitig seine Nummer 1. Das winzige Fahrzeug wurde durch eine Handkurbel angetrieben, wie auch die anderen zeitgenössischen Entwürfe. Mit dem Aufkommen des neuen Brayton-Benzinmotors mit einer Leistung von vier PS konnte Holland ein wesentlich zuverlässigeres U-Boot bauen. Hollands Nummer 1 wurde in den Albany Iron-Werkstätten im Jahre 1878 fertiggestellt. Heute befindet sich das Boot als Ausstellungsstück im Paterson Museum, USA. Hollands Vertrauen in den Benzinmotor brachte ihm einen großen Vorsprung gegenüber konkurrierenden Entwürfen, die auf Dampf als Antrieb setzten, ein.

Das erste moderne U-Boot Amerikas war die Holland VI, die später den Prototyp für britische und japanische U-Boote darstellte, die Benzinmotoren, Elektromotoren und ein Wasserflugzeug kombinierten.

Holland VI wurde 1900 bei der US Navy als *Holland* in Dienst gestellt. Obwohl die amerikanische Presse das Boot in den Himmel hob und sich in Begriffe wie ,,Monsterkriegsfisch" verstieg, war das Fahrzeug in Wirklichkeit ein vergleichsweise primitiver Entwurf.

Admiral Sir Arthur Wilson legte 1899 in einer gereizten Rede dar, dass U-Boote hinterhältig, unfair und verdammt unenglisch sind. Er erweckte damit den Eindruck, die Meinung der britischen Admiralität sei festgelegt, was den Stellenwert von U-Booten betraf. Die Royal Navy war jedoch zunehmend beunruhigt, was den Aufbau von U-Boot-Flotten bei den Amerikanern und Franzosen betraf und gab eine interne Studie in Auftrag. Zu den Flottenberichten von 1901/1902 wurde der Bau von fünf verbesserten U-Booten des Typs *Holland* zur Erprobung erwähnt. Die ersten fünf Boote, die in Dienst gestellt wurden, stammten von Vickers in Barrow-in-Furness als Lizenzbau. Der von der Royal Navy eingesetzte U-Boot-Inspektor, Kapitän Reginald Bacon, setzte auf eine Anzahl von Verbesserungen, die dazu führten, dass das *HM U-Boot No 1*, das am 2. November 1902 vom Stapel lief, wenig Ähnlichkeit mit dem amerikanischen Vorgänger hatte. Im März 1904 nahmen alle fünf Boote der A-Klasse, jetzt die offizielle Bezeichnung, an einem Angriff auf den Kreuzer *Juno* vor Portsmouth teil. Der Angriff war erfolgreich, jedoch stieß A1 mit einem Passagierschiff zusammen und sank mit der gesamten Besatzung, die dabei ums Leben kam. Insgesamt wurden 13 A-Klasse-Boote gebaut, gefolgt von 11 B-Klasse- und 38 C-Klasse-Booten. Von jenem Zeitpunkt an war das U-Boot eine wesentliche Waffengattung der Royal Navy.

Um 1914 verfügten die großen Marinemächte wie Amerika, Großbritannien, Frankreich, Italien und Russland über stattliche U-Boot-Flotten. In Deutschland startete man langsam, holte dann aber schnell auf. Im Verlauf des Ersten Weltkrieges erreichte diese Waffe ein hohes Maß an Kompetenz. Die Boote wurden technologisch ständig weiterentwickelt und bereits 1916 war die U-Bootwaffe die offensivste Waffe der deutschen Marine. Deutschlands große U-Kreuzer stellten eine große Herausforderung für die Alliierten dar und zwangen sie fast in die Knie. 1917 war die Bedrohung britischer Handelsschiffe, die unabhängig operierten, durch U-Boote unerträglich geworden und im April wurden bereits 907 000 Tonnen Schiffsraum versenkt, wovon allein 564 019 Tonnen auf britischen Schiffsraum entfielen. Es war letztendlich die Einführung der Konvoitaktik, die die Bilanz der Alliierten etwas verbesserte. Großbritannien entwickelte andere

Vier deutsche U-Boote und ihre Besatzungen in Wilhelmshaven 1945, kurz vor der Auslieferung an die Alliierten

Gegenmaßnahmen: Die Briten bauten die sogenannte Dover Barrage, die aus schwerbewaffneten Schiffen, die in einer Linie quer über den Kanal festgemacht wurden, wobei Minen, Netze und andere Gegenstände in den Zwischenräumen verankert wurden, bestand. Dennoch hat sich der beträchtliche Aufwand an Zeit, Arbeits- und Materialeinsatz nicht ausgezahlt, da bis Ende 1917 nur vier U-Boote versenkt werden konnten. Im Verlauf des Jahres 1918 (die Verluste konnten durch Einführung des Konvoisystems bereits entscheidend eingedämmt werden) wurden durch das Barrage-System zwischen 14 und 26 U-Boote abgefangen.

◼ Der Zweite Weltkrieg: Kampf um die Weltmeere

Der frühe Erfolg deutscher U-Boote wurde von den natzionalsozialistischen Planern in den Zwischenkriegsjahren nicht vergessen. Die hochseefähigen U-Boote entwickelten sich zur furchterregenden Waffe im Zweiten Weltkrieg und brachten Großbritannien in der sogenannten Schlacht im Atlantik nahezu an den Rand der Niederlage. Admiral Karl Dönitz entwickelte die Taktik des „Wolfsrudels", um die Effektivität der Konvois aufzubrechen, die ihm zwanzig Jahre vorher das Leben schwer gemacht hatten. Trotz der technischen Überlegenheit der deutschen Boote und des Mutes der Besatzungen erlitten die Deutschen eine Niederlage, da die Alliierten, hier insbesondere die Briten, Luftunterstützung für ihre Flotte aufbieten konnten. Die deutschen U-Boote waren zum Abtauchen gezwungen und verloren durch den daraus resultierenden Geschwindigkeitsverlust den Kontakt zum Konvoi.

Langstreckenpatrouillenflugzeuge mit dem damals neuen Radar-Ortungssystem verbuchten immer häufiger Erfolge im Aufspüren von U-Booten in der Nähe ihrer Konvois. Dieselben Flugzeuge waren extrem erfolgreich in der Kooperation mit Jäger-Zerstörer-Gruppen der US und Royal

Navy, die die Ozeane mit Zerstörern und Fregatten auf der Grundlage von qualifizierten Suchmustern nach U-Booten durchpflügten und danach bis zur Zerstörung jagten. Diese Taktik war in den letzten zwei Jahren des Krieges sehr erfolgreich.

Die Verluste waren für die deutsche U-Boot-Flotte schlichtweg nicht mehr zu tragen. Von den 1162 U-Booten, die während des Krieges in Dienst gestellt wurden, mussten 785 als ,,spurlos versenkt'' angesehen werden. Von den 40 000 Offizieren und Besatzungsmitgliedern kehrten zwischen 1939 und 1945 30 000 nicht mehr zurück. Deutsche U-Boote hatten 2828 alliierte Handelsschiffe mit insgesamt 14 923 052 Tonnen versenkt. 80 000 britische Seeleute und 30 000 zivile Besatzungsmitglieder verloren ihr Leben.

Der Kampf um den Atlantik konnte von den Alliierten gewonnen werden. Auf der anderen Seite des Globus, im Pazifik, gelang amerikanischen Langstrecken-U-Booten der Erfolg, der den deutschen U-Booten versagt blieb. Von 1942 an, in einer kontinuierlichen Kampagne gegen japanische Handelsschiffe, die sich nicht innerhalb eines Konvois bewegten, versenkten sie 5 588 275 Tonnen an Schiffsraum bei einem Verlust von nur 49 eigenen U-Booten. Mit dieser Taktik zwangen sie die japanische Wirtschaft beinahe zum totalen Stillstand.

Innere Marinerivalitäten führten einerseits dazu, dass die amerikanischen U-Boot-Besatzungen nur eine Nebenrolle in der Marinegeschichte spielten. Andererseits musste eines der größten Geheimnisse des Zweiten Weltkrieges

Die SSBN RESOLUTION, *die 1966 vom Stapel lief, konnte POLARIS-Raketen tragen.*

Unterseeboote mit ballistischen Raketen

Das Konzept des raketentragenden Unterseebootes ist nicht neu. Es geht auf deutsche Pläne aus dem Zweiten Weltkrieg zurück. Aber es dauerte noch bis in die 1950er-Jahre, bis Amerikaner und Russen mit nuklearangetriebenen Booten diese Technik vervollständigten. Diese U-Boote waren in der Lage, ballistische Raketen mitzuführen, extrem lange zu tauchen und die Deckungsmöglichkeiten der Polkappen und anderer Gegebenheiten der Ozeane zu nutzen. Bewaffnet mit Raketen, die nukleare Sprengköpfe tragen konnten, handelte es sich dabei um die ultimativen Abschreckungswaffen.

Was die Entwicklung nuklearer U-Boote anging, gelang den Amerikanern der Durchbruch mit einer frühen Bootsklasse, die dem Prototyp der *Nautilus* nachempfunden war. Dennoch war die eigentliche Zielsetzung der US Navy ein komplettes Waffensystem, das sämtliche Möglichkeiten der ballistischen Raketen, kleiner Thermonuklearwaffen, eines Trägheitsnavigationssystem und moderner Nuklearwaffen beinhaltete.

Das Ziel konnte erstmals 1960 mit der Verfügbarkeit von U-Booten erreicht werden, die mit SLBM-Raketen (*Submarine-launched ballistic missile*, d. h. ballistische Raketen, die von einem U-Boot aus abgeschossen werden können) vom Typ *Polaris A1* ausgestattet waren. Die Sowjetunion reagierte sehr schnell mit der Indienststellung der Nuklear-U-Boote der *Hotel*-Klasse, ebenfalls bestückt mit ballistischen Raketen. Sie waren ursprünglich mit *SSN-4-SarK*-Raketen ausgestattet, die nur über eine Reichweite von 350 nm (650 km) verfügten. Nach 1963 wurde die Klasse auf *SSN-5-Serb*-Raketen umgerüstet, was eine Reichweitenvergrößerung auf 650 nm (1200 km) bewirkte. Das Rennen der mit ballistischen Raketen bestückten U-Boote war damit eröffnet und wurde

bewahrt werden: Durch den Einsatz äußerst hochentwickelter Geheimdiensttätigkeit war man in der Lage, die japanischen Geheimcodes zu entziffern, wodurch letztendlich die Bewegungen des gegnerischen Schiffsverkehrs bekannt waren.

Im Atlantik führte das zur Planung sicherer Schiffswege für die Konvois. Hunderte von Schiffen, in nur wenigen Konvois gebündelt, verminderten die Anzahl der Ziele und diese waren auch noch schwieriger zu finden. Von allen Konvois, die den Atlantik überquerten, sahen 90 % keine U-Boote.

Die Entwicklung von Unterwasserwaffen, wie akustiksuchende Torpedos, U-Boot-Abwehrraketen und Wasserbomben, wurde im Zweiten Weltkrieg mit Hochdruck betrieben.

auch von Großbritannien, Frankreich und China aufgenommen. Bis 1980 wurde das ballistische Raketen-U-Boot (SSBN = *Ship submersible ballistic nuclear*) als die Zerstörungswaffe schlechthin angesehen. Es war in der Lage, 16 Raketen mit nuklearen Mehrfachsprengköpfen zu tragen, die die Fähigkeit besaßen, eine Welle der Vernichtung im Umkreis von bis zu 2500 nm (4600 km) auszulösen.

Nukleare Angriffsunterseeboote

Für etwa dreißig Jahre kam den Nuklear-U-Booten beim Katz- und Mausspiel in den Tiefen der Weltmeere eine bedeutende Rolle zu. Die Werkzeuge dieser gegenseitigen Abschreckung waren nukleare Angriffsunterseeboote und Jäger-/Zerstörerunterseeboote (SSNs, SSN = *Ship submersible nuclear*, die offizielle Bezeichnung der NATO für ein atomgetriebenes Jagd-U-Boot) , vollgepackt mit Waffen und Sensoren. Ihre Ziele waren die SSBN-Boote (mit Ballistischen Schiff-/Boden-Nuklearraketen) und Marine-Einsatzgruppen des Gegners.

Die Entwicklung der nuklearen Angriffsunterseeboote begann in den USA beinahe zur selben Zeit, bewegte sich aber auf komplett anderen Ebenen. Die USA legten Wert auf die U-Boot-Abwehr, wohingegen die UdSSR die Idee einer vielfältigen Einsetzbarkeit verfolgten, die sowohl die Fähigkeit des U-Boot-Abwehr-Kampfes als auch des Angriffs mit großen Marschflugkörpern beinhaltete. Später bauten auch die USA die Vielseitigkeit ihrer U-Boote aus und entwickelten Waffen vom Typ *Harpoon* (U-Boot-Abwehrvariante) und *Tomahawk* (Schiffsbekämpfungsvariante), die für die Schiffsabwehr und für den Landangriff geeignet waren.

Die Vorteile des nuklearen Angriffsunterseebootes bestehen in der Fähigkeit, nahezu unbeschränkt getaucht zu operieren, ungeahnte Tauchtiefen zu erreichen, in der hervorragenden Sensorelektronik und dem großen Energieausstoß des Nuklearreaktors, der eine hohe Unterwassergeschwindigkeit ermöglicht. Bei der späteren Generation von nuklearen Angriffsunterseebooten handelte es sich um regelrechte Unterwasserkreuzer. Die sowjetischen Boote der *Oskar*-Klasse waren das Äquivalent zur *Kirov*-Kreuzerklasse. Ihr Einsatzgebiet lag unter den Polkappen, von denen man annahm, dass sie ein sicheres Gebiet für U-Boote mit ballistischen Raketen darstellten.

Diesel-/Elektro-Unterseeboote

In Marinekreisen neigte man zu der Ansicht, dass mit der Entwicklung des nuklearen Unterseebootes die Zeit der Diesel-/Elektro-Unterseeboote zu Ende gehen würde – eine Antriebsart, die die U-Boote durch alle Phasen der Entwicklung seit dem Ersten Weltkrieg begleitet hat. Diese Einschätzung war jedoch falsch. Nur die wirklich reichen Nationen können sich die dafür notwendige Nukleartechnologie leisten. Der Einsatz einer Kombination aus Diesel- und Elektromotor, mit dem ebenfalls eine geräuscharme Fortbewegung unter Wasser möglich ist, erwies sich als wesentlich kostengünstiger. Während des Falkland-Krieges 1982 gelang es der Royal Navy nicht, das argentinische U-Boot *San Luis* zu orten, das im weiteren Verlauf drei – glücklicherweise fehlgeschlagene – Angriffe auf die Einsatzgruppe durchführte. Heute müssen NATO-Marinestreitkräfte, die lange auf die Jäger-/Zerstörer-Rolle gegen russische U-Boote in den Tiefen der Ozeane spezialisiert waren, sich mit dem Aufspüren von feindlichen Diesel-/Elektro-Unterseebooten zufriedengeben. Außerdem nehmen sie hoheitliche Aufgaben im Rahmen von UN-Mandaten in kleineren Territorien wie der Adria wahr.

Hinweise zur Benutzung des Nachschlageteils

Steckbrief

Jede Beschreibung der einzelnen U-Boote wird durch einen Steckbrief ergänzt, der die wichtigsten Informationen zusammenfasst: Ursprungsland, Stapellauf, Besatzung, Verdrängung, Maße, Bewaffnung, Triebwerksanlage, Reichweite und Geschwindigkeit.

Bei den Torpedos im hinteren Teil des Buches informiert der jeweilige Steckbrief über: Waffentyp, Ursprungsland, Hersteller, Gewicht, Maße, Reichweite, Gefechtskopf, Leistung und Hauptnutzer.

Bedeutung der Abkürzungen

hp = horse power (1 hp = 1,01 PS)
kn = Knoten (1 kn = 1,85 km/h)
Mach = Verhältnis Fluggeschwindigkeit zu Schallgeschwindigkeit – wird von einem speziellen Fluginstrument, dem Machmeter, angezeigt.
nm = nautische Meilen (1 nm = 1,85 km)
sm = Seemeilen
kt = Kilotonnen

Militärisch-strategische Begriffe

ASDIC = *Anti submarine detection investigation committe*, Ortungssystem zum Aufspüren getauchter U-Boote, ein Vorläufer des Sonars
ASW = *Anti submarine warfare*, Anti-U-Boot-Kriegsführung
ICBM = *Intercontinental Ballistic Missile*, Interkontinentalrakete oder auch Langstreckenrakete
MIRV = *Multiple independently targetable reentry vehicle*, unabhängig zielbare Mehrfach-Wiedereintrittskörper

(Sprengköpfe für Interkontinentalraketen, mit denen es möglich ist, mehrere Ziele mit einer Trägerrakete anzugreifen)
MRBM = *Medium-range ballistic missile*, Mittelstreckenrakete
MTB = *Motor Torpedo Boat*, Motortorpedoboot
SLBM-Rakete = *Submarine-launched ballistic missile*, ballistische Raketen, die von einem U-Boot aus abgeschossen werden können
SSN = *Ship submersible nuclear*, die offizielle Bezeichnung der NATO für ein atomgetriebenes Jagd-U-Boot
SSBN = *Ship submersible ballistic nuclear*, U-Boot mit ballistischen Nuklearraketen
SSGN = *Ship submersible guided missile nuclear*, atomgetriebenes Raketen-U-Boot
SSK = *Ship submersible hunter-killer*, U-Boot-Jagdschiff
SNLE = *Sous-marin nucléaire lanceur d'engins*, U-Boot mit ballistischen Nuklearraketen
START-Abkommen (I und II) = *Strategic arms reduction treaty*, Vertrag über die Reduzierung strategischer Waffen
MSBS = *Missile mer-sol balistique stretégique*, entspricht der englischen Bezeichnung SLBM-Rakete, ballistische Raketen, die von einem U-Boot aus abgeschossen werden können
QRA = *Quick reaction alert*, hohe Stufe der Gefechtsbereitschaft innerhalb der NATO
SAC = *Strategic Air Command*, eine strategische Luftstreitmacht der US-Luftwaffe während des Kalten Krieges. Ihre Auflösung erfolgte 1992.
HE = *High explosive*, hochexplosiv
SSM = *Ship-Launched Anti-Ship Missile*, schiffsbasierter Seezielflugkörper

U-Boot-Typen

A1

Ursprungsland:
Großbritannien

Stapellauf:
Juli 1902

Besatzung:
11

Verdrängung:
Überwasser: 194 t,
getaucht: 274,5 t

Maße:
30,5 m × 3,5 m ×
3,25 m

Bewaffnung:
2 460-mm-
Torpedorohre

Triebwerksanlage:
1 160-hp-Benzin-
motor, 1 126-hp-
Elektromotor

Reichweite: 593 km
bei 9,5 kn Marsch-
fahrt

Geschwindigkeit:
9,5 kn bei Über-
wasserfahrt, 6 kn
getaucht

Die Unterseeboote der *A*-Klasse waren die ersten Boote, die in England entworfen wurden, obwohl sie in der Grundkonstruktion von der amerikanischen *Holland*-Klasse abstammten, die im Jahre 1901 in die Royal Navy eingeführt wurde. War die Ausführung *A1* nur geringfügig länger als die Originalausführung, so waren die Maße der *A2* schon erheblich größer. Dieser Typ erhielt auch erstmals einen U-Boot-Turm, der die Überwasserfahrt in schwerer See erlaubte.

Ursprünglich mit nur einem Torpedorohr im Rumpfbug ausgerüstet, erhielt der Typ ab der Ausführung *A5* ein zweites Torpedorohr.

Gebaut auf der Vickers Werft, erlangte die Royal Navy durch den Bau dieses U-Bootes das nötige technische Grundwissen und die notwendigen Herstellungsfertigkeiten.

Dreizehn Boote wurden in den Jahren 1902 bis 1905 gebaut. Einige dienten noch während des Ersten Weltkrieges in einer Ausbildungseinheit. Ein Boot der Ausführung *A7* ging während eines Tauchganges in der Whitesand Bay verloren, wobei die gesamte Besatzung umkam.

Acciaio

Ursprungsland:
Italien

Stapellauf:
20. Juli 1941

Besatzung:
46–50

Verdrängung:
Überwasser: 726 t ,
getaucht: 884 t

Maße:
60 m × 6,5 m ×
4,7 m

Bewaffnung:
6 533-mm-
Torpedorohre,
1 100-mm-
Kanone

Triebwerksanlage:
2 Dieselmotoren,
2 Elektromotoren

Reichweite:
7042 km bei
10 kn Marschfahrt

Geschwindigkeit:
15 kn bei Überwas-
serfahrt, 7,7 kn
getaucht

Die *Acciaio* war das Führungsfahrzeug einer Klasse von 13 U-Booten, die zwischen 1941 und 1942 gebaut wurden. Neun gingen im Zweiten Weltkrieg verloren, darunter auch die *Acciaio*, die von dem britischen U-Boot *Unruly* am 13. Juli 1943 in der Straße von Messina torpediert und versenkt wurde. Die *Giada* war das Boot, das am längsten überlebte. Im Rahmen des Friedensvertrages wurde das Boot im Februar 1948 aus der Inventarliste gestrichen und diente anschließend als Plattform zum Laden von Batterien. Im März 1951 tauchte sie wieder in der Inventarliste auf: umgebaut und mit vier 533-mm-Torpedorohren ausgerüstet, jedoch mit keinerlei Kanonenausrüstung. Im Jahre 1966 wurde sie endgültig aus der Inventarliste gestrichen. *Nichelio* wurde im Rahmen eines Friedensabkommens an Russland geliefert. Mit der Bezeichnung *Z 14* versehen wurde das Boot ca. 1960 verschrottet. Einige Boote dieser Klasse waren mit unterschiedlichen Motoren ausgerüstet.

Agosta

Entworfen vom französischen Büro für Marine-Ausrüstung als leises, hochseefähiges Hochleistungsdiesel-/Elektro-Schiff, war dieses Boot mit vier Torpedorohren und einem schnellen Pneumatikladesystem sowie einem Ausstoßsystem, das den Abschuss eines Torpedos unter geringer Geräuschsignatur zuließ, ausgerüstet. Die Konstruktion der Torpedorohre war bei der Zulassung der Boote im Jahre 1970 eine absolute Neuheit, die den Abschuss unter allen Bedingungen bezüglich Geschwindigkeit und Tauchtiefe (350 m) zuließ.

Zwei der vier Schiffe, die *Agosta* und die *Bevezier* wurden im Frühjahr 1990 aufgelassen. *La Praya* und *Quessant* waren ab Juni 1995 in Brest der *Atlantic Attack Submarine Group* unterstellt. *La Praya* wurde 1999 ausgemustert, während die *Quessat* bis 2005 als Versuchsträger zum Einsatz kam.

Ursprungsland:	Frankreich
Stapellauf:	19. Oktober 1974
Besatzung:	54
Verdrängung:	Überwasser: 1514 t, getaucht: 1768 t
Maße:	67,6 m × 6,8 m × 5,4 m
Bewaffnung:	4 550-mm-Torpedorohre, 40 Minen
Triebwerksanlage:	2 Dieselmotoren, 1 Elektromotor
Reichweite:	15 750 km bei 9 kn Marschfahrt
Geschwindigkeit:	12,5 kn bei Überwasserfahrt, 17,5 kn getaucht

Albacore

Die *USS Albacore* war ein Hochgeschwindigkeits-U-Boot mit konventionellem Antrieb, jedoch radikalem Design, mit neuer Hüllenform, schneller und manövrierfähiger als alle herkömmlichen konventionellen U-Boote. Offiziell als hydrodynamisches Testfahrzeug konstruiert, war die Hülle extrem stromlinienförmig, wie die Form eines Wales, jedoch ohne das klassische flache Deck. Die Form des Turmes war der Rückenflosse eines Fisches nachempfunden. Während der gesamten Erprobungsphase wurde das Schiff zahlreichen Veränderungen unterworfen. 1959 erhielt es ein verbessertes Sonar-System, ein vergrößertes Vertikalruder und Tauchbremsen am Rumpfheck. 1961 wurde das Schiff mit gegenläufigen Eletromotoren und gegenläufigen Schrauben auf der Einachswelle ausgerüstet. 1962 erhielt die *Albacore* eine neue Hochleistungszinkbatterie für extreme Reichweiten.

Ursprungsland:	USA
Stapellauf:	1. August 1953
Besatzung:	52
Verdrängung:	Überwasser: 1524 t, getaucht: 1880 t
Maße:	62,6 m × 8,4 m × 5,6 m
Bewaffnung:	keine
Triebwerksanlage:	2 Dieselmotoren, 1 Elektromotor
Reichweite:	keine Angaben
Geschwindigkeit:	25 kn bei Überwasserfahrt, 33 kn getaucht

Alfa

Ursprungsland:	Russland
Stapellauf:	1970
Besatzung:	31
Verdrängung:	Überwasser: 2845 t, getaucht: 3739 t
Maße:	81 m × 9,5 m × 8 m
Bewaffnung:	6 533-mm-Torpedorohre, konventionelle und nukleare Torpedos, 36 Minen
Triebwerksanlage:	flüssigmetallgekühlter Reaktor, 2 Dampfturbinen
Reichweite:	unbeschränkt
Geschwindigkeit:	20 kn bei Überwasserfahrt, 42 kn getaucht

Das zweite russische U-Boot mit Titan-Rumpfhülle, mit der Projektbezeichnung 705 Lira, wurde der Öffentlichkeit erstmals im Dezember 1971, im Rahmen der offiziellen Indienststellung, vorgestellt. Zwischen 1972 und 1982 waren fünf weitere Exemplare verfügbar. Ein Nuklearreaktor und eine Turbinenanlage ermöglichten dem Schiff eine phänomenale Unterwassergeschwindigkeit von 42 kn.

Britische und amerikanische U-Boot-Fachleute waren erstaunt über diese Klasse, wussten jedoch nichts von den erheblichen technischen Schwierigkeiten mit der Bleiummantelung des 40 000-hp-Reaktors und dessen Kühlsystem. Die gesamte Anlage war unverhältnismäßig kostspielig und brachte dem Schiff den Spottnamen „Goldener Fisch" ein.

Ein weiterer Nachteil war, dass das Boot keine großen Tauchtiefen erreichen konnte. Die Fehleinschätzung dieses Nachteils führte bei den westlichen Streitkräften zur Freigabe zusätzlicher Forschungs- und Erprobungsgelder für die Entwicklung von tieftauchenden Torpedos.

Aluminaut

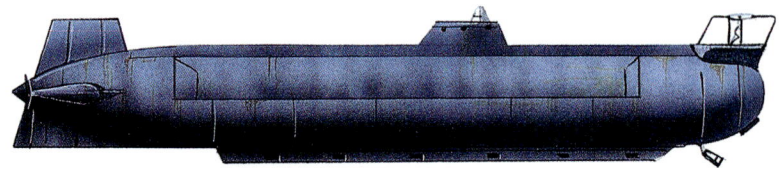

Ursprungsland:	USA
Stapellauf:	1965
Besatzung:	3
Verdrängung:	Überwasser: nicht bekannt, getaucht: 81 t
Maße:	unbekannt
Bewaffnung:	keine
Triebwerksanlage:	unbekannt
Operationstiefe:	4475 m
Geschwindigkeit:	Überwasserfahrt: unbekannt, getaucht: unbekannt

Dieses U-Boot wurde bekannt durch seine Beteiligung an der Bergung einer Wasserstoffbombe vor der spanischen Küste, die ein amerikanischer B-52-Bomber im Jahre 1962 nach einer Kollision mit einem KC-135-Tanker verloren hatte.

Gebaut im Jahre 1965, war dieses Schiff in der Lage, Tauchtiefen von 4475 m zu erreichen. Mithilfe eines Seitensichtsonars konnten Karten des Meeresbodens zu beiden Seiten erstellt werden. Die meisten Unterwasseruntersuchungsprojekte sind in solchen Tiefen nicht realisierbar. Selbst Hochleistungs-U-Boote können nur ca. 900 m tief tauchen. Das Erreichen größerer Tiefen bedingt eine Verstärkung des Schiffskörpers und der Triebwerksanlage, wodurch die Kosten unverhältnismäßig ansteigen.

Für die wissenschaftliche Forschungsarbeit in Küstengewässern kommen nahezu ausschließlich bemannte Tauchgeräte zum Einsatz. Die Druckverhältnisse in diesen Geräten sind wesentlich komfortabler und die Erfolge in den Bereichen der Unterwasserarchäologie und der Suche nach neuen Ölfeldern sind herausragend.

Aradam

Ursprungsland:	Italien
Stapellauf:	15. September 1936
Besatzung:	45
Verdrängung:	Überwasser: 691 t getaucht: 880 t
Maße:	60,2 m × 6,5 m × 4,6 m
Bewaffnung:	6 530-mm-Torpedorohre, 1 100-mm-Kanone
Triebwerksanlage:	2 Dieselmotoren, 2 Elektromotoren
Reichweite:	4 076 km (2 200 sm) bei 10 kn
Geschwindigkeit:	14 kn bei Überwasserfahrt, 7 kn getaucht

Zur *Adua*-Klasse gehörend, war die *Aradam* ein U-Boot für kurze Reichweiten. Mit einer Doppelhülle und seitlichen Ausbuchtungen ausgerüstet, handelte es sich hier um einen Nachbau der *Perla*-Klasse, die sich im Zweiten Weltkrieg hervorragend bewährte. Trotz der geringen Geschwindigkeit waren diese Boote sehr stabil und manövrierfähig. Frühe Baureihen nahmen bereits am Spanischen Bürgerkrieg teil. Alle – außer einem Boot im Roten Meer (*Macalle*) – operierten im Mittelmeer. Jedoch nur die *Alagi* überlebte den Zweiten Weltkrieg. Die *Aradam* wurde im September 1943 im Hafen von Genua versenkt, um eine Eroberung des Schiffes durch deutsche Truppen zu verhindern. Es wurde jedoch von den deutschen Truppen wieder gehoben. Ein Jahr später ging das Boot jedoch bei einem Angriff durch alliierte Bomber verloren. Das Führungsschiff dieser Klasse, die *Adua*, wurde am 30. September 1941 das Opfer von Wasserbomben der Zerstörer *Gurkha* und *Legion*.

Drei Schiffe dieser Klasse, die *Ascianghi*, die *Gandar* und die *Neghelli*, wurden noch vor dem Stapellauf nach Brasilien verkauft.

Archimede

Ursprungsland:	Italien
Stapellauf:	5. März 1939
Besatzung:	58
Verdrängung:	Überwasser: 1032 t, getaucht: 1286 t
Maße:	72,4 m × 6,7 m × 4,5 m
Bewaffnung:	8 530-mm-Torpedorohre, 1 100-mm-Kanone
Triebwerksanlage:	2 Dieselmotoren, 2 Elektromotoren
Reichweite:	18 530 km (10 000 sm) bei 10 kn
Geschwindigkeit:	17 kn, Überwasserfahrt, 8 kn getaucht

Die italienische Marine nutzte fünf U-Boote der *Brin*-Klasse zwischen 1938 und 1939. Die letzten Schiffe wurden unter strikter Geheimhaltung unter den Namen *Archimede* und *Torricelli* gebaut. Sie ersetzten zwei dieser Schiffe, die vorher an die Nationalisten des Spanischen Bürgerkrieges geliefert wurden.

Die Schiffe der *Brin*-Klasse waren stromlinienförmig und besaßen eine große Reichweite. Ausgerüstet mit einer Doppelhülle, besaßen die Boote vier Torpedorohre im Bug und vier im Heck. In der ersten Ausführung waren sie mit jeweils zwei 100-mm-Kanonen bestückt.

Bei Ausbruch des Zweiten Weltkrieges operierte die *Archimede* im Roten Meer und im Indischen Ozean, wo sie bis zum Mai 1941 verblieb. Danach unternahm sie eine lange Reise um das Kap der guten Hoffnung bis nach Bordeaux. Von dort aus folgten Operationen in den Atlantik. Am 14. April 1943 versenkten sie alliierte Bomber vor der Küste Brasiliens.

Argonaut

Ursprungsland:	USA
Stapellauf:	1897
Besatzung:	5
Verdrängung:	Überwasser: nicht bekannt, getaucht: 60 t
Maße:	11 m × 2,7 m
Bewaffnung:	keine
Triebwerksanlage:	1 Benzinmotor
Reichweite:	unbekannt
Geschwindigkeit:	5 kn bei Überwasserfahrt, 5 kn getaucht

Die *Argonaut* wurde von Simon Lake auf eigene Rechnung als Rettungs- und Bergungsfahrzeug gebaut.

Angetrieben von einem 30-hp-Benzinmotor konnte das Fahrzeug von nur einer Person manövriert werden. Der Motor konnte auf das vordere Zweiradfahrwerk geschaltet werden, um die Vorwärtsbewegung auf dem Meeresgrund sicherzustellen. Das hintere Rad diente der Steuerung des Fahrzeuges. Eine Luftschleuse im vorderen Teil des Schiffes erlaubte den Ein- und Ausstieg von Tauchern.

1899 wurde das Schiff einer Überholung unterzogen und schaffte eine Reise am Boden des Meeres von 3200 km (1725 sm). Erfolgreiche Erprobungsreihen führten zu einer Reihe von Exportbestellungen. Unglücklicherweise verlor Simon Lake das Vertrauen der verantwortlichen Offiziere der US Navy, die sich nicht mit dem Gedanken an ein hölzernes Schiff, das sich am Meeresboden bewegte, anfreunden konnten. John Holland, ein Konkurrent von Simon Lake, machte das Rennen. Ein Jahrhundert später lebte die Idee wieder auf in Form von konkreten Vorschlägen zum Bau von Fahrzeugen, die sich am Meeresboden bewegen.

Argonaut

Ursprungsland:	USA
Stapellauf:	10. November 1927
Besatzung:	89
Verdrängung:	Überwasser: 2753 t, getaucht: 4145 t
Maße:	16 m × 10,4 m × 4,6 m
Bewaffnung:	4 533-mm-Torpedorohre, 2 152-mm-Kanonen, 60 Minen
Triebwerksanlage:	2 Dieselmotoren auf 2 Wellen, Elektromotoren
Reichweite:	10 747 km (5800 sm) bei 10 kn
Geschwindigkeit:	15 kn bei Überwasserfahrt, 8 kn getaucht

Dieses U-Boot wurde gezielt zum Legen von Minen für die US Navy konstruiert. Das Vorkriegsmodell trug die Bezeichnung A1, welche später in SS 166 umbenannt wurde. Unabhängig von der *Argonaut* besaß die US Navy 1941 nur zwei umgebaute Passagierschiffe für Minenlegeoperationen. Am 1. Dezember 1941 wurde die *Argonaut* im Rahmen des sich abzeichnenden Krieges mit Japan – zusammen mit der *Trout* –, in die Nähe der Midway-Inseln zum Zwecke der Aufklärung verlegt. Kurz nach dem Angriff auf Pearl Harbour wurde das Schiff als Truppentransporter für Spezialaufgaben eingesetzt. Am 17. August 1942 landete sie zusammen mit der USS *Nautilus* das 2. Raider Bataillon in Makin auf den Gilbertinseln an. Nach dem erfolgreichen Angriff und der Zerstörung gegnerischer Stellungen evakuierte sie die Truppen später wieder.

Am 10. Januar 1943 kehrte das Schiff von einem Spezialeinsatz vor Lae nicht mehr zurück.

Argonaute

Ursprungsland:	Frankreich
Stapellauf:	23 Mai 1929
Besatzung:	41
Verdrängung:	Überwasser: 640 t, getaucht: 811 t
Maße:	63,4 m × 5,2 m × 3,61 m
Bewaffnung:	6 550-mm-Torpedorohre, 1 75-mm-Kanone
Triebwerksanlage:	2 Dieselmotoren 2 Elektromotoren
Reichweite:	4262 km (2300 sm) bei 7,5 kn
Geschwindigkeit:	13,5 kn bei Überwasserfahrt, 7,5 kn getaucht

Das U-Boot mit diesem Namen war das erste Boot einer Serie von fünf Schneider-Laubeuf-Unterseebooten mit den Namen *Aréthuse*, *Atalante*, *La Vestale* und *La Sultane*. Der Bau wurde zwischen 1932 und 1935 durchgeführt. Während des Waffenstillstandes zwischen Deutschland und Frankreich im Juni 1940 verlegte man die *Argonaute* nach Oran, wo sie Teil der französischen Vichy-Marine wurde. Während der Landung der Alliierten in Nordafrika (Operation Torch) gehörte sie zum Verband der Schiffe, die erheblichen Widerstand leisteten. Zusammen mit der *Actéon* griff sie Landungsschiffe an. Beide Schiffe wurden von den britischen Kampfschiffen *Achates* und *Westcott* versenkt. Ein weiteres Schiff dieser Klasse, die *La Sultane*, zu jenem Zeitpunkt bereits auf alliierter Seite kämpfend, versenkte wahrscheinlich am 8. Mai 1944 im Mittelmeer ein feindliches Patrouillenboot.

Atropo

Ursprungsland:	Italien
Stapellauf:	20. November 1938
Besatzung:	60
Verdrängung:	Überwasser: 234,6 t, getaucht: 325 t
Maße:	44,5 m × 4,4 m × 2,7 m
Bewaffnung:	2 450-mm-Torpedorohre, 1 100-mm-Kanone, 36 Minen
Triebwerksanlage:	2 Dieselmotoren, 2 Elektromotoren
Reichweite:	11 118 km (6000 sm) bei 10 kn
Geschwindigkeit:	15,2 kn bei Überwasserfahrt, 7,4 kn getaucht

In Italien maß man der Minenlegefähigkeit als Offensivoperation große Bedeutung bei. *Atropo* war eines der drei *Foca*-Klasse-U-Boote, die speziell für diesen Zweck für die italienische Marine, kurz vor Ausbruch des 2. Weltkrieges, gebaut wurden. Zu Beginn war die 100-mm-Kanone direkt hinter dem Turm als Trainingskanone installiert. Später wurde das Geschütz auf die klassische Position für U-Boote – vor dem Turm – verlegt. Die *Foca*, das namengebende Führungsschiff der Klasse, ging am 15. Oktober 1940 vor Haifa verloren. Man nimmt an, dass es in ein britisches Minenfeld geriet. Die *Atropo* und das dritte Schiff, die *Zoea*, überlebten den Krieg und wurden 1947 außer Dienst gestellt. Schon auf alliierter Seite kämpfend, unternahm die *Atropo*, zusammen mit anderen italienischen U-Booten, Versorgungsaufgaben für britische Einheiten auf den Ägäischen Inseln Samos und Leros.

B1

Ursprungsland:	Großbritannien
Stapellauf:	Oktober 1904
Besatzung:	16
Verdrängung:	Überwasser: 284 t, getaucht: 319 t
Maße:	41 m × 4,1 m × 3 m
Bewaffnung:	2 475-mm-Torpedorohre
Triebwerksanlage:	1 Einschrauben-Benzinmotor, 1 Elektromotor
Reichweite:	2779 km (1500 sm) bei 8 kn
Geschwindigkeit:	13 kn bei Überwasserfahrt, 7 kn getaucht

Die Konstruktion der verbesserten *B*-Klasse-U-Boote wurde bereits vor Abschluss der *A*-Klasse in Angriff genommen. Ein ausgedehnter Überbau auf der Oberseite der Hülle steigerte die Überwasserfähigkeit erheblich und Stabilisierungsruder am Turm erhöhten die Unterwasserfähigkeiten.

1910 verfügte die Royal Navy über 11 Boote der *B*-Klasse. Der Dienst auf dieser Klasse war alles andere als beliebt. Es herrschte ein ständiger Gestank nach Schweröl, Bilgenwasser und Fäulnis, alles überdeckt von Kraftstoff-dämpfen. Im Tauchzustand bestand eine permanente Explosionsgefahr, durch unkontrollierte elektrische Funken aus den teilweise nicht isolierten Leitungen, die mit gesättigten Kraftstoffdämpfen in Berührung kommen konnten. Sechs *B*-Klasse-Boote wurden nach Gibraltar und Malta geschickt.

Die *B1* wurde 1921 abgewrackt. Das erste RN VC *(Royal Navy Victory Cross)* des Ersten Weltkriegs wurde übrigens an einen *B*-Klasse-Kommandanten verliehen.

Balilla

Ursprungsland:	Italien
Stapellauf:	August 1913
Besatzung:	38
Verdrängung:	Überwasser: 740 t, getaucht: 890 t
Maße:	65 m × 6 m × 4 m
Bewaffnung:	4 450-mm-Torpedorohre, 2 76-mm-Kanonen
Triebwerksanlage:	1 Zweiwellen-Dieselmotor, Elektromotoren
Reichweite:	7041 km (3800 sm) bei 10 kn
Geschwindigkeit:	14 kn bei Überwasserfahrt, 9 kn getaucht

Ursprünglich handelte es sich bei der *Balilla* um einen deutschen Auftrag für eine italienische Werft. Sie sollte als *U42* in Dienst gestellt werden, erreichte aber niemals die kaiserliche Marine.

Von der italienischen Marine 1915 in Betrieb genommen, wurde die *Balilla* in der Adria eingesetzt. Während eines Patrouilleneinsatzes wurde das Schiff am 14. Juli 1916 von einem österreichischen Torpedo versenkt, wobei die 38-köpfige Besatzung ums Leben kam. Der Einsatz italienischer U-Boote in der Adria bezog sich auf die Überwachung der dalmatischen Küsten mit ihren Hafeneingängen, in denen die österreichisch-ungarische Flotte stationiert war. Die Einsatzbedingungen waren schwierig, da die Wassertiefe sehr gering war und Ausweichbewegungen bei einem Angriff schier unmöglich machten.

Auch kam der Einsatz von Seeflugzeugen bei beiden Seestreitkräften vermehrt zur Anwendung, da sich herausstellte, dass getauchte U-Boote aus der Luft erkannt werden können.

Barbarigo

Ursprungsland:	
Italien	

Stapellauf:
November 1917

Besatzung:
35

Verdrängung:
Überwasser: 774 t,
getaucht: 938 t

Die *Barbarigo* war das erste von vier geplanten Booten mittlerer Größe, die im Oktober 1915 auf Kiel gelegt wurden. Die Batterien wurden in vier wasserdichten Sektionen unter dem Oberdeck, über die gesamte Schiffslänge verteilt, angeordnet. Dieses Konstruktionsmerkmal war neu, da die Batterien sonst üblich in einer Sektion, zur besseren Erreichbarkeit und Wartung, angeordnet wurden. Ein weiterer Aspekt war die Gefahr der Chlorgasbildung in großer Menge bei Kontakt mit Seewasser. Die *Barbarigo*-Klasse hatte eine Reichweite von über 3 218 km, aber die maximale Tauchtiefe betrug nur 50 m. Insgesamt gelang es den italienischen Konstrukteuren nicht, das volle Potenzial ihrer Konstruktionen auszuschöpfen.Die *Barbarigo* wurde 1928 verkauft.

Maße:
67 m × 6 m × 3,8 m

Bewaffnung:
6 450-mm-
Torpedorohre,
2 76-mm-
Kanonen

Triebwerksanlage:
1 Zweiwellen-
Dieselmotor,
1 Elektromotor

Reichweite:
3218 km (1734 sm)
bei 11 kn

Geschwindigkeit:
16 kn bei Überwasserfahrt, 9,8 kn
getaucht

Barbarigo

Ursprungsland:	
Italien	

Stapellauf:
13. Juni 1938

Besatzung:
58

Verdrängung:
Überwasser: 1059 t,
getaucht: 1310 t

Dieses Schiff gehörte zu einer Klasse von neun Schiffen, von denen nur die *Barbarigo* den Zweiten Weltkrieg überlebte. Sie verfügte über eine Doppelhülle, ausgerüstet mit Ballasttanks. Sie war einigermaßen schnell und manövrierfähig, die Übergangsverhältnisse waren jedoch schwierig und wurden, aufgrund des langen Turms, noch erheblich verschlechtert. Die lange Turmkonstruktion war bei italienischen Konstruktionen jener Zeit jedoch üblich. Diese Bootsklasse hatte auch eine vergleichsweise geringe Reichweite. Sie betrug nur 1425 km (768 sm) über Wasser und 228 km (123 sm) bei Tauchfahrt mit 4 Knoten. Maximale Tauchtiefe war 100 m. Die *Barbarigo* wurde 1939 fertiggestellt. Nach vier Jahren aktiver Dienstzeit wurde sie als Transporter umgebaut, um Güter nach Japan zu transportieren. Ihre erste Reise begann im Juni 1943. Sie wurde jedoch in der Biskaya von alliierten Flugzeugen gesichtet, angegriffen und versenkt.

Maße:
73 m × 7 m × 5 m

Bewaffnung:
8 533-mm-
Torpedorohre

Triebwerksanlage:
1 Zweiwellen-
Dieselmotor,
Elektromotoren

Reichweite:
1525 km (768 sm)
bei 10 kn

Geschwindigkeit:
17,4 kn bei Überwasserfahrt, 8 kn
getaucht

Bass

Ursprungsland:	USA
Stapellauf:	27. Dezember 1924
Besatzung:	85
Verdrängung:	Überwasser: 2032 t, getaucht: 2662 t
Maße:	99,4 m × 8,3 m × 4,5 m
Bewaffnung:	6 533-mm-Torpedorohre, 1 76-mm-Kanone
Triebwerksanlage:	Zweiwellen-Dieselmotoren, Elektromotoren
Reichweite:	11 118 km (6000 sm) bei 11 kn
Geschwindigkeit:	18 kn bei Überwasserfahrt, 11 kn getaucht

Die *USS Bass* war eines der drei U-Boote der *Barracuda*-Klasse, die Mitte der 1920er-Jahre in der Portsmouth Navy Werft gebaut wurden. Als erste Boote nach dem Ersten Weltkrieg wurden zunächst neun Boote im Rahmen der Hauptplanung des Jahres 1916 genehmigt. Sie waren etwa zweimal so groß wie die Boote der S-Klasse und sogar größer als die T-Klasse-Boote, die entsprechend des Londoner Vertrages von 1930 abgewrackt werden mussten. Vor dem Zweiten Weltkrieg wurden die Boote mit neuen Antrieben ausgerüstet. Sie wurden vorwiegend für die Ausbildung eingesetzt, obwohl Planungen vorlagen, sie als Tranporter einzusetzen, da sie dafür hervorragende Eigenschaften besaßen. Am 17. August 1942 verlor die *Bass* nahezu die Hälfte der Crew durch ein Feuer, das während der Fahrt ausbrach. Sie wurde am 14. Juli 1945 aufgelassen.

Beta

Ursprungsland:	Italien
Stapellauf:	Juli 1916
Besatzung:	20
Verdrängung:	Überwasser: 40 t, getaucht: 46 t
Maße:	15 m × 2,3 m × 2,5 m
Bewaffnung:	2 450-mm-Torpedorohre
Triebwerksanlage:	1 Einschrauben-Benzinmotor, 1 Elektromotor
Reichweite:	nicht bekannt
Geschwindigkeit:	8 kn bei Überwasserfahrt, getaucht: nicht bekannt

Im Jahre 1912 wurden zwei kleine Versuchs-U-Boote für Hafenuntersuchungs- und Verteidigungsaufgaben auf der Marine-Werft von Venedig gebaut. Sie wurden bei der italienischen Marine nicht in Dienst gestellt, erhielten aber die provisorischen Namen *Alfa* und *Beta*. Als Nächstes kam die 31,4-t-A-Klasse von 1915/16, die kurz darauf von der B-Klasse abgelöst wurde, zu der die *Beta* gehörte. Bekannter war sie unter der Bezeichnung B1. Nur drei dieser Boote wurden für Hafenverteidigungszwecke in Dienst gestellt. Drei weitere wurden 1920 abgewrackt, noch vor der Fertigstellung. Die Hafenverteidigung in der Adria warf einige Probleme auf, da Triest der einzige Hafen mit einer gewissen Bedeutung war. Die Österreicher verteilten ihre Schiffe jedoch auf verschiedene kleinere Häfen und Ankerplätze und bauten die Verteidigung überbordend aus. Nur wenige adriatische Operationen hatten irgendeine entscheidende Bedeutung.

Blaison

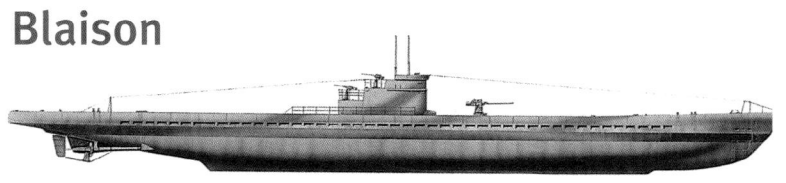

Ursprungsland:
Frankreich

Stapellauf: 1940

Besatzung:
48

Verdrängung:
Überwasser: 1050 t
Getaucht: 1178 t

Maße:
76,5 m × 6,8 m ×
4,7 m

Bewaffnung:
6 533-mm-
Torpedorohre,
1 105-mm-
Kanone

Triebwerksanlage:
Zweiwellen-Diesel-
motor, 2 Elektro-
motoren

Reichweite:
4632 km (2500 sm)
bei 16 kn

Geschwindigkeit:
18 kn bei Überwas-
serfahrt, 7,3 kn
getaucht

Die *Blaison* war ursprünglich das deutsche U-Boot *U-123*, ein Boot der Klasse Typ *IX B*. Es war von Mai 1940 bis August 1944 im aktiven Dienst, wurde aber letztendlich versenkt, da man aus technischen Gründen nicht in der Lage war, aus Lorient auszubrechen und es nach Norwegen zu verlegen. 1947 wurde das Boot gehoben und in der französischen Marine in Dienst gestellt, wo es bis 1951 betrieben wurde. Danach wurde es in einen Reservezustand versetzt und letztendlich im August 1958 verschrottet.

Eine Anzahl deutscher U-Boote wurde nach dem Krieg in der französischen Marine in Dienst gestellt, darunter die *U-510*, ein Boot vom Typ *IX C*, das in St. Nazaire kapitulierte und als *Bouan* eingeliedert wurde. Die *U-471*, ein Boot vom Typ *VII C*, wurde nach einem Angriff auf Toulon repariert und als *Mille* übernommen, ebenso die *U-766*, welche nach der Kapitulation in La Pallice als *Laubie* in Dienst gestellt wurde. Der am meisten gesuchte Typ war allerdings die Typ-*XXI*-Klasse.

Brin

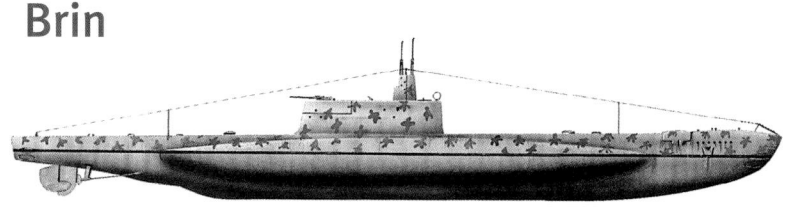

Ursprungsland:
Italien

Stapellauf:
3. April 1938

Besatzung:
58

Verdrängung:
Überwasser: 1032 t,
getaucht: 1286 t

Maße:
70 m × 7 m × 4,2 m

Bewaffnung:
8 533-mm-
Torpedorohre,
1 100-mm-
Kanone

Triebwerksanlage:
Zweiwellen-Diesel-
motoren, 2 Elektro-
motoren

Reichweite:
18 530 km
(10 000 sm)
bei 10 kn

Geschwindigkeit:
17 kn bei Über-
wasserfahrt, 8 kn
getaucht

Der Name *Brin* geht auf den gefeierten Marinekonstrukteur Benedetto Brin zurück und bezeichnet eine Klasse von U-Booten großer Reichweite mit Doppelhülle, die aus der *Archimedes*-Klasse entwickelt wurde.

Das besondere Merkmal dieser Klasse war der große, konusförmige Turm. Dieser Typ war vom Beginn des Zweiten Weltkrieges an auf italienischer Seite im Einsatz, wobei die Überwachung der Ägäiseingänge zum Hauptaufgabengebiet gehörte. 1941, als Teil einer italienischen U-Boot-Gruppe auf einer französischen Basis stationiert, wurde das Boot gegen alliierte Konvois westlich von Gibraltar eingesetzt.

Nach dem italienischen Waffenstillstand 1943 wurde die *Brin* unter alliiertem Kommando nach Ceylon verlegt und als Ausbildungsschiff zur U-Boot-Abwehr für alliierte Truppen im Indischen Ozean eingesetzt. In dieser Rolle wurde das Schiff berühmt. Die *Brin* wurde 1948 außer Dienst gestellt.

Bronzo

Ursprungsland:	Italien
Stapellauf:	28. September 1941
Besatzung:	46–50
Verdrängung:	Überwasser: 726 t, getaucht: 884 t
Maße:	60 m × 6,5 m × 4,5 m
Bewaffnung:	6 533-mm-Torpedorohre, 1 100-mm-Kanone
Triebwerksanlage:	2 Dieselmotoren, 2 Elektromotoren
Reichweite:	7042 km (3800 sm) bei 10 kn
Geschwindigkeit:	15 kn bei Überwasserfahrt, 7,7 kn getaucht

Als erstes von insgesamt 16 Booten der *Acciaio*-Klasse wurde die *Bronzo* im Juni 1942 gegen Konvois, die die Insel Malta versorgen sollten, eingesetzt. Der Einsatz war vergleichsweise erfolglos. Das Boot wurde danach mit mehreren anderen Booten gegen den Minenleger *HMS Welshman*, der die belagerte Insel mit lebensnotwendigem Nachschub versorgte, angesetzt.

Am 12. August 1942, seinerzeit von Kommandant Kapitänleutnant Buldrini befehligt, versenkte es den bereits aufgegebenen und beschädigten Frachter *Empire Hope*. Weitere Erfolge konnten nicht verbucht werden.

Am 12. Juli 1943 lief das Boot in der Nähe des Hafens von Syrakus auf Grund. Der Kapitän wusste zu jenem Zeitpunkt nicht, dass der Hafen bereits in alliierter Hand war. Sofort eröffneten die Minensucher *Boston*, *Cromarty*, *Poole* und *Seaham* das Feuer. Das Boot wurde erobert und der britischen Flotte als *P 147* zugeordnet. 1944 wurde es an die freie französische Marine übergeben und als *Narwal* registriert. 1948 wurde das Boot abgewrackt.

C1-Klasse

Ursprungsland:	Japan
Stapellauf:	28. Juli 1938
Besatzung:	100
Verdrängung:	Überwasser: 2605 t, getaucht: 3761 t
Maße:	108,6 m × 9 m × 5 m
Bewaffnung:	8 533-mm-Torpedorohre, 1 140-mm-Kanone
Triebwerksanlage:	1 Zweiwellen-Dieselmotor, Elektromotoren
Reichweite:	25 928 km (14 000 sm)
Geschwindigkeit:	23,5 kn bei Überwasserfahrt, 8 kn getaucht

Die *C1*-U-Boot-Klasse, in der japanischen Marine als *I-16* bezeichnet, war das Resultat eines massiven Aufbauprogramms, das von den Japanern nach Auslaufen des Londoner Marinevertrages in Angriff genommen wurde. Insgesamt bestand die Klasse aus fünf Booten (*I-16*, *I-18*, *I-20*, *I-22* und *I-24*) mit extrem großer Reichweite und einer langen Einsatzdauer. Insgesamt konnte ein solches Boot 90 Tage auf See bleiben, ohne in der dazwischen liegenden Zeit versorgt zu werden. 1943 wurden die Kanonen der *I-16* entfernt und die Anzahl der Torpedorohre reduziert. Mit speziellen Aufhängungen versehen konnte sie ein Landefahrzeug mit 14 m Länge oder Ausrüstung für japanische Truppen, die durch den alliierten Vormarsch abgeschnitten wurden, transportieren. Die *I-16* wurde am 19. Mai 1944 von einer Salve des *Hedgehog*-U-Boot-Abwehr-Waffensystems eines US-Zerstörers getroffen und versenkt. Die *USS England* der gleichen Gruppe versenkte sechs japanische U-Boote in 12 Tagen.

C3

Boote der C-Klasse leisteten gute Dienste in der Royal Navy und waren bei den Besatzungen sehr beliebt. 1910 – zu jener Zeit waren bereits 37 Einheiten dieses Typs im Dienst – wurden drei dieser Boote, begleitet von dem Begleitschiff *Rosario*, in den fernen Osten geschleppt, um die China-Staffel zu verstärken – eine wirklich eindrucksvolle Reise von U-Booten in jenen Pioniertagen. Später wurden drei weitere nach Gibraltar geschleppt. Während des Ersten Weltkrieges wurden vier Boote nach Russland geschickt und um zu verhindern, dass diese Boote in deutsche Hände gerieten, wurden sie in der Baltischen See versenkt.

Die C3 hatte einen dramatischen Abgang. Am 23. April 1918 wurde sie mit Sprengstoff befüllt und unter dem Kommando von Lt. Richard D. Sandford in den Hafen von Zeebrügge geleitet, wo sie als Maßnahme der britischen Blockadepolitik unter einem Stahlviadukt gesprengt wurde. Die zwei verbliebenen Offiziere und vier Besatzungsmitglieder wurden verwundet und konnten gerettet werden. Sandford erhielt für diesen Einsatz das Victoria-Kreuz.

Ursprungsland:
Großbritannien

Stapellauf:
1906

Besatzung:
16

Verdrängung:
Überwasser: 295 t
Getaucht: 325 t

Maße:
43 m × 4 m × 3,5 m

Bewaffnung:
2 457-mm-Torpedorohre

Triebwerksanlage:
1 Einwellen-Benzin-motor, 1 Elektro-motor

Reichweite:
2414 km (1431 sm) bei 8 kn

Geschwindigkeit:
12 kn bei Überwas-serfahrt, 7,5 kn getaucht

C25

Die C-Klasse-U-Boote waren die ersten Boote, die in beträchtlicher Stückzahl für die Royal Navy gebaut wurden. Die C25 war Teil der zweiten Serie (C19–C38), die zwischen 1909 und 1910 entstand. Trotz ihrer Beschränkungen wurden die Boote im Ersten Weltkrieg eingesetzt. Aufgrund der geringen Ausmaße wurden vier Boote nach Nordrussland verschifft, in Sektionen aufgeteilt, auf dem Landwege verlegt und wieder zusammengebaut, um im Golf von Finnland eingesetzt zu werden. C-Klasse-Boote wurden manchmal von Schleppern gedeckt, um kleine U-Boote, die die britische Nordsee-Fischflotte bedrohten, zu bekämpfen. Einmal konnten zwei deutsche U-Boote zerstört werden, bevor die deutsche Flotte bemerkte, was sich tatsächlich abspielte. Vier C-Klasse-Boote gingen im Krieg verloren und die vier Boote im Golf von Finnland wurden gesprengt, um die Übernahme der Boote durch die Kommunisten zu verhindern.

Ursprungsland:
Großbritannien

Stapellauf:
1909

Besatzung:
16

Verdrängung:
Überwasser: 295 t,
getaucht: 325 t

Maße:
43 m × 4 m × 3,5 m

Bewaffnung:
2 457-mm-Torpedorohre

Triebwerksanlage:
1 Einwellen-Benzin-motor, 1 Elektro-motor

Reichweite:
2414 km (1431 sm) bei 8 kn

Geschwindigkeit:
12 kn bei Überwas-serfahrt, 7,5 kn getaucht

CB 12

Ursprungsland:	Italien
Stapellauf:	August 1943
Besatzung:	4
Verdrängung:	Überwasser: 25 t, getaucht: 36 t
Maße:	15 m × 3 m × 2 m
Bewaffnung:	2 450-mm-Torpedo- rohre in externen Kanistern
Triebwerksanlage:	1 Einwellen-Diesel- motor, 1 Elektro- motor
Reichweite:	2660 km (1434 sm) bei 5 kn
Geschwindigkeit:	7,5 kn bei Überwas- serfahrt, 6,6 kn getaucht

Das *CB*-Programm von Miniatur-U-Booten begann im Jahre 1941 und sollte insgesamt 72 Boote umfassen. Letztendlich wurden jedoch nur 22 Fahrzeuge auf Kiel gelegt. Sie konnten per Eisenbahn transportiert werden und sollten für die örtliche Verteidigung genutzt werden. Alle 22 Einheiten, die in Dienst gestellt wurden, stammten aus der Capronie-Taliedo-Werft Mailand. Der Konstrukteur war Chefingenier Spinelli. Die Höchsttauchtiefe betrug 55 m. Nach September 1943 wurden *CB 1* bis *CB 6* nach Rumänien verlegt und im weiteren Verlauf versenkt, mit Ausnahme der *CB 5*, die im Hafen von Jalta von einem russischen U-Boot torpediert wurde. *CB 8* bis *CB 12* wurden 1948 in Taranto verschrottet. Die restlichen Exemplare wurden, noch während der Endmontage, von deutschen Truppen erbeutet und an die faschistische Mari- onettenregierung in Norditalien geliefert. Einige gingen durch Luftangriffe verloren, darunter die Typen *CB 13*, *CB 14*, *CB 15* und *CB 17*.

Cagni

Ursprungsland:	Italien
Stapellauf:	20. Juli 1940
Besatzung:	85
Verdrängung:	Überwasser: 1528 t, getaucht: 1707 t
Maße:	87,9 m × 7,76 m × 5,72 m
Bewaffnung:	14 450-mm- Torpedorohre, 2 100-mm- Kanonen
Triebwerksanlage:	2 Dieselmotoren, 2 Elektromotoren
Reichweite:	22 236 km (12 000 sm) bei 11 kn
Geschwindigkeit:	17 kn bei Über- wasserfahrt, 9 kn getaucht

Die vier Boote der *Ammiraglio-Cagni*-Klasse waren die größten U-Boote, die jemals für die italienische Marine gebaut wurden. Sie wurden speziell für den Geleitschutzkampf entwickelt und besaßen dementsprechend Torpedos mit kleinerem Kaliber (450 mm gegenüber den üblichen 533 mm). Man nahm an, dass dieses kleine Kaliber für den Kampf gegen unbewaffnete Schiffe absolut ausreichend sein würde. Der Kampf gegen Geleitzüge erforderte auch eine größere Anzahl an Torpedorohren, um so schnell als möglich eine Salve gegen ein Ziel schießen zu können. Jedes Boot konnte 36 Tor- pedos mitführen, in der Regel dreimal mehr als auf normalen U-Booten. Ab 1943 wurde die *Cagni* als Transport-U-Boot genutzt. Von den vier Booten dieser Klasse überlebte nur die *Cagni* den Zweiten Weltkrieg und wurde 1948 außer Dienst gestellt. Zwei wurden von britischen U-Booten versenkt und das dritte wurde nach schwerer Beschädigung durch einen britischen Zerstörer selbstversenkt.

Casabianca

Ursprungsland:	Frankreich
Stapellauf:	2. Februar 1935
Besatzung:	61
Verdrängung:	Überwasser: 1595 t, getaucht: 2117 t
Maße:	92,3 m × 8,2 m × 4,7 m
Bewaffnung:	9 550-mm-Torpedorohre, 2 400-mm-Torpedorohre, 1 100-mm-Kanone
Triebwerksanlage:	2 Zweiwellen-Dieselmotoren, 2 Elektromotoren
Reichweite:	18 530 km (10 000 sm) bei 10 kn
Geschwindigkeit:	17–20 kn bei Überwasserfahrt, 10 kn getaucht

Das U-Boot dieses Namens war eines der letzten einer Serie von sechs Booten, die zwischen 1925 und 1931 in insgesamt sechs Serienproduktionen als *Redoutable*-Klasse aufgelegt wurden. Insgesamt wurden 29 Boote gebaut. Obwohl zur Spitzenklasse gehörend, wurden die Boote stillgelegt, nachdem sich einige unglückliche Zwischenfälle ereignet hatten. Die *Prométhée* ging am 8. Juli 1932 während der Erprobungsphase verloren. Die *Phénix* ging durch nicht geklärte Umstände in der chinesischen See am 15. Juni 1939 verloren. Von den übrig gebliebenen wurden 11 Boote in Toulon und Brest versenkt, als die deutschen Truppen Vichy-Frankreich angriffen.

Weitere Verluste traten durch alliierte Angriffe gegen Marineeinrichtungen Vichy-Frankreichs in Nordafrika ein. Die *Casabianca* spielte eine heldenhafte Rolle bei der Befreiung Korsikas, indem sie im Dezember 1943 zwei deutsche U-Boot-Jagdschiffe versenkte und ein italienisches Frachtschiff schwer beschädigte. Die Besatzungen des freien Frankreich beherrschten ihre Boote ganz hervorragend und kämpften mit großem Mut.

Casma

Ursprungsland:	Peru
Stapellauf:	31. August 1979
Besatzung:	31–35
Verdrängung:	Überwasser: 1122 t Getaucht: 1249 t
Maße:	56 m × 6,2 m × 5,5 m
Bewaffnung:	8 533-mm-Torpedorohre
Triebwerksanlage:	4 Dieselmotoren, 1 Elektromotor
Reichweite:	4447 km (2400 sm) bei 8 kn
Geschwindigkeit:	10 kn bei Überwasserfahrt, 22 kn getaucht

Mitte der 1960er-Jahre entwickelte die deutsche IKL-Werft eine neue U-Boot-Klasse für den Export. Die Klasse erhielt 1967 die Bezeichnung *Typ 209*. Peru erhielt sechs Boote mit den Namen *Casma*, *Antofagasta*, *Pisagua*, *Chipana*, *Islay* und *Arica*. Die ersten zwei Boote wurden 1969, zwei weitere Boote im August 1976 bestellt. Die letzte Bestellung über zwei Boote ging im März 1977 ein.

Bei dem Bootstyp handelt es sich um einen Einhüllenrumpftyp mit zwei Ballasttanks und zusätzlichen Trimmtanks vorne und hinten. Die Boote besaßen Schnorchel und Maschinenfernbedienung. Die Einsatzdauer betrug 50 Tage. Vier Boote waren ständig im Einsatz, bei zwei Reservebooten, die als Ersatz dienten, wenn Boote repariert oder überholt werden mussten. Die maximale Tauchtiefe betrug 250 m. Der *Typ 209* war nur einer von mehreren Bootstypen, die von Westdeutschland für den Export angeboten wurden.

Charlie-I-Klasse

Ursprungsland:	Russland
Stapellauf:	1967
Besatzung:	100
Verdrängung: Überwasser:	4064 t, getaucht: 4877 t
Maße:	94 m × 10 m × 7,6 m
Bewaffnung:	8 SS-N-7 Cruise Missiles, 6 533-mm-Torpedorohre
Triebwerksanlage:	1 Druckwasserreaktor, 1 Dampfturbine
Reichweite:	unbegrenzt
Geschwindigkeit:	20 kn bei Überwasserfahrt, 27 kn getaucht

Die *Charlie-I*-Klasse war die erste U-Boot-Klasse der Sowjetunion, die in der Lage war, Boden-Boden-Marschflugkörper ohne vorheriges Auftauchen abzufeuern. Im großen Ganzen ähneln sie der *Viktor*-Klasse, unterscheiden sich jedoch im Wesentlichen durch eine Vertiefung in der Rumpfbogenstruktur, eine vertikale Pfeilung der Stabilisierungsfläche und ein geringfügig tiefer ausgefallendes Heck. Alle *Charlie I* wurden in Gorki (heute: Nischni Nowgorod) zwischen 1967 und 1972 gebaut. Noch 1990 waren zehn Boote im Dienst, alle im Pazifik stationiert. Im Januar 1988 wurde ein Boot nach Indien verleast, ein anderes sank im Juni 1983 nahe Petropavlovsk. Das Boot wurde später gehoben. Diese Bootsklasse war mit nuklearen U-Boot-Abwehr-Raketen des Typs *SS-N-7* ausgerüstet, die eine Reichweite von 37 km (20 sm) besaßen. Auch die *SS-N-7*-Schiff-Abwehr-Rakete für aufgetauchte Überraschungsangriffe gehörte zum Arsenal.

Charlie-II-Klasse

Ursprungsland:	Russland
Stapellauf:	1973
Besatzung:	110
Verdrängung:	Überwasser: 4572 t, getaucht: 5588 t
Maße:	102,9 m × 10 m × 7,8 m
Bewaffnung:	6 533-mm-Torpedorohre, 2 650-mm-Torpedorohre, 8 Marschflugkörper
Triebwerksanlage:	1 Druckwasserreaktor
Reichweite:	unbegrenzt
Geschwindigkeit:	20 kn bei Überwasserfahrt, 26 kn getaucht

Die *Charlie-II*-Klasse wurde zwischen 1972 und 1980 in Gorki (heute: Nischni Nowgorod) gebaut. Sie unterschied sich von der *Charlie-I*-Klasse durch den Einsatz einer Zusatzsektion von 9 m Länge im Rumpfheck, unmittelbar vor der vertikalen Stabilisierungsfläche, in der die Elektronik für die Steuerung und Zielprogrammierung der *SS-N-15*- und *SS-N-16*-Raketen eingebaut war. Bei beiden *Charlie*-Klassen müssen die Einsätze zum Zwecke des Aufmunitionierens abgebrochen werden, sobald die Munition verbraucht ist. Die *Charlie-II*-Boote waren auch mit *SSN-9-Siren*-Schiff-Abwehr-Raketen bewaffnet, die mit einer Geschwindigkeit von 0,9 Mach flogen und eine Reichweite von 110 km besaßen. Die Raketen konnten sowohl mit konventionellem als auch nuklearem Gefechtskopf ausgerüstet werden. Alle *Charlie*-Boote waren in der Nordflotte stationiert, machten aber auch gelegentliche Abstecher in das Mittelmeer. Ein Boot sank im Juni 1983 in der Nähe Kamtschatkas, wurde im August wieder gehoben, aber nicht mehr in Dienst gestellt.

Collins

Ursprungsland:	Australien
Stapellauf:	28. August 1993
Besatzung:	42
Verdrängung:	Überwasser: 3100 t, getaucht: 3407 t
Maße:	77,8 m × 7,8 m × 7 m
Bewaffnung:	6 533-mm-Torpedorohre, Harpoon-U-Boot-Abwehr-Raketen
Triebwerksanlage:	Einwellendiesel/ Elektromotoren
Reichweite:	18 496 km (9982 sm) bei 10 kn
Geschwindigkeit:	10 kn bei Überwasserfahrt, 20 kn getaucht

Der Vertrag zum Lizenzbau von sechs U-Booten der schwedischen *Kockums Typ 471 SSK*-Klasse durch die australische U-Boot-Baugesellschaft in Adelaide wurde am 3. Juni 1987 unterzeichnet. Der Bau begann im Juni 1989, wobei der Bug, die Mittschiffssektion und die ersten Boote in Schweden gebaut wurden. Die Tauchtiefe beträgt 300 m. Alle Boote, außer der *Collins*, sind mit echoabweisenden Fliesen verkleidet. Die *Collins* wurde später nachgerüstet. Die Namen der Boote sind *Collins*, *Farncomb*, *Waller*, *Dechaineux*, *Sheean* und *Rankin*. Die Indienststellung der beiden letzten Boote erfolgte 2000 und 2001.

Die Boote können 44 Minen, zusammen mit Torpedos, tragen. Diese Bootsklasse ist verhältnismäßig leise und die große Reichweite machte sie für den Einsatz im Pazifik hervorragend geeignet. Alle Boote sind in der Flottenbasis West auf Garden Island (bei Perth) stationiert, wobei zeitweilige Einsätze von der Flottenbasis Ost aus stattfinden.

Conqueror

Ursprungsland:	Großbritannien
Stapellauf:	28. August 1969
Besatzung:	116
Verdrängung:	Überwasser: 4470 t Getaucht: 4979 t
Maße:	86,9 m × 10,1 m × 8,2 m
Bewaffnung:	6 533-mm-Torpedorohre
Triebwerksanlage:	1 nuklearer Druckwasserreaktor
Reichweite:	unbegrenzt
Geschwindigkeit:	20 kn bei Überwasserfahrt, 29 kn getaucht.

Eines der drei Nuklear-U-Boote (SSN) der Klasse *Churchill*, die *Conqueror*, versenkte am 2. Mai 1982, gleich zu Beginn des Falkland-Krieges, den argentinischen Kreuzer *General Belgrano*.

Die *Churchill*-Klasse war eigentlich eine modifizierte *Valiant*-Klasse, die vom Betrieb und den Erfahrungen der vorhergehenden Klasse profitierte. Die ursprüngliche Bewaffnung dieser Klasse war zunächst der veraltete *MK-8*-Schiff-Abwehr-Torpedo aus dem Zweiten Weltkrieg. Eine Salve dieses veralteten Torpedos versenkte dann jedoch den Kreuzer *Belgrano*. Später wurde die Bewaffnung durch den drahtgesteuerten, zweifachfähigen (Schiffs-/U-Boot-Abwehr) *MK-24-Tigerfish*-Torpedo, den U-Boot-Abwehr-Lenkflugkörper *Harpoon* und eine neue Generation von intelligenten Minen aktualisiert. Die *Churchills* und ihre Vorgänger *Valiant* und *Warspite* wurden nach Einführung der *Trafalgar*-Klasse Ende der 1980er-Jahre stillgelegt.

Corallo

Ursprungsland:	Italien
Stapellauf:	2. August 1936
Besatzung:	45
Verdrängung:	Überwasser: 707 t, getaucht: 865 t
Maße:	60 m × 6,5 m × 5 m
Bewaffnung:	6 533-mm-Torpedorohre, 1 100-mm-Kanone
Triebwerksanlage:	2 Dieselmotoren, 2 Elektromotoren
Reichweite:	6670 km (3595 sm) bei 10 kn
Geschwindigkeit:	14 kn bei Überwasserfahrt, 8 kn getaucht

Die *Corallo* war eines von zehn Booten der *Perla*-Klasse, die alle 1936 gebaut wurden. Zwei Boote dieser Klasse, die *Iride* und die *Onice*, nahmen unter der Flagge der Nationalisten am Spanischen Bürgerkrieg teil, wo sie die zeitweiligen Namen *Gonzalez Lopez* und *Aguilar Tablada* trugen.

Im Zweiten Weltkrieg wurden die *Iride* und die *Ambra* zum Transport von bemannten Torpedos umgebaut. Im September 1940 nahm die *Corallo* an dem erfolglosen Angriff gegen den britischen Flugzeugträger *HMS Illustrious* und den Zerstörer *HMS Valiant* teil. In den darauffolgenden Jahren erzielte sie einige kleine Erfolge, darunter die Versenkung eines Segelschiffes an der nordafrikanischen Küste. Am 13. Dezember 1942 ereilte sie jedoch ihr Schicksal. Sie wurde in der Nähe von Bougie durch die britische *Sloop Enchantress* versenkt. In diesem Gefecht wurde auch das U-Boot *Porfido* durch das britische U-Boot *Tigris* versenkt. Der britische Kreuzer *Argonaut* wurde durch einen Torpedo beschädigt.

D1

Ursprungsland:	Großbritannien
Stapellauf:	August 1908
Besatzung:	25
Verdrängung:	Überwasser: 490 t, getaucht: 604 t
Maße:	50 m × 6 m × 3 m
Bewaffnung:	3 457-mm-Torpedorohre, 1 12-Pfund-Kanone
Triebwerksanlage:	Zweischrauben-Dieselmotoren, Elektromotoren
Reichweite:	2038 km (1100 sm) bei 10 kn
Geschwindigkeit:	14 kn bei Überwasserfahrt, 9 kn getaucht

Mit der *D*-Klasse versuchte die britische Marine ein Boot zu entwickeln, das für weitreichende Patrouillenfahrten außerhalb der Küstengewässer geeignet sein sollte. Die Klasse zeichnete sich durch eine größere Verdrängung, Dieselmotoren und größeren Innenraum aus. Auch war sie in der Lage, im Gegensatz zu anderen Klassen, Funkmeldungen abzusetzen und zu empfangen.

Während des Ausbruchs des Ersten Weltkrieges im August 1914 wurden die acht Boote der *D*-Klasse der 8. Flottille zur Beobachtung und Überwachung der Konvoitätigkeit britischer Besatzungstruppen über den Kanal nach Frankreich und zur offensiven Patrouille in die Helgoländer Bucht zugeteilt. Die 8. Flottille in Harwich wurde durch Kommodore Roger Keyes befehligt. Zusätzlich zu den *D*-Klasse-Booten verfügte er auch noch über neun Boote der *E*-Klasse. Die *D1* wurde 1918 als schwimmendes Zielschiff versenkt.

Dagabur

Ursprungsland:	Italien
Stapellauf:	22. November 1936
Besatzung:	45
Verdrängung:	Überwasser: 690 t, getaucht: 861 t
Maße:	60 m × 6,5 m × 4 m
Bewaffnung:	6 533-mm-Torpedorohre, 1 100-mm-Kanone
Triebwerksanlage:	Zweischrauben-Dieselmotoren, Elektromotoren
Reichweite:	4076 km (2200 sm) bei 10 kn
Geschwindigkeit:	14 kn bei Überwasserfahrt, 8 kn getaucht

Dagabur war eines der 17 Boote der Adua-Klasse der italienischen Marine in den Jahren kurz vor Ausbruch des Zweiten Weltkrieges. Zwei Boote dieser Klasse, die Gondar und die Scire, wurden 1940/41 zum Transport von bemannten Torpedos in drei Zylindern in der Mitte des Rumpfes, vor und hinter dem Turm, umgerüstet. Im Dezember 1941 drang die Scire unbemerkt in den Hafen von Alexandria ein und unternahm einen Angriff mit bemannten Torpedos auf die britischen Kriegsschiffe Valiant und Queen Elisabeth. Am 12. August 1942 war die Dagabur Teil eines starken Aufgebots gegen den lebenswichtigen Versorgungskonvoi „Pedestal", der sich auf dem Weg nach Malta befand. Das Boot versuchte sich in Position für einen Angriff auf den Flugzeugträger HMS Furious zu bringen, als es von dem Zerstörer Wolverine gerammt und versenkt wurde.

Dandolo

Ursprungsland:	Italien
Stapellauf:	20. November 1937
Besatzung:	57
Verdrängung:	Überwasser: 1080 t, getaucht: 1338 t
Maße:	73 m × 7,2 m × 5 m
Bewaffnung:	8 533-mm-Torpedorohre, 2 100-mm-Kanonen
Triebwerksanlage:	Zweischrauben-Dieselmotoren, Elektromotoren
Reichweite:	4750 km (2560 sm) bei 17 kn
Geschwindigkeit:	17,4 kn bei Überwasserfahrt, 8 kn getauch

Dieses U-Boot für große Reichweiten, ausgerüstet mit einem Einhüllenrumpf und internen Ballasttanks, gehörte zu den Booten der Marcello-Klasse, die zur besten Klasse der italienischen seegängigen Boote des Zweiten Weltkrieges gehörte. Im Spätsommer 1940 verlegte man die Dandolo mit anderen italienischen U-Booten nach Bordeaux, um an Operationen im Mittelatlantik teilzunehmen, wo sie ein Schiff mit 5270 t versenkte und ein weiteres mit 3828 t beschädigte. Sie blieb für weitere Monate im Winter 1940/41 in Bordeaux stationiert. In jener Zeit operierten weitaus mehr italienische als deutsche Boote im Atlantik. Danach kehrte die Dandolo ins Mittelmeer zurück und erzielte weitere Erfolge, darunter die Torpedierung des Kreuzers Cleopatra im Juli 1943. Letztendlich war es das einzige Boot seiner Klasse, das den Zweiten Weltkrieg überlebte. Es wurde 1947 verschrottet.

Daniel Boone

Ursprungsland:	USA
Stapellauf:	22. Juni 1963
Besatzung:	140
Verdrängung:	Überwasser: 7366 t, getaucht: 8382 t
Maße:	130 m × 10 m × 10 m
Bewaffnung:	16 Polaris-Raketen, 4 533-mm-Torpedorohre
Triebwerksanlage:	1 wassergekühlter Nuklearreaktor, Turbinen
Reichweite:	unbegrenzt
Geschwindigkeit:	20 kn bei Überwasserfahrt, 35 kn getaucht

Obwohl zwei Klassen angehörend, waren sich die 12 Boote der *Benjamin-Franklin*-Klasse und die 19 Boote der *Lafayette*-Klasse nuklearbetriebener und mit ballistischen Raketen (SSN) ausgerüsteter U-Boote im Aussehen sehr ähnlich. Der Hauptunterschied der vorhergehenden Boote war die leisere Ausführung der Maschinenanlage. Die *Daniel Boone* (SSBN629) gehörte zur *Lafayette*-Klasse. Die ersten acht *Lafayette*-Boote waren mit 16 *Polaris-A2*-Raketen (SLBM – *Submarine-launched ballistic missile*, ballistische Raketen, die von einem U-Boot aus abgeschossen werden können), jede mit einem 800 kt nuklearen Sprengkopf bestückt, ausgestattet. Die nachfolgenden trugen *Polaris-A3*-Raketen mit Dreifachsprengköpfen, die wiederum durch *Poseidon C3* ausgetauscht wurden. Zwischen September 1978 und Dezember 1982 wurden 12 Einheiten auf *Trident I C4 SLBM* umgerüstet. Die Boote wurden nach der Einführung der Boote der *Ohio*-Klasse (SSBNs – *Ship submersible ballistic nuclear*, U-Boot mit ballistischen Nukleararraketen) Stück für Stück stillgelegt.

Daphné

Ursprungsland:	Frankreich
Stapellauf:	20. Juni 1959
Besatzung:	45
Verdrängung:	Überwasser: 884 t, getaucht: 1062 t
Maße:	58 m × 7 m × 4,6 m
Bewaffnung:	12 552-mm-Torpedorohre
Triebwerksanlage:	2 Dieselmotoren, 2 Elektromotoren
Reichweite:	8334 km (4500 sm) bei 5 kn
Geschwindigkeit:	13,5 kn bei Überwasserfahrt, 16 kn getaucht

Die *Daphné*-Klasse wurde 1952 konstruiert und war als Ergänzung zu der hochseegängigen *Narval*-Klasse gedacht. Die Boote waren mit Absicht langsamer ausgelegt, um größere Tauchtiefen zu erreichen und um schwerere Bewaffnung als die *Aréthuse*-Konstruktionen – konventionell angetriebene Jagd-U-Boote – tragen zu können. Um die Arbeitsbelastung für die Besatzung zu reduzieren, war die Bewaffnung in 12 extern angebrachten Torpedorohren untergebracht. Somit konnte das Nachladen verhindert werden.

Insgesamt wurden 11 Einheiten für die französische Marine gebaut. Zwei Boote, die *Minerve* und die *Eurydicé*, gingen 1968 und 1970 mit der gesamten Besatzung im Mittelmeer verloren. Alle *Daphné*-Boote wurden 1990 aufgelegt. Die *Flore* wurde an Saudi-Arabien abgegeben und diente dort als Ausbildungsschiff.

Deep Quest

Ursprungsland:	USA
Stapellauf:	Juni 1967
Besatzung:	1–3
Verdrängung:	Überwasser: 5 t, getaucht: nicht bekannt
Maße:	12 m Länge
Bewaffnung:	keine
Triebwerksanlage:	2 drehbare Schubpropeller-motoren mit Schubumkehr
Tauchtiefe:	2438 m
Geschwindigkeit:	4,5 kn bei Überwasserfahrt, getaucht: nicht bekannt

Bei diesem U-Boot wurden erstmals zwei unterschiedliche Drucksphäreneinheiten von einer Hülle umgeben. Eine Sphäreneinheit beherbergt die Besatzung, die andere das Antriebselement. Die Hauptaufgabe ist die Suche und Bergung in großen Wassertiefen. Das Fahrzeug kann Tauchtiefen bis zu 2438 m erreichen. Selbst die modernsten militärischen U-Boote können nicht mehr als 900 m tief tauchen. Der Wasserdruck ist einfach zu hoch: 60 Atmosphären bei 600 m bis 500 Atmosphären in der Mitte des Ozeanbeckens. In den tiefsten Gräben kann der Druck dann sogar bis zu 1000 Atmosphären ansteigen, das sind ca. drei Tonnen pro Quadratzentimeter. Fahrzeuge wie die *Deep Quest* sind absolut notwendig bei der Untersuchung des Meeresgrundes bezüglich der Verlegung von Unterseekabeln oder der Planung von Pipelines. Ein ähnliches Fahrzeug fast gleichen Alters ist die *Alvin*. Sie wurde 1966 in der Öffentlichkeit bekannt, als sie half, eine nach einem *B-52*-Absturz verloren gegangene Wasserstoffbombe im Mittelmeer zu finden und die Bergung zu unterstützen.

Deepstar 4000

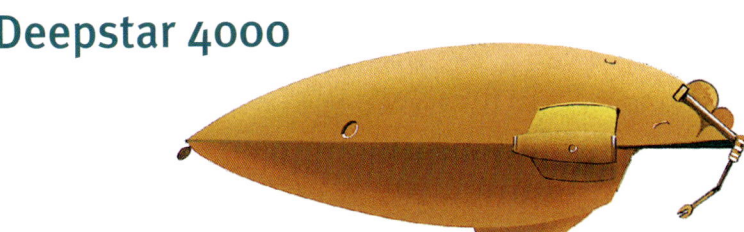

Ursprungsland:	Frankreich
Stapellauf:	1965
Besatzung:	1
Verdrängung:	nicht bekannt
Maße:	5,4 m × 3,5 m × 2 m
Bewaffnung:	keine
Triebwerksanlage:	2 Elektromotoren mit Druck- und Schubpropeller
Tauchtiefe:	1000 m
Geschwindigkeit:	3 kn bei Überwasserfahrt, getaucht: nicht bekannt

Die *Deepstar 4000* wurde zwischen 1962 und 1964 von der Westinghouse Electric Corporation und der Jacques-Cousteau-Gruppe (OFRS) gebaut. Der Rumpf bestand aus einer nahtlosen Stahlhülle mit 11 Öffnungen, die eine große Menge an wissenschaftlichen Geräten beherbergen konnte. Pionierboote wie die *Deepstar 4000* trugen dazu bei, hydrothermische Ventile (Smoker), neue Lebensformen und Ökosysteme auf dem Meeresboden zu entdecken. Bis zu jenem Zeitpunkt waren erreichbare Tauchtiefen beschränkt auf die Tiefen, die durch bemannte Tauchfähigkeit erreichbar waren. In den 1980er- und 1990er-Jahren wurden jedoch große Fortschritte in der Konstruktion automatischer oder durch Robotronik gesteuerter U-Boote erzielt. Um die Jahrtausendwende wurden auch Fortschritte in der Anwendung bemannter Tauchfahrzeuge gemacht. Die USA entwickelten *Deep Flight*, ein torpedoförmiges Fahrzeug, das eine Person auf den Grund des Pazifischen Ozeans bringen konnte.

Delfino

Ursprungsland:	Italien
Stapellauf:	1890 oder 1892
Besatzung:	8–11
Verdrängung:	Überwasser: 96 t getaucht: 108 t
Maße:	24 m × 3 m × 2,5 m
Bewaffnung:	2 355-mm-Torpedorohre
Triebwerksanlage:	1 Benzinmotor, 1 Elektromotor
Reichweite:	nicht bekannt
Geschwindigkeit:	Überwasserfahrt: nicht bekannt getaucht: nicht bekannt

Gebaut und konstruiert von der Werft in La Spezia, war die *Delfino* das erste U-Boot der italienischen Marine. 1902 wurde es umgebaut, wobei es vergrößert und die Verdrängung erhöht wurde. Ein Benzinmotor wurde eingebaut und der Turm vergrößert. 1918 wurde es außer Dienst gestellt.

Ursprünglich diente als Antrieb ein Elektromotor. Um 1902 wurde jedoch ein Benzinmotor für die Überwasserfahrt eingebaut. Die Kiellegung erfolgte im Herbst 1889, der Stapellauf 1890 oder 1892. Die Geschichte des Typs beinhaltet einige Unabwägbarkeiten, gesichert ist jedoch das Datum der Fertigstellung (1892) und dass die ersten Seeversuchsfahrten im April desselben Jahres abgeschlossen wurden. In offiziellen Dokumenten ist die Indienststellung mit 1896 angegeben. Andere Quellen geben bereits das Jahr 1892 als Beginn der Dienstzeit an.

Delfino

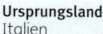

Ursprungsland:	Italien
Stapellauf:	27. April 1930
Besatzung:	52
Verdrängung:	Überwasser: 948 t, getaucht: 1160 t
Maße:	70 m × 7 m × 7 m
Bewaffnung:	8 533-mm-Torpedorohre, 1 102-mm-Kanone
Triebwerksanlage:	2 Dieselmotoren, 2 Elektromotoren
Reichweite:	7412 km (4000 sm) bei 10 kn
Geschwindigkeit:	15 kn bei Überwasserfahrt, 8 kn getaucht

Gebaut im Jahre 1931, war die *Delfino* das einzige Boot der *Squalo*-Klasse, das den Zweiten Weltkrieg überlebte. Die *Squalo*-Klasse war ein Konstrukt des Hauptkonstrukteurs Curio Bernardis. Zu Beginn des Zweiten Weltkrieges operierte das Boot in der Ägäis und in der Nähe Kretas. Am 30. Juli 1941 wurde das Boot in der Nähe von Mersa Matruh von einem britischen *Sunderland*-Flugboot angegriffen. Es gelang jedoch, das Flugboot abzuschießen. Vier Überlebende wurden als Kriegsgefangene geborgen. Unabhängig davon konnten keine weiteren Erfolge erzielt werden. Am 23. März 1943 wurde das Boot unglücklicherweise durch die Kollision mit einem Lotsenboot versenkt. Die *Narvalo*, ein Schwesterschiff, wurde im Januar 1943, nach der Beschädigung durch britische Zerstörer, in der Nähe von Tripolis durch die eigene Crew versenkt.

Die *Tricheco* wurde durch das britische U-Boot *Upholder* in der Nähe Brindisis im März 1942 versenkt.

Die *Squalo* wurde 1948 außer Dienst gestellt.

Delta I

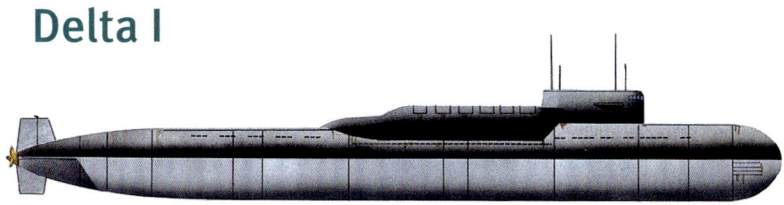

Ursprungsland:	Russland
Stapellauf:	1971
Besatzung:	120
Verdrängung:	Überwasser: nicht bekannt, getaucht: 11 176 t
Maße:	150 m × 12 m × 10,2 m
Bewaffnung:	12 Raketensilos, 6 457-mm-Torpedorohre
Triebwerksanlage:	2 Nuklearreaktoren
Reichweite:	unbegrenzt
Geschwindigkeit:	19 kn bei Überwasserfahrt, 25 kn getaucht

Bis in die 1970er-Jahre waren die USA auf dem Gebiet der hoch entwickelten nuklearen und Raketen tragenden U-Boote in Führung. Dann holte Russland mit der Einführung der *Delta-I*-Klasse (auch *Murena*-Klasse SSBN genannt), die eine immense Verbesserung gegenüber der *Yankee*-Klasse darstellte und die mit Raketen bestückt war, die die amerikanischen Raketen der *Poseidon*-Klasse in der Reichweite übertrafen, auf dem Gebiet der ballistische Raketen tragenden U-Boote schlagartig auf. Jedes Boot war mit 12 Zweistufenraketen vom Typ *SS-N-8* bestückt.

Die Kiellegung des ersten *Delta*-Bootes erfolgte 1969 in Severodvinsk, der Stapellauf 1971. Die Fertigstellung konnte ein Jahr später verbucht werden. Das erste Boot dieser Klasse wurde 1992 außer Dienst gestellt, drei weitere 1993, gefolgt von sechs Booten im Jahre 1994. Die Außerdienststellung wurde mit einem Boot 1995, zwei Booten 1996 und einem Boot 1997 fortgesetzt. Die vier verbliebenen Boote (drei waren bei der Nordflotte in Ostrovny stationiert, ein Boot im Pazifik in Petropavlovsk) wurden bis spätestens 2004 außer Dienst gestellt und größtenteils verschrottet.

Delta III

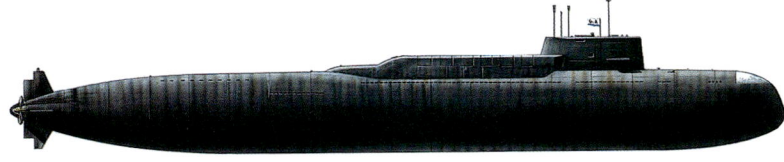

Ursprungsland:	Russland
Stapellauf:	1976
Besatzung:	130
Verdrängung:	Überwasser: 10 719 t, getaucht: 13 463 t
Maße:	160 m × 12 m × 8,7 m
Bewaffnung:	16 Raketensilos mit SS-N-18, 4 533-mm-Torpedorohre
Triebwerksanlage:	2 nukleare Druckwasserreaktoren, Turbinen
Reichweite:	unbegrenzt
Geschwindigkeit:	14 kn bei Überwasserfahrt, 24 kn getaucht

Die *Delta III*, auch *Kalmar*-Klasse SSBN genannt und zwischen 1976 und 1982 gebaut, zeigte wesentliche Unterschiede zur vorhergehenden *Delta-II*-Klasse, aus der sie hervorgegangen war. Ein Unterschied war die höhere Konstruktion der Raketensilos. Diese Maßnahme war aufgrund der größeren Länge der *SS-N-18*-Raketen notwendig. Diese waren wesentlich länger als die *SS-N-8* der *Delta-II*-Klasse.

Die letzte Entwicklungsserie war die *Delta-IV*-Klasse, deren Konstruktion im Dezember 1975 in Auftrag gegeben wurde. 1984 konnten die ersten Boote ausgeliefert und in Severodvinsk in Dienst gestellt werden. Das Programm wurde 1990 beendet. Bis jetzt konnten nur zwei Namen der Klasse zugeordnet werden. Es handelte sich um die *Kareliya* und die *Novo Moskovsk*. Größer als die *Delta-III*-KLasse, erhielt die *Delta-IV*-Klasse eine neue Zuordnung und wurde nachfolgend als *Delfin*-Klasse bezeichnet. Sie war in Saida Guba der Nordflotte und in Rybachy der Pazifik-Flotte zugeordnet.

Die ersten *Delta III* wurden 1996 außer Dienst gestellt.

Ursprungsland:	Deutschland
Stapellauf:	März 1916
Besatzung:	56
Verdrängung:	Überwasser: 1536 t, getaucht: 1905 t
Maße:	65 m × 8,9 m × 5,3 m
Bewaffnung:	keine
Triebwerksanlage:	Zweiwellen-Dieselmotoren, Elektromotoren
Reichweite:	20 909 km (11 284 sm) bei 10 kn
Geschwindigkeit:	12,4 kn bei Überwasserfahrt, 5,2 kn getaucht

Deutschland

Schon vor dem Eintritt der USA in den Ersten Weltkrieg im Jahre 1917 erkannte die deutsche Marine das Potenzial von Fracht-U-Booten, um die Blockade deutscher Häfen durch die Royal Navy zu umgehen. Zwei *U151*-Boote, die *U151* und die *U155*, wurden als Frachter umgerüstet und erhielten die Namen *Oldenburg* und *Deutschland*. Beide blieben unbewaffnet. Die *Deutschland* unternahm zwei Fahrten in die USA, bis der Kriegseintritt der USA weitere Unternehmen dieser Art verhinderte. Danach wurde sie wieder in ein normales Kampf-U-Boot zurückgerüstet, was auch mit der *Oldenburg* geschah.

Die *Deutschland* wurde 1922 in Morecambe, England, verschrottet, während die *Oldenburg* als Zielschiff 1921 in der Nähe Cherbourgs versenkt wurde.

Die *Bremen* ging während ihrer ersten Fahrt im Jahr 1917 bei den Orkneys, wahrscheinlich durch Minen, verloren.

Ursprungsland:	USA
Stapellauf:	30. November 1944
Besatzung:	85
Verdrängung:	Überwasser: 1890 t, getaucht: 2467 t
Maße:	93,6 m × 8,3 m × 4,6 m
Bewaffnung:	10 533-mm-Torpedorohre, 2 150-mm-Kanonen
Triebwerksanlage:	Zweiwellen-Dieselmotoren, Elektromotoren
Reichweite:	22 518 km (12 152 sm) bei 10 kn
Geschwindigkeit:	20 kn bei Überwasserfahrt, 10 kn getaucht

Diablo

Dieses hochseefähige Doppelhüllen-Boot, aus der vorhergehenden *Gato*-Klasse entwickelt, war stabiler gebaut, besaß eine überarbeitete Inneneinrichtung, was die Verdrängung um 40 t erhöhte. Ursprünglich waren 50 Boote geplant, die zusammen die *Tench*-Klasse bildeten, jedoch wurden nicht mehr alle Boote gebaut, da sich der Krieg im Pazifik absehbar dem Ende zuneigte. Die *Diablo* kam im Zweiten Weltkrieg nicht mehr zum Einsatz. 1964 wurde das Boot überholt und umgebaut, danach an die pakistanische Marine ausgeliehen, wo es den Namen *Ghazi* erhielt, was „Verteidiger des Glaubens" bedeutet. Während des Krieges zwischen Indien und Pakistan im Jahre 1971 ging das Boot verloren. Außer der *Ghazi* besaß Pakistan noch drei französische U-Boote der *Daphné*-Klasse. Dabei handelte es sich um die *Hangor*, die *Mangro* und die *Shushuk*.

Diaspro

Ursprungsland:
Italien

Stapellauf:
5. Juli 1936

Besatzung:
45

Verdrängung:
Überwasser: 711 t,
getaucht: 873 t

Maße:
60 m × 6,4 m ×
4,6 m

Bewaffnung:
6 533-mm-
Torpedorohre,
1 100-mm-
Kanone

Triebwerksanlage:
Zweiwellen-Diesel-
motoren, Elektro-
motoren

Reichweite:
6670 km (3595 sm)
bei 10 kn

Geschwindigkeit:
14 kn bei Über-
wasserfahrt, 8 kn
getaucht

Als eines der zehn Boote der *Perla*-Klasse, die alle im spanischen Bürgerkrieg eingesetzt waren, hatte die *Diaspro* eine eher unspektakuläre Dienstzeit hinter sich, wie beinahe alle italienischen U-Boote. Mit wenigen Ausnahmen kann festgestellt werden, dass die italienischen Kommandanten sich bei Angriffen auf alliierte Marine-Einheiten eher zurückhielten, besonders dann, wenn die Umstände alles andere als ideal waren. Was sie hätten erreichen können, zeigte später der vermehrte Einsatz deutscher U-Boote im Mittelmeerraum, der – ohne Rücksichtnahme auf die eigene Sicherheit – dramatische Verluste unter den alliierten Geleitzügen von der Levante bis nach Gibraltar erzeugte.

Die *Diaspro* überlebte den Krieg und wurde 1948 verschrottet.

Dolfijn

Ursprungsland:
Niederlande

Stapellauf:
20. Mai 1959

Besatzung:
64

Verdrängung:
Überwasser: 1518 t,
getaucht: 1855 t

Maße:
80 m × 8 m × 4,8 m

Bewaffnung:
8 533-mm-
Torpedorohre

Triebwerksanlage:
Zweiwellen-Diesel-
motoren, 2 Elektro-
motoren

Reichweite:
nicht bekannt

Geschwindigkeit:
14,5 kn bei Über-
wasserfahrt, 17 kn
getaucht

Bei diesem Boot handelt es sich um eines von vier Diesel-/Elektro-Booten, die in den frühen 1960er-Jahren für die Königlich-niederländische Marine gebaut wurden. Ausgerüstet mit einem Dreihüllenrumpf, konnten Tauchtiefen von nahezu 304 m erreicht werden. Die Konstruktion des Bootes repräsentierte eine einzigartige Lösung, was die Aufteilung des Innenraumes anging. Der Rumpf war in drei zylinderartige Abteilungen innerhalb einer nahezu dreieckig angeordneten Form unterteilt. Im oberen Zylinder waren die Besatzung, die Navigationsausrüstung und die Bewaffnung untergebracht. Die beiden unteren Zylinder beherbergten die Maschinenanlage. Die Genehmigung zur Konstruktion von vier Exemplaren dieses Typs wurde bereits 1949 erteilt, in zumindest zwei Fällen, wegen finanzieller Probleme, aber wieder zurückgenommen.

Die *Dolfijn* und die *Zeehond* wurden im Dezember 1954 auf Kiel gelegt, gefolgt von der *Potvis* im September 1962 und der *Tonijn* im November 1962. Die *Dolfijn* ersetzte ein anderes Boot gleichen Namens, das auf eine herausragende Karriere im Zweiten Weltkrieg zurückblicken konnte.

Dolphin

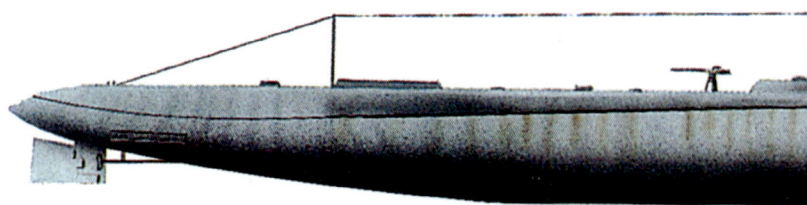

Ursprungsland: USA	**Bewaffnung:** 6 533-mm-Torpedorohre, 1 102-mm-Kanone
Stapellauf: 8. März 1932	
Besatzung: 60	**Triebwerksanlage:** Zweiwellen-Dieselmotoren, Elektromotoren
Verdrängung: Überwasser: 1585 t, getaucht: 2275 t	**Reichweite:** 11 112 km (6000 sm) bei 10 kn
Maße: 97 m × 8,5 m × 4 m	**Geschwindigkeit:** 17 kn bei Überwasserfahrt, 8 kn getaucht

Während der 1920er-Jahre bauten die USA einen Nachfolgetyp für mehrere andere Klassen, die sogenannte *V*-Klasse. Die *Dolphin* war ein Experimentalboot, offiziell als *V7* bezeichnet, später jedoch mit der Seriennummer *SS169* versehen. Mit diesem Typ wich man von der Konstruktion großer seegängiger

Domenico Millelire

Ursprungsland: Italien	**Bewaffnung:** 6 533-mm-Torpedorohre, 1 102-mm-Kanone
Stapellauf: 19. September 1927	
	Triebwerksanlage: Zweiwellen-Dieselmotoren, 1 Hilfsdiesel, 2 Elektromotoren
Besatzung: 76	
Verdrängung: Überwasser: 1585 t, getaucht: 2275 t	**Reichweite:** 7401 km (3800 sm) bei 10 kn
Maße: 97 m × 8,5 m × 4 m	**Geschwindigkeit:** 17,5 kn bei Überwasser- fahrt, 8,9 kn getaucht

Dieses Boot war eines von insgesamt vier Booten der *Balilla*-Klasse, die ausnahmslos in der Ansaldo-San Giorgio-Werft gebaut wurden. Es handelt sich hierbei um die ersten Groß-U-Boote der italienischen Marine, die in den 1930er-Jahren unzählige Langstreckenseefahrten durchführten. Sie nahmen auch am

Boote hin zu einer kleineren Ausführung mit großer Reichweite ab. Das Boot war kein großer Wurf. Viele Konstruktionsmerkmale der vorhergehenden Klassen sollten in diese nachfolgende Konstruktion mit nur halber Rumpfgröße einfließen. Während des Zweiten Weltkrieges wurde das Boot nur zu Ausbildungszwecken genutzt. 1946 wurde es verschrottet. Interessanterweise waren die Boote der vorausgegangenen *Narwhal*-Klasse sehr erfolgreich. Die *Argonaut* und die *Nautilus* transportierten im August 1942 das 2. Raider Battalion nach Makin auf den Gilbert-Inseln, um japanische Einrichtungen anzugreifen.

Spanischen Bürgerkrieg auf Seiten der Nationalisten teil, wobei sie falsche Kennzeichen trugen.

Die *Domenico Millelire* führte einige Patrouillen in der Nähe Kretas und Konvoibegleitschutz in der Straße von Otranto, dem Adriazugang, durch. Das Boot wurde am 15. April 1941 aufgelegt und danach als schwimmendes Öldepot mit der Kennzeichnung *GR248* verwendet. Das Führungsschiff der Klasse *Balilla* wurde ebenfalls im selben Monat aufgelegt und für ähnliche Zwecke verwendet. Ein drittes Boot, die *Antonio Sciesa*, wurde nach Beschädigung durch einen Luftangriff bei Tobruk von der Besatzung versenkt. Das vierte Boot, die *Enrico Toti*, wurde im April 1943 aufgelegt.

Doris

Ursprungsland:
Frankreich

Stapellauf:
20. Juni 1959

Besatzung:
45

Verdrängung:
Überwasser: 884 t,
getaucht: 1062 t

Maße:
58 m × 7 m × 4,6 m

Bewaffnung:
12 552-mm-
Torpedorohre

Triebwerksanlage:
2 Dieselmotoren,
2 Elektromotoren

Reichweite:
8334 km (4500 sm)
bei 5 kn

Geschwindigkeit:
13,5 kn bei Über-
wasserfahrt, 16 kn
getaucht

Die *Doris* war das dritte Fahrzeug der *Daphné*-Klasse, die 1952 konstruiert wurde und die größere *Narval*-Klasse ergänzen sollte. Der Entwurf nutzte einen Doppelhüllenrumpf, bei dem die Unterkünfte im vorderen und hinteren Teil des Schiffes unterhalb des Operations- und Gefechtsstandszentrums untergebracht waren.

Eine Verkleinerung der Besatzung war möglich, da die Ersatzteilversorgung und Wartung in Modultechnik aufgebaut war. Von den insgesamt 11 gebauten Booten dieser Klasse gingen zwei Boote – die *Minerve* 1968 und die *Eurydicé* 1970 – mit der gesamten Besatzung im Mittelmeer verloren. Die anderen Boote wurden in den 1970er-Jahren elektronisch und bewaffnungstechnisch modernisiert. Vier Einheiten wurden nach Pakistan verkauft. 1971 versenkte das pakistanische Boot *Hangor* die indische Fregatte *Khukri* während des Indisch-Pakistanischen Krieges. Es handelte sich um den ersten U-Boot-Angriff seit Ende des Zweiten Weltkrieges.

Dreadnought

Ursprungsland:
Großbritannien

Stapellauf:
21. Oktober 1960

Besatzung:
88

Verdrängung:
Überwasser: 3556 t,
getaucht: 4064 t

Maße:
81 m × 9,8 m × 8 m

Bewaffnung:
6 533-mm-
Torpedorohre

Triebwerksanlage:
Einwellen-Nuklear-
reaktor, Dampf-
turbinen

Reichweite:
unbegrenzt

Geschwindigkeit:
20 kn bei Über-
wasserfahrt, 30 kn
getaucht

In Trafalgar am 21. Oktober 1960 vom Stapel gelaufen, war die *HMS Dreadnought* das erste nuklear angetriebene Angriffs-U-Boot der Royal Navy, gebaut zum Aufspüren und Zerstören von gegnerischen Unterwasserfahrzeugen. Angetrieben wurde dieses Boot von einem amerikanischen Reaktor des Typs S5W, der auch in der *Skipjack*-Klasse der US Navy verwendet wurde. Die nachfolgenden SSNs der Royal Navy bekamen einen britischen Reaktor. Die Seeerprobung der *Dreadnought* begann 1962. Mit ihr wurde Pionierarbeit geleistet. Dazu gehörte auch erstmals der Nachweis des Einsatzes eines solchen Bootes als Begleitschutz für einen Flugzeugträgerverband. Die Erfahrungen aus dieser Erprobung wurden der US Navy zugänglich gemacht, die zu jenem Zeitpunkt ein partnerschaftliches Verhältnis zur Royal Navy pflegte.

Obwohl die *Dreadnought* nur zur Erprobung eingesetzt wurde, handelte es sich dabei dennoch um ein volltaugliches SSN.

Drum

Ursprungsland:	USA
Stapellauf:	12. Mai 1941
Besatzung:	80
Verdrängung:	Überwasser: 1854 t, getaucht: 2448 t
Maße:	95 m × 8,3 m × 4,6 m
Bewaffnung:	10 533-mm-Torpedorohre, 1 76-mm-Kanone
Triebwerksanlage:	Zweiwellen-Dieselmotoren, Elektromotoren
Reichweite:	22 236 km (12 000 sm) bei 10 kn
Geschwindigkeit:	20 kn bei Überwasserfahrt, 10 kn getaucht

Die *Drum* war ein Doppelhüllen-U-Boot mit guten Hochseeeigenschaften und großer Reichweite. Sie war ein fester Bestandteil der mehr als 300 Boote umfassenden *Gato*-Klasse, einem der zahlenmäßig größten Kampfschiffprojekte der US Navy. Boote dieser Klasse zerfledderten geradezu einen großen Teil der japanischen Handelsflotte im Pazifik. Während des ersten Kampfeinsatzes im April 1942 versenkte die *Drum* den japanischen Flugzeugträger *Mizuho* sowie zwei Handelsschiffe. Im weiteren Verlauf des Einsatzes lieferte sie wertvolle Aufklärungsergebnisse bezüglich der Landung amerikanischer Truppen in Guadalkanal. Im Oktober 1942 konnte sie drei weitere Schiffe jenseits der Ostküste Japans versenken. Im Dezember versenkte sie den japanischen Flugzeugträger *Ryuho*. Ein weiteres Schiff wurde im April 1943 versenkt, gefolgt von jeweils einem im September und November sowie drei Schiffen im Oktober 1944. Weitere Schiffe wurden beschädigt.

Heute steht die *Drum* als Ausstellungsstück in einem Museum.

Dupuy de Lôme

Ursprungsland:	Frankreich
Stapellauf:	September 1915
Besatzung:	54
Verdrängung:	Überwasser: 846 t, getaucht: 1307 t
Maße:	75 m × 6,4 m × 3,6 m
Bewaffnung:	8 450-mm-Torpedorohre
Triebwerksanlage:	Zweiwellen-Dreizylinder-Dampfmaschine, Elektromotoren
Reichweite:	10 469 km (5650 sm) bei 10 kn
Geschwindigkeit:	15 kn bei Überwasserfahrt, 8,5 kn getaucht

Die *Dupuy de Lôme* wurde als Teil des Marine-Programms der französischen Marine von 1913 auf Kiel gelegt. Stationiert wurde sie von 1917 an bis zum Ende des Ersten Weltkrieges in der Marokko-Flottille. Danach erfolgte eine Überholung. Ihre Dampfmaschine wurde durch einen Dieselmotor eines erbeuteten deutschen U-Bootes ersetzt, der 2900 hp leistete. Die *Dupuy de Lôme* wurde 1935 aus dem Zulassungsregister gestrichen.

Das Boot wurde seinerzeit nach dem bekannten Marineingenieur Stanislas Charles Henri Laurent Dupuy de Lôme benannt, der das erste propellerangetriebene Kriegsschiff, die *Napoléon,* und das erste bewaffnete Kampfschiff, die *Gloire* konstruierte. Sowohl Italiener als auch Franzosen hatten die Tendenz, ihre Schiffe nach bekannten Ingenieuren oder Staatsmännern zu benennen – eine Praxis, die bei der Royal Navy nicht üblich war. Ein vorhergehendes Schiff mit demselben Namen war ein Kreuzer, der 1890 vom Stapel lief und 1912 nach Peru verkauft wurde.

Durbo

Ursprungsland:	Italien
Stapellauf:	6. März 1938
Besatzung:	45
Verdrängung:	Überwasser: 710 t, getaucht: 880 t
Maße:	60 m × 6,4 m × 4 m
Bewaffnung:	6 533-mm-Torpedorohre, 1 100-mm-Kanone
Triebwerksanlage:	Zweiwellen-Dieselmotoren, Elektromotoren
Reichweite:	4076 km (2200 sm) bei 10 kn
Geschwindigkeit:	14 kn bei Überwasserfahrt, 7,5 kn getaucht

Als Teil der 17 Einheiten umfassenden, starken *Adua*-Klasse wurde die *Durbo* kurz vor Ausbruch des Zweiten Weltkrieges gebaut. Die *Adua*-Klasse kann ohne Zweifel als die Arbeitspferdklasse der italienischen Marine bezeichnet werden. Während des Eintritts Italiens in den Krieg war die *Durbo* im sizilianischen Kanal stationiert. Im Juli wurde sie, zusammen mit zwei weiteren U-Booten, vor Malta verlegt und versagte bei dem Versuch, einen großen Konvoi zur Versorgung Maltas zu finden und zu bekämpfen. Das Ende der *Durbo* kam am 18. Oktober 1940, als sie in der Nähe Gibraltars von zwei *SARO-London*-Flugbooten gesichtet wurde und im nachfolgenden Beschuss durch die Kreuzer *Firedrake* und *Wrestler* sank. Ein weiteres Boot der *Adua*-Klasse, die *Lafole*, wurde am 20 Oktober von den Zerstörern *Gallant*, *Griffin* und *Hotspur* versenkt.

Dykkeren

Ursprungsland:	Dänemark
Stapellauf:	Juni 1909
Besatzung:	35
Verdrängung:	Überwasser: 107 t, getaucht: 134 t
Maße:	34,7 m × 3,3 m × 2 m
Bewaffnung:	2 457-mm-Torpedorohre
Triebwerksanlage:	1 Zweiwellen-Benzinmotor, 1 Elektromotor
Reichweite:	185 km (100 sm) bei 12 kn
Geschwindigkeit:	12 kn bei Überwasserfahrt, 7,5 kn getaucht

Gebaut in der Fiat-San Giorgio-Werft in La Spezia, wurde die *Dykkeren* im Oktober 1909 an Dänemark verkauft. Nach einigen Kinderkrankheiten wurde sie in der Marinewerft Kopenhagen einsatzklar gemacht. 1916 kollidierte sie mit dem Dampfschiff *Vesta* in der Nähe Bergens und sank. 1917 wurde sie geborgen und im darauffolgenden Jahr abgewrackt. Obwohl Dänemark ein kleines Land war, unterhielt es eine starke Marine für den Küstenschutz, darunter auch eines der ersten Panzerschiffe, die *Rolf Krake*.

Eine Anzahl von Panzerschiffen wurde für die Küstenverteidigung gebaut und zwei weitere, ursprünglich für die Konföderierte Marine gedacht, hinzugekauft. Dänemark gelang es, seine Neutralität über mehrere Konflikte hinweg bis 1940, als das Land von deutschen Truppen besetzt wurde, zu erhalten. Nach dem Zweiten Weltkrieg erhielt die Marine vier Patrouillen-U-Boote.

E11

Ursprungsland:	Großbritannien
Stapellauf:	1913
Besatzung:	30
Verdrängung:	Überwasser: 677 t, getaucht: 820 t
Maße:	55,17 m × 6,91 m × 3,81 m
Bewaffnung:	5 457-mm-Torpedorohre, 1 12-Pfund-Kanone
Triebwerksanlage:	2 Zweiwellen-Dieselmotoren, 2 Elektromotoren
Reichweite:	6035 km (3579 sm)
Geschwindigkeit:	14 kn bei Überwasserfahrt, 9 kn getaucht

Zwischen 1913 und 1916 konstruiert, wurde die *E*-Klasse, aufgeteilt auf 13 Werften, nach Ausbruch des Krieges in einer Stückzahl von 55 Einheiten produziert. Sie ließ sich in fünf Unterklassen unterteilen. Die wesentlichen Unterschiede lagen in der Anordnung der Torpedorohre und der Umkonstruktion von sechs Booten, um Platz für 20 Minen in der mittleren Torpedorohrkammer zu schaffen.

Die *E11*, unter dem Kommando des hoch talentierten Lt. Kdr. Martin Nasmith, war sicher das berühmteste Boot dieser Klasse. Bei verschiedenen Einsätzen in den Dardanellen, erzielte sie große Erfolge, darunter auch die Versenkung des türkischen Kampfschiffes *Hairredin Barbarossa*. Viele Besatzungsangehörige der Royal Navy, die später in hohe Ränge aufstiegen, lernten ihr Handwerk auf einem Boot der *E*-Klasse. Für den Einsatz in den Dardanellen erhielten die britischen Boote einen blauen Anstrich, um sich besser im flachen, klaren Wasser verstecken zu können. Diese Klasse war auch in der Nordsee und im Baltikum im Einsatz. Insgesamt gingen 22 Boote verloren.

E20

Ursprungsland:	Großbritannien
Stapellauf:	Juni 1915
Besatzung:	30
Verdrängung:	Überwasser: 677 t, getaucht: 820 t
Maße:	55,6 m × 4,6 m × 3,8 m
Bewaffnung:	5 457-mm-Torpedorohre, 1 12-Pfund-Kanone
Triebwerksanlage:	Zweiwellen-Dieselmotoren, Elektromotoren
Reichweite:	6035 km (3579 sm) bei 10 kn
Geschwindigkeit:	14 kn bei Überwasserfahrt, 9 kn getaucht

Die außergewöhnlich große Reichweite der *E*-Klasse-Boote erlaubte weitreichende Patrouillenfahrten in feindlichen Gewässern mit sehr großer Distanz zur Ausgangsbasis. Das Haupteinsatzgebiet der *E20* war das Marmarameer, wo sie am 5. November 1915 von dem deutschen U-Boot *UB14* versenkt wurde. Es handelte sich dabei um die erste Versenkung eines U-Bootes durch ein anderes U-Boot. Die *E20* geriet in eine Falle. Einige Zeit früher, im Juli 1915, versenkten deutsche Marinestreitkräfte das kleine, französische U-Boot *Masriotte*. Dabei erbeuteten sie Dokumente, die die Rendezvouspunkte britischer und französischer U-Boote im Marmarameer beinhalteten. Trotz dieser Rückschläge und geradezu heimtückischer Operationsbedingungen erzielten die britischen Marinestreitkräfte doch erhebliche Erfolge. Zu Ende des Krieges wurden die verbliebenen Boote in Malta gesammelt und warteten dort auf ihre Verschrottung.

Echo

Ursprungsland:	Russland
Stapellauf:	1960
Besatzung:	90
Verdrängung:	Überwasser: 4572 t, getaucht: 5588 t
Maße:	110 m × 9 m × 7,5 m
Bewaffnung:	6 533-mm-Torpedorohre, 2 406-mm-Torpedorohre
Triebwerksanlage:	nuklearer Druckwasserreaktor, 2 Dampfturbinen
Reichweite:	unbeschränkt
Geschwindigkeit:	20 kn bei Überwasserfahrt, 28 kn getaucht

Die fünf SSNs der *Echo*-Klasse wurden von 1960 bis 1962 ursprünglich im Osten der Sowjetunion als *Echo-I*-Klasse-Raketenunterseeboote gebaut. Mit sechs Raketensilos für die strategischen *SS-N-3C Shaddock*-Marschflugkörper bewaffnet, besaßen sie noch nicht das Feuerleit- und Steuerungssystem der späteren *Echo-II*-Klasse. Insgesamt wurden 29 Boote hergestellt. Alle, mit Ausbahme der fünf *Echo-II*-Klasse-Boote, waren in der Nordflotte eingesetzt. Als die Flotte der sowjetischen ballistischen Raketen-U-Boote wuchs, sank der Bedarf für Boote der *Echo*-Klasse und ein Umbau für den Einsatz als Schiff-Abwehr-U-Boote wurde 1969 bis 1974 durchgeführt. Der Umbau umfasste den Ausbau der *Shaddock*-Raketensilos und deren aquadynamische Verkleidung, um den Geräuschpegel zu verringern, sowie die Modifikation des Sonar-Systems.

Alle Boote der *Echo*-Klasse wurden 1980 außer Dienst gestellt.

Enrico Tazzoli

Ursprungsland:	Italien
Stapellauf:	14. Oktober 1935
Besatzung:	77
Verdrängung:	Überwasser: 1574 t, getaucht: 2092 t
Maße:	84,3 m × 7,7 m × 5,2 m
Bewaffnung:	8 533-mm-Torpedorohre, 2 120-mm-Kanonen
Triebwerksanlage:	Zweiwellen-Dieselmotoren, Elektromotoren
Reichweite:	19 311 km (10 409 sm) bei 10 kn
Geschwindigkeit:	17 kn bei Überwasserfahrt, 8 kn getaucht

Als Teil der vier extrem schweren Schiffe der *Calvi*-Klasse wurde die *Enrico Tazzoli* 1936 fertiggestellt. Sie nahm am Spanischen Bürgerkrieg teil und diente im Mittelmeer in den ersten Monaten nach Eintritt Italiens in den Zweiten Weltkrieg. 1940 wurde das Boot in den Atlantik verlegt, wo es den ersten Erfolg, die Versenkung eines 5217-Tonnen-Frachters, nahe der portugiesischen Küste, erzielte. Im Dezember war das Boot eingebunden in die Rettung der Besatzung des gesunkenen zivilen Frachtschiffes Atlantis, die in den Hafen von St. Nazaire gebracht wurde. 1942 wurde sie umgebaut, um zum Transport von Fracht nach Japan genutzt werden zu können. Im Mai 1943 verließ sie Bordeaux und wurde seither nicht mehr gesichtet. Irgendwo in der Biskaya verschwand das Boot zusammen mit einem weiteren italienischen U-Boot, der *Barbarigo*. Drei weitere italienische Boote mit der gleichen Mission erreichten Sabang und Singapur ohne nennenswerte Zwischenfälle.

Enrico Tazzoli

Ursprungsland:
Italien

Stapellauf:
2. April 1942

Besatzung:
80

Verdrängung:
Überwasser: 1845 t,
getaucht: 2463 t

Maße:
94 m × 8,2 m × 5 m

Bewaffnung:
10 533-mm-
Torpedorohre

Triebwerksanlage:
Zweiwellen-Diesel-
motoren, Elektro-
motoren

Reichweite:
19 311 km
(10 409 sm)
bei 10 kn

Geschwindigkeit:
20 kn bei Über-
wasserfahrt, 10 kn
getaucht

Die *Enrico Tazzoli* war ursprünglich das ehemals amerikanische U-Boot *Barb*, das 1943 innerhalb der schnellen *Gato*-Klasse gebaut wurde. Sie wurde 1955 der italienischen Marine, nach Umrüstung auf den Guppy-Schnorchel, übergeben. Mit dieser Umrüstung musste die Gesamtstruktur sowie die Unterwasserform verändert werden, um bessere Unterwasserfahreigenschaften zu erzielen. Das Schiff konnte danach 254 t Kraftstoff und Öl bunkern, wobei eine Reichweite von 19 311 km (10 409 sm) möglich war. Zu jener Zeit betrieb die italienische Marine eine Reihe ehemals amerikanischer hochseefähiger U-Boote, darunter die *Alfredo Cappellini* (ehemals *USS Capitaine*), die *Evangelista Torricelli* (ehemals *USS Lizardfish*), die *Francesco Morosini* (ehemals *USS Besugo*) und die *Leonardo da Vinci* (ehemals *USS Dace*).
   Die *Enrico Tazzoli* und die *Leonardo da Vinci* bildeten das Rückgrat der italienischen U-Boot-Flotte zu jener Zeit.

Enrico Toti

Ursprungsland:
Italien

Stapellauf:
14. April 1928

Besatzung:
76

Verdrängung:
Überwasser: 1473 t,
getaucht: 1934 t

Maße:
87,7 m × 7,8 m × 4,7 m

Bewaffnung:
6 533-mm-
Torpedorohre,
1 120-mm-
Kanone

Triebwerksanlage:
Zweiwellen-Diesel-
motoren, Elektro-
motoren

Reichweite:
7041 km (3800 sm)
bei 10 kn

Geschwindigkeit:
17,5 kn bei Über-
wasserfahrt, 9 kn
getaucht

Zur *Balilla*-Klasse gehörend, war die *Enrico Toti* ein Unterseeboot mit großer Reichweite und einer Tauchtiefe von 90 m. Sie nahm am Spanischen Bürgerkrieg teil und in den ersten Wochen des Krieges kam sie gegen französischen Schiffsverkehr, der Truppen und Material von Frankreich nach Algerien verlegte, zum Einsatz. Danach wurde sie in eine neue Operationszone südlich von Kreta verlegt. Am 15. Oktober 1940 traf sie auf das aufgetauchte britische U-Boot *Rainbow* und versenkte es in einem Kanonenduell. Im Sommer 1942 kam man zu der Erkenntnis, dass das Boot für einen offensiven Einsatz im Mittelmeer zu groß war. Es wurde darauf für Transportzwecke genutzt und letztendlich im April 1943 aufgelegt. U-Boote dieser Klasse konnten maximal 16 Torpedos tragen und das Führungsschiff der Klasse, die *Balilla*, besaß die Möglichkeit, vier Minen mitzuführen.

Enrico Toti

Ursprungsland:	Italien
Stapellauf:	12. März 1967
Besatzung:	26
Verdrängung:	Überwasser: 532 t, getaucht: 591 t
Maße:	46,2 m × 4,7 m × 4 m
Bewaffnung:	4 533-mm-Torpedorohre
Triebwerksanlage:	1 Einwellen-Dieselmotor, Elektromotoren
Reichweite:	5556 km (3000 sm) bei 5 kn
Geschwindigkeit:	14 kn bei Überwasserfahrt, 15 kn getaucht

Die *Enrico Toti* war das Führungsschiff einer neuen Klasse von insgesamt vier Booten, die nach dem Zweiten Weltkrieg in Italien gebaut wurde. Der Entwurf wurde mehrmals überarbeitet und ein Jagd-U-Boot für küstennahe Gewässer wurde letztendlich genehmigt. Für diese Einsatzrolle waren Boote mit schmalem Rumpf und geringer Sonarsignatur bestens geeignet. Hauptbewaffnung war der Whitehead Motofides A184, ein drahtgesteuerter Torpedo. Es handelte sich bei dieser Waffe um eine Zweirollenausführung für U-Boot-/und Schiff-Abwehr-Aufgaben. Der Suchkopf konnte sowohl aktiv als auch passiv eingesetzt werden und besaß eine ECM-Funktion gegen Ablenkungsmaßnahmen. Er verfügte über eine Reichweite von 25 km (13,5 sm).

Das Boot war hervorragend geeignet, um Schwerpunkteinsätze gegen größere Bedrohungen, wie russische SSN (= *Ship submersible nuclear*, die offizielle Bezeichnung der NATO für ein atomgetriebenes Jagd-U-Boot) oder SSGN (= *Ship submersible guided missile nuclear*, atomgetriebenes Raketen-U-Boot), durchzuführen.

Entemedor

Ursprungsland:	Türkei
Stapellauf:	17. Dezember 1944
Besatzung:	80
Verdrängung:	Überwasser: 1854 t, getaucht: 2458 t
Maße:	95 m × 8,3 m × 4,6 m
Bewaffnung:	10 533-mm-Torpedorohre, 1 127-mm-Kanone
Triebwerksanlage:	Zweiwellen-Dieselmotoren, Elektromotoren
Reichweite:	20 372 km (11 000 sm) bei 10 kn
Geschwindigkeit:	20 kn bei Überwasserfahrt, 8,7 kn getaucht

Ursprünglich als *Chickwick* in Dienst gestellt, gehörte die *Entemedor* zur großen *Gato*-Klasse der seegängigen Doppelhüllen-U-Boote des Zweiten Weltkrieges. Die Kraftstofftanks, die 480 Tonnen fassten, waren in der Mitte der Doppelhülle angeordnet. Die maximale Tauchtiefe belief sich auf 95 m.

1973 wurde die *Entemedor* an die Türkei geliefert. Während des Kalten Krieges war die Türkei ein lebenswichtiger strategischer Partner der Südflanke und unterhielt eine große Flotte veralteter, amerikanischer Kriegsschiffe. Bereits 1960 umfasste die U-Boot-Flotte zehn Boote der *Gato*-Klasse, die im Rahmen des Militärhilfepakts geliefert wurden. Alle wurden vorher auf den aktuellen technischen Stand gebracht. Einige erhielten sogar den Guppy-Schnorchel. Die *Entemedor* wurde noch in türkischem Dienst in *Preveze* umbenannt. Dabei fiel auf, dass die Entwicklung der türkischen Marine nahezu spiegelbildlich zur griechischen Marine stattfand.

Ersh (SHCH-303)

Ursprungsland:	Russland
Stapellauf:	16. November 1931
Besatzung:	45
Verdrängung:	Überwasser: 595 t, getaucht: 713 t
Maße:	58,5 m × 6,2 m × 4,2 m
Bewaffnung:	6 533-mm-Torpedorohre, 2 45-mm-Kanonen
Triebwerksanlage:	Zweiwellen-Diesel-motoren, Elektro-motoren
Reichweite:	11 112 km (6000 sm) bei 10 kn
Geschwindigkeit:	12,5 kn bei Über-wasserfahrt, 8,5 kn getaucht

Die Klasse der *Ersh*-Boote, zu der auch die *SHCH-303* gehörte, umfasste 88 Einheiten von Küsten-U-Booten. Es handelte sich um Einhüllen-Boote mit einer Tauchtiefe von 90 m. 32 gingen während des Zweiten Weltkrieges verloren. Die übrig gebliebenen Boote verblieben bis Mitte der 1950er-Jahre im Dienst.

Die *SHCH-303* operierte in der Baltischen See, die stark vermint war und wo die größte Anzahl an Verlusten auftrat.

Auch wurden einige russische Boote durch finnische U-Boote versenkt. Diese Boote stellten eine große Gefahr für deutsche Schiffseinheiten dar. Obwohl die Versenkungsangaben aufgebläht waren und sie in anderen Gebieten dringender benötigt wurden, mussten die deutschen Marineeinheiten doch zum Schutz in jenem Seegebiet bleiben. Die *SHCH-303*, kommandiert von Kapitän I. V. Travkin, beanspruchte die Versenkung zweier großer Schiffseinheiten im Baltikum, was jedoch nie bestätigt wurde. Die *SHCH-303* übedauerte den Krieg und wurde 1958 verschrottet.

Espadon

Ursprungsland:	Frankreich
Stapellauf:	September 1901
Besatzung:	30
Verdrängung:	Überwasser: 159 t, getaucht: 216 t
Maße:	32,5 m × 3,9 m × 2,5 m
Bewaffnung:	4 450-mm-Torpedorohre
Triebwerksanlage:	1 Einschrauben-Dampfmaschine, 1 Elektromotor
Reichweite:	1111 km (600 sm) bei 8 kn
Geschwindigkeit:	9,75 kn bei Über-wasserfahrt, 8 kn getaucht

Die *Espadon* (Schwertfisch) war eines der ersten U-Boote Frankreichs. Man konnte es eher als Experimental-U-Boot bezeichnen. Das Boot wurde nahezu ausnahmslos für die unterschiedlichsten Testzwecke eingesetzt.

Eines der größten Probleme jener frühen U-Boote war schlichtweg die Problematik des Antriebes. Versuche mit Pressluftantrieben waren erfolgreich, aber die Speicherkapazität, die dafür zur Verfügung stand, was schlichtweg zu klein, um vernünftige Geschwindigkeiten oder eine sinnvolle Reichweite zu erzielen. Ab 1880 wurde bei U-Booten als Antrieb eine Dampfmaschine genutzt, die bei Tauchfahrt abgeschaltet werden musste. Dann kam der Elektromotor zum Einsatz. Mit dieser Technologie war auch die *Espadon* ausgestattet. 1919 wurde sie aus der Liste der aktiven Schiffe gestrichen.

Frankreich war sehr innovativ, was die ersten U-Boot-Entwürfe anging. Dort scheute man sich nicht, mit der Erprobung neuer Antriebsarten und anderer Technologien zu experimentieren.

Espadon

Ursprungsland:	Frankreich
Stapellauf:	28. Mai 1926
Besatzung:	54
Verdrängung:	Überwasser: 1168 t, getaucht: 1464 t
Maße:	78,2 m × 6,8 m × 5 m
Bewaffnung:	10 533-mm-Torpedorohre, 1 100-mm-Kanone
Triebwerksanlage:	Zweiwellen-Dieselmotoren, Elektromotoren
Reichweite:	10 469 km (5650 sm) bei 10 kn
Geschwindigkeit:	15 kn bei Überwasserfahrt, 9 kn getaucht

Frankreich entwickelte in den Zwischenkriegsjahren eine Anzahl leistungsfähiger U-Boote. Die *Espado* (Schwertfisch) war Teil der *Requin*-(Hai-)Klasse minenlegender U-Boote, die zur ersten Garnitur französischer Marinestreitkräfte gehörten. Sie waren schwer bewaffnet: vier Torpedorohre im Bug, zwei im Heck und zwei weitere in Containern in der oberen Rumpfhülle. Alle Schiffe dieser Klasse wurden zwischen 1935 und 1937 umfangreich modernisiert. Dazu gehörte die komplette Überarbeitung der Rumpfhülle und der Maschinenanlage. Acht Einheiten gingen im Zweiten Weltkrieg verloren. Dazu gehörten die *Requin*, die *Dauphin,* die *Phoque* und die *Espadon,* die von italienischen Truppen am 8. Dezember 1942 in Bizerta erbeutet und festgesetzt wurden. Die *Espadon* wurde nach Castellamare di Stabia geschleppt und erhielt die Bezeichnung *FR114*, wurde jedoch nicht in den Dienst der italienischen Marinestreitkräfte übernommen. Sie wurde letztendlich von deutschen Truppen erbeutet und am 13. September 1943 versenkt.

Ettore Fieramosca

Ursprungsland:	Italien
Stapellauf:	April 1929
Besatzung:	78
Verdrängung:	Überwasser: 1580 t, getaucht: 1996 t
Maße:	84 m × 8,3 m × 5,3 m
Bewaffnung:	8 533-mm-Torpedorohre, 1 120-mm-Kanone
Triebwerksanlage:	Zweiwellen-Dieselmotoren, Elektromotoren
Reichweite:	9260 km (5000 sm) bei 9 kn
Geschwindigkeit:	19 kn bei Überwasserfahrt, 10 kn getaucht

Als Italien in den Zweiten Weltkrieg eintrat, waren gerade einmal 84 U-Boote einsatzbereit. Die restlichen der insgesamt 150 im Dienst stehenden Boote wurden überholt oder waren in Erprobungseinsätzen eingebunden. Die Boote waren gegenüber deutschen Booten in geradezu bemerkenswertem Nachteil, weil man bei der Ausrüstung wesentlich mehr Wert auf Komfort legte. Die Türme waren überdimensioniert, da sie über einen gut ausgerüsteten komfortablen Mittelgang verfügten. Im großen Ganzen waren es große, gut aussehende Boote, die jedoch sehr langsam tauchten, unter Wasser sehr träge und zudem schlecht ausgerüstet waren. Die *Ettore Fieramosca* war da keine Ausnahme, obwohl sie als eine Klasse für sich angesehen werden konnte. Das Boot war für Patrouilleneinsätze mit großer Reichweite geeignet.

Zum Ende der Dienstzeit wurde im hinteren Teil des Turmes ein Hangar für ein kleines Aufklärungsflugzeug eingerichtet. Das Flugzeug wurde allerdings nicht mehr an Bord stationiert.

Das Boot wurde im März 1941 aufgelegt.

Euler

Ursprungsland:	Frankreich
Stapellauf:	Oktober 1912
Besatzung:	35
Verdrängung:	Überwasser: 403 t, getaucht: 560 t
Maße:	52 m × 5,4 m × 3 m
Bewaffnung:	1 450-mm-Torpedorohr, 4 abwerfbare Haltevorrichtungen, 2 Aufhängungen für Torpedos
Triebwerksanlage:	Zweiwellen-Dieselmotoren, Elektromotoren
Reichweite:	3230 km (1741 sm) bei 10 kn
Geschwindigkeit:	14 kn bei Überwasserfahrt, 7 kn getaucht

Dank des Weitblicks einer kleinen Anzahl von Marineoffizieren und Politikern baute Frankreich, noch vor Ausbruch des Ersten Weltkrieges, eine große U-Boot-Flotte. Verglichen mit der deutschen und britischen Flotte war sie extrem groß. Einer der Gründe dafür war sicher der Versuch, technisch mit dem Entwicklungsstand der britischen Flotte mithalten zu können. Da Frankreich bei der Größe und Menge an starken Kriegsschiffen hinterherhinkte, konzentrierte es sich auf den Bau von U-Booten und Torpedobooten, die mit relativ geringem finanziellem Aufwand einen großen Schaden an großen Schiffen anrichten konnten. Die *Euler* war das Führungsschiff einer großen Klasse von 16 Schiffen. Ihre Reichweite betrug bei Tauchfahrt 160 km (86 sm) bei einer Geschwindigkeit von fünf Knoten. 1920 wurde sie aus der Liste der aktiven Schiffe gestrichen.

Eurydicé

Ursprungsland:	Frankreich
Stapellauf:	Mai 1927
Besatzung:	41
Verdrängung:	Überwasser: 636 t, getaucht: 800 t
Maße:	65,9 m × 4,9 m × 4 m
Bewaffnung:	7 533-mm-Torpedorohre
Triebwerksanlage:	Zweiwellen-Dieselmotoren, Elektromotoren
Reichweite:	6485 km (3500 sm) bei 7,7 Knoten
Geschwindigkeit:	14 kn bei Überwasserfahrt, 7,5 kn getaucht

Die *Eurydicé* war ein Doppelhüllen-U-Boot mit mittlerer Verdrängung und einer Einsatztauchtiefe von 80 m. Sie war das Führungsschiff einer Klasse von insgesamt 26 Booten zweiter Klasse, die zwischen 1925 und 1934 gebaut wurden. Die *Eurydicé* gehörte zu einer Serie von drei Booten, die in der Normand-Fenaux-Werft gefertigt wurden. Als Italien im Juni 1940 in den Zweiten Weltkrieg eintrat, befand sich die *Eurydicé* in Oran. Sie begann sofort mit defensiven Patrouillenfahrten vor Gibraltar, gemeinsam mit anderen französischen U-Booten. Dies geschah im Zusammenhang mit dem britisch-französischen Seekriegsabkommen, nach dem Frankreich die Sicherherung des westlichen Mittelmeeres übernehmen sollte. Das Abkommen verlor seine Gültigkeit mit dem deutsch-französischen Waffenstillstand vom Juni 1940. Die *Eurydicé* wurde am 27. November 1942 zusammen mit anderen französischen Kriegsschiffen, kurz vor dem Einmarsch des II. SS-Panzer-Corps anlässlich der Operation Lila, versenkt.

Evangelista Torricelli

Ursprungsland:	Italien
Stapellauf:	Juli 1944
Besatzung:	85
Verdrängung:	Überwasser: 1845 t, getaucht: 2463 t
Maße:	95 m × 8,2 m × 5 m
Bewaffnung:	10 533-mm-Torpedorohre
Triebwerksanlage:	Zweiwellen-Dieselmotoren, Elektromotoren
Reichweite:	22 518 km (12 152 sm) bei 10 kn
Geschwindigkeit:	20 kn bei Überwasserfahrt, 10 kn getaucht

Die *Evangelista Torricelli* war ursprünglich das amerikanische, hochseefähige U-Boot *Lizardfish*, das zur legendären *Gato*-Klasse gehörte. Das Boot erhielt zunächst den Namen *Luigi Torelli*. Die Übergabe an Italien erfolgte am 5. Mai 1966, zusammen mit zwei Schwesterschiffen, der *Alfredo Cappellini* (ehemals *USS Capitaine*) und *Francesco Morosini* (ehemals *USS Besugo*). Viele Boote der *Gato*-Klasse wurden während der Zeit des Kalten Krieges an verbündete Streitkräfte geliefert. Bei allen Booten wurden die 100-mm-Kanonen entfernt und die Ausrüstung auf einen moderneren Stand gebracht. Ihre große Reichweite und Zuverlässigkeit machten sie sehr attraktiv, ebenso die Erfolgsrate im Pazifik, die man nur als herausragend bezeichnen konnte. Die *Francesco Morosini* war das erste Boot, das im November 1975 außer Dienst gestellt wurde, gefolgt von der *Evangelista Torricelli* im Jahre 1976 und der *Alfredo Cappellini* 1977. Die *Evangelista Torricelli* wurde in den darauffolgenden Jahren noch für verschiedene Experimente genutzt.

Explorer

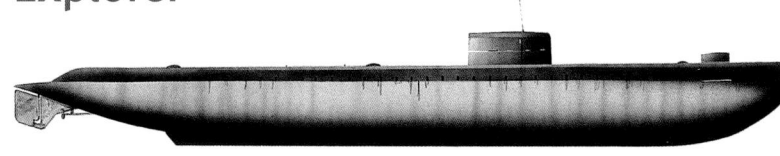

Ursprungsland:	Großbritannien
Stapellauf:	März 1954
Besatzung:	70
Verdrängung:	Überwasser: 792 t, getaucht: 1016 t
Maße:	68,7 m × 4,8 m × 5,5 m
Bewaffnung:	keine
Triebwerksanlage:	Zweiwellen-Dieselmotoren, Wasserstoffperoxid-Akkumulatoren
Reichweite:	nicht bekannt
Geschwindigkeit:	20 kn bei Überwasserfahrt, 25 kn getaucht.

Die *Explorer* und das Schwesterschiff *Excalibur* waren zwei Experimental-U-Boote, die von der Royal Navy bei der Vickers-Armstrong-Werft in Auftrag gegeben wurden. Der stromlinienförmige Rumpf sollte hohe Unterwassergeschwindigkeiten ermöglichen, wobei die bei dem deutschen U-Boot Typ *XXI*, das gegen Ende des Zweiten Weltkrieges gebaut wurde, angewendete Akkumulatorenanlage mit Wasserstoffperoxid zum Einsatz kam. Die *Explorer* war das erste U-Boot für die Royal Navy seit dem Abschluss der A-Klasse im Jahre 1948. Die Erfahrung mit diesen Booten lieferte wertvolle Erkenntnisse für die Entwicklung der ersten Generation britischer Nuklear-U-Boote. Als die britischen Experimental-U-Boote zu Wasser gelassen wurden, war die Entwicklungsarbeit an amerikanischen und russischen Nuklear-U-Booten im Jahre 1954 bereits weit fortgeschritten.

F1

Ursprungsland:	Großbritannien
Stapellauf:	März 1915
Besatzung:	20
Verdrängung:	Überwasser: 368 t, getaucht: 533 t
Maße:	46 m × 4,9 m × 3,2 m
Bewaffnung:	3 457-mm-Torpedorohre
Triebwerksanlage:	Zweiwellen-Dieselmotoren, Elektromotoren
Reichweite:	5556 km (3000 sm) bei 9 kn
Geschwindigkeit:	14 kn bei Überwasserfahrt, 8,7 kn getaucht

Die *F1* gehörte zu einer Klasse von drei U-Booten, die für die reine Küstenverteidigung eingesetzt werden sollten.

Sie fielen der Entscheidung der britischen Admiralität zum Opfer, künftig hochseegängige U-Boote mit großer Reichweite zu bauen. Die Entscheidung wurde wesentlich durch Sir Winston Churchill beeinflusst, der 1911 als Erster Lord der Admiralität die politische Verantwortung für die Royal Navy übernahm und erkannte, dass von 57 U-Booten, die sich zu jenem Zeitpunkt im Dienst befanden, nur zwei D-Klasse-Boote in der Lage waren, Einsätze mit größerer Entfernung durchführen zu können. Ende 1914 kam man zu der Erkenntnis, dass gegnerische U-Boot-Kommandanten keinesfalls beabsichtigten, britische Schiffe bis in ihre Heimathäfen zu verfolgen.

Die *F1* wurde 1913 auf Kiel gelegt und alle drei Boote dieser Klasse kamen im Ersten Weltkrieg umfassend zum Einsatz. Der erneut vorgeschlagene Bau einer solchen Gruppe von U-Booten wurde 1914 verworfen. Die *F1* wurde 1920 abgewrackt.

F1

Ursprungsland:	Italien
Stapellauf:	April 1916
Besatzung:	54
Verdrängung:	Überwasser: 226 t, getaucht: 324 t
Maße:	45,6 m × 4,2 m × 3 m
Bewaffnung:	2 450-mm-Torpedorohre, 1 76-mm-Kanone
Triebwerksanlage:	Zweiwellen-Dieselmotoren, Elektromotoren
Reichweite:	2963 km (1600 sm) bei 8,5 kn
Geschwindigkeit:	12,5 kn bei Überwasserfahrt, 8,2 kn getaucht

Die *F1* und ihre Schwesterschiffe waren verbesserte Versionen der *Medusa*-Klasse. Sie konnten schneller tauchen und besaßen zwei Periskope, eines zum Ausschauhalten, ein weiteres für den Angriff, als auch einen Kreiselkompass und die neue Fessenden-U-Boot-Ortungsgeräte. 1930 wurde die *F1* aus der Liste der aktiven Einheiten gestrichen. Forschungen mit Fahrzeugen wie der *F1*-Klasse hätten Italiens U-Boote zu schlagkräftigen und effektiven Waffen machen können, aber zwischen den Kriegen wurden diese ohne ernsthaften Hintergrund betrieben. Offenbar wurden in der Zeit vor dem Krieg realistische U-Boot-Manöver abgehalten, bei denen es jedoch an entschlossenem Kampfgeist unter den Besatzungsmitgliedern fehlte. In beiden Weltkriegen waren es vielmehr die italienischen Torpedobootbesatzungen, die ein hohes Maß an Kampfbereitschaft zeigten. Sie hinterließen einen hervorragenden Eindruck bei der Bekämpfung britischer Schiffe in Malta.

F4

Ursprungsland:	USA
Stapellauf:	Januar 1912
Besatzung:	35
Verdrängung:	Überwasser: 335 t, getaucht: 406 t
Maße:	43,5 m × 4,7 m × 3,7 m
Bewaffnung:	4 Torpedorohre
Triebwerksanlage:	Zweiwellen-Dieselmotoren, Elektromotoren
Reichweite:	4260 km (2300 sm) bei 11 kn
Geschwindigkeit:	13,5 kn bei Überwasserfahrt, 5 kn getaucht

Die *F4* und ihre drei Schwesterschiffe waren einander sehr ähnlich und entstanden etwa zeitgleich mit der *E*-Klasse, aus der sich eine Tendenz zu einer kleineren U-Boot-Klasse hin entwickelte. Alle *E*- und *F*-Klasse-Boote wurden 1915 aus dem Dienst genommen und überarbeitet. Die *F4* verließ den Hafen von Honolulu am 25. März 1915 zu einer Erprobungsfahrt und kehrte nicht mehr zurück. Sie wurde später in einer Tiefe von 91 Meter vor der Hafeneinfahrt von Pearl Harbour gefunden, einer Tiefe, aus der zu jener Zeit noch nie eine Bergung stattgefunden hatte. Fünf Monate später gelang es jedoch einem amerikanischen Bergungsteam, das Unmögliche zu erreichen, und man brachte die *F4* wieder an die Oberfläche, wobei ein neuer Tiefentauchrekord aufgeboten wurde. In den Folgejahren waren die USA bei Bergungsarbeiten in großen Tiefen immer an vorderster Stelle, wobei regelmäßig speziell entwickelte Tauchfahrzeuge eingesetzt wurden.

Faa di Bruno

Ursprungsland:	Italien
Stapellauf:	18. Juni 1939
Besatzung:	58
Verdrängung:	Überwasser: 1076 t, getaucht: 1334 t
Maße:	73 m × 7 m × 5 m
Bewaffnung:	8 533-mm Torpedorohre, 2 100-mm-Kanonen
Triebwerksanlage:	Zweiwellen-Dieselmotoren, Elektromotoren
Reichweite:	13 890 km (7500 sm) bei 9,4 kn
Geschwindigkeit:	17,4 kn bei Überwasserfahrt, 8 kn getaucht

Aus der *Glauco*-Klasse entwickelt, war die *Commandante Faa di Bruno* ein Einhüllenrumpfboot mit großer Reichweite. Das seegängige Boot war mit zwei internen Ballasttanks ausgestattet und von Curio Bernadis entworfen worden. Insgesamt bestand die Klasse aus zwei Booten. Der Name des zweiten Bootes war *Commandante Cappellini*.

Im November 1940 sank das Boot im Nordatlantik, wobei die Ursache nie restlos geklärt werden konnte. Man vermutet jedoch, dass der britische Zerstörer *HMS Havelock* daran beteiligt gewesen sein könnte.

Das Schwesterschiff *Cappellini* hatte eine interessante Laufbahn. Als Transportschiff umgerüstet wurde es im September 1943 von den Japanern in Sabang erbeutet, was nach dem Waffenstillstand Italiens möglich war, und wurde den deutschen Marinestreitkräften übergeben. Bereits 1944 waren Langstreckentransport-U-Boote die einzige Möglichkeit, Rohmaterialien zwischen Deutschland und Japan zu transportieren. Als Deutschland im Mai 1945 kapitulierte, wurde es erneut von Japan festgesetzt und mit der Kennzeichnung *I-503* versehen. Das Kriegsende erlebte das Boot in Kobe, wo es 1946 verschrottet wurde.

Farfadet

Ursprungsland:	Frankreich
Stapellauf:	Mai 1901
Besatzung:	25
Verdrängung:	Überwasser: 188 t, getaucht: 205 t
Maße:	41,3 m × 2,9 m × 2,6 m
Bewaffnung:	4 450-mm-Torpedorohre
Triebwerksanlage:	Einwellen-Elektro-motoren
Reichweite:	218,5 km (118 sm) bei 4,3 kn
Geschwindigkeit:	6 kn bei Überwas-serfahrt, 4,3 kn getaucht

Die *Farfadet* und ihre drei Schwesterschiffe waren ausnahmslos von Akku-mulatoren für die Fahrt abhängig, was die Reichweite beschränkte: auf nur 218,5 km bei einer Reisegeschwindigkeit von 5,3 kn im aufgetauchten Zustand und 53 km (28,5 sm) bei 4,3 kn getaucht. Die vier Torpedos wurden extern an Aufhängevorrichtungen hinter dem Turm mitgeführt. Aufgrund einer geöffneten Turmluke sank das Boot am 6. Juli 1905, wobei 14 Mann der Besatzung ihr Leben verloren. Es wurde später wieder gehoben und als *Follet* 1909 erneut in Dienst gestellt. 1913 wurde es aus der Einsatzliste ge-strichen. Die *Farfadet* war ein erneuter Versuch Frankreichs, alternative und sauberere Antriebe für die frühen U-Boote zu finden. Frankreichs Kons-trukteure waren extrem sicherheitsbewusst und schenkten dem noch un-zuverlässigen Benzinmotoren kein Vertrauen. Die anfänglichen Kosten für ein solches Boot betrugen damals 32 000 Pfund (51 000 US-Dollar).

Fenian Ram

Ursprungsland:	USA
Stapellauf:	Mai 1881
Besatzung:	3
Verdrängung:	Überwasser: 19 t, getaucht: nicht bekannt
Maße:	9,4 m × 1,8 m × 2,2 m
Bewaffnung:	1 228-mm-Kanone
Triebwerksanlage:	1 Einwellen-Benzin-motor
Reichweite:	nicht bekannt
Geschwindigkeit:	Überwasserfahrt: nicht bekannt, getaucht: nicht bekannt

Der irisch-amerikanische Erfinder John Philip Holland konstruierte U-Boote in den USA, wobei der Gedanke Pate stand, die verhasste britische Flotte, auf Ermunterung durch die Fenian-Bruderschaft, der Holland angehörte, zu zerstören. Seine Geschäftsinteressen überwogen jedoch und er verkaufte die Entwürfe an die Royal Navy. Zwanzig Jahre vorher wurde die *Fenian Ram* für die Fenian-Gesellschaft bei den Delamater-Eisen-Werken in New York gebaut. 1883 wurde sie unter größter Geheimhaltung nach Newhaven ge-schleppt, wobei sich die Besatzung schon einmal mit dem Betrieb des Bootes vertraut machen konnte. Das Boot wurde 1916 im Madison Square Garden ausgestellt, um Gelder für den Aufstand der Iren, der in jenem Jahr aus-brach, zu sammeln. 1927 wurde sie im West Side Park, New York, unterge-bracht. John Holland ging als Konstrukteur des ersten verwendbaren U-Bootes in die Geschichte ein.

Ursprungsland: Italien	
Stapellauf: August 1934	
Besatzung: 55	
Verdrängung: Überwasser: 1000 t, getaucht: 1279 t	
Maße: 70,5 m × 6,8 m × 4 m	
Bewaffnung: 8 533-mm-Torpedorohre, 2 100-mm-Kanonen	
Triebwerksanlage: Zweiwellen-Diesel-motoren	
Reichweite: 19 446 km (10 500 sm) bei 8 kn	
Geschwindigkeit: 17 kn bei Überwas-serfahrt, 8,5 kn getaucht	

Ferraris

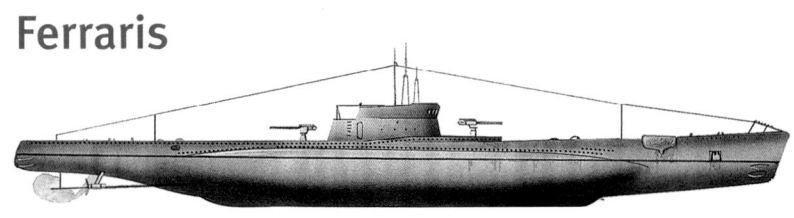

Die *Ferraris* und das Schwesterschiff *Galilei* waren Langstrecken-U-Boote mit teilweise Zweihüllenrümpfen. Beide Boote nahmen am Spanischen Bürgerkrieg teil. Auch zwei weitere Boote, die *Archimede* und die *Torricelli,* wurden in den Bürgerkrieg geschickt. Diese beiden Schiffe wurden 1937 nach Spanien verlegt und erhielten die Namen *General Sanjurjo* und *Gene-ral Mola*. Die *Ferraris* und die *Galilei* wurden zu der Zeit, als Italien in den Zweiten Weltkrieg eintrat, im Roten Meer stationiert. Die *Galilei* wurde am 19. Oktober 1940 im Roten Meer nach einer Überwasserschlacht von dem bewaffneten britischen Trawler *Moonstone* erbeutet, nachdem nahezu alle Offiziere an Bord gefallen und der verbliebene Rest der Besatzung durch giftige Gase der defekten Klimaanlage vergiftet worden waren. Das Boot erhielt bei den Briten die Kennung *X2* und wurde zur Ausbildung ein-gesetzt. Es wurde im Oktober 1941 von dem britischen Zerstörer *Lamerton* in der nördlichen Adria versenkt.

Ursprungsland: Italien	
Stapellauf: lief nicht vom Stapel	
Besatzung: 50	
Verdrängung: Überwasser: 1130 t, getaucht: 1188 t	
Maße: 64 m × 6,9 m × 4,9 m	
Bewaffnung: 6 533-mm-Torpedorohre, 1 100-mm-Kanone	
Triebwerksanlage: Zweiwellen-Diesel-motoren, Elektro-motoren	
Reichweite: 6670 km (3600 sm) bei 12 kn	
Geschwindigkeit: 16 kn bei Über-wasserfahrt, 8 kn getaucht	

Ferro

Die *Ferro* wurde als U-Boot mittlerer Größe konstruiert und gehörte zur *Flutto*-Klasse. In der II. Serie teilweise mit Doppelhüllenrumpf versehen, wurde die Turmgröße reduziert und die allgemeinen Dimensionen erhöht, was die Konstruktion dann zur *Argo*-Klasse werden ließ. Die Kiellegung erfolgte am 2. Juni 1942 in der Werft der Cantieri Riuniti dell'Adriatico in Monfalcone. Das Boot wurde dann jedoch von deutschen Truppen noch in der Werft festgesetzt und mit der Kennung *UIT 12* versehen. Das Boot lief nie vom Stapel und wurde im Mai 1945 zerstört. Insgesamt sollten 25 Boote entstehen, aber nur die *Bario* wurde in Dienst gestellt. Durch einen Luftangriff beschädigt und danach von deutschen Truppen ver-senkt, wurde das Boot nach dem Krieg wieder gehoben und unter dem Namen *Pietro Calvi* am 16. Dezember 1961 in Dienst gestellt. Ein anderes Boot, die *Vortice*, wurde nach dem Krieg noch einmal modifiziert, aber nicht mehr in Dienst gestellt.

Filippo Corridoni

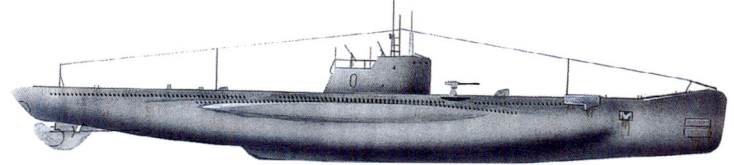

Ursprungsland:	Italien
Stapellauf:	März 1930
Besatzung:	55
Verdrängung:	Überwasser: 996 t, getaucht: 1185 t
Maße:	71,5 m × 6 m × 4,8 m
Bewaffnung:	4 533-mm-Torpedorohre, 1 102-mm-Kanone
Triebwerksanlage:	Zweiwellen-Dieselmotoren, Elektromotoren, bis zu 24 Minen
Reichweite:	16 668 km (9000 sm) bei 8 kn
Geschwindigkeit:	11,5 kn bei Überwasserfahrt, 7 kn getaucht

Die *Filippo Corridoni* war ein Minenleger mit geringer Reichweite. Aus der *Piano*-Klasse entwickelt, gab es nur zwei Boote dieses Typs. Das Schwesterboot hieß *Brigadin*.

Beide Boote wurden vorwiegend für den Transport von Nachschubgütern während des Zweiten Weltkrieges verwendet. Ausgerüstet mit jeweils zwei Röhren zum Verlegen von Minen, konnten – je nach Minentyp – zwischen 16 und 24 Minen mitgeführt werden. Insgesamt verfügte die italienische Marine im Zweiten Weltkrieg über 17 verschiedene Minentypen, einer davon war der *Coloniale-P125*-Typ, der speziell für warme Gewässer entwickelt wurde. Auch wurden ab 1941 deutsche Minen verlegt, die sich als wesentlich effektiver als die italienischen herausstellten. Die italienische Marine vertraute stark auf den Einsatz von Minen und viele Boote ihrer Unterseebootflotte wurden für diese Aufgabe umgerüstet. Beide Schiffe, die *Filippo Corridoni* und die *Brigadin*, wurden 1948 außer Dienst gestellt.

Fisalia

Ursprungsland:	Italien
Stapellauf:	Februar 1912
Besatzung:	40
Verdrängung:	Überwasser: 256 t, getaucht: 310 t
Maße:	45 m × 4,2 m × 3 m
Bewaffnung:	2 450-mm-Torpedorohre
Triebwerksanlage:	Zweiwellen-Dieselmotoren, Elektromotoren
Reichweite:	nicht bekannt
Geschwindigkeit:	12 kn bei Überwasserfahrt, 8 kn getaucht

Die *Fisalia* gehörte zu einer Klasse von acht Booten und war gleichzeitig Teil der ersten Serie italienischer U-Boote, die mit Dieselmotoren ausgerüsteten war. Diese Boote hatten hervorragende Seeeigenschaften und besaßen eine exzellente Manövrierfähigkeit. Die *Fisalia* wurde im Oktober 1910 auf Kiel gelegt und im September 1912 fertiggestellt. Im Ersten Weltkrieg operierte das Boot in der Adria und wurde 1918 aufgelassen.

Ein bis zwei italienische Boote wurden 1915 in die Dardanellen verlegt. Es waren aber die britischen und französischen Boote, die die Vorherrschaft in diesem Seegebiet behielten, speziell die Boote der *E*-Klasse der Royal Navy. Die italienischen Boote wurden zu jener Zeit wegen der geringen Reichweite vorwiegend in der Adria eingesetzt. Außerdem waren sie schwach bewaffnet und konnten somit nur für die Hafen- und Küstenverteidigung eingesetzt werden. Die Offensivrolle wurde den Torpedobooten überlassen, was dazu führte, dass diese Schiffsgattung naturgemäß die meisten Erfolge erzielen konnte.

Flutto

Ursprungsland:
Italien

Stapellauf:
November 1942

Besatzung:
50

Verdrängung:
Überwasser: 973 t,
getaucht: 1189 t

Maße:
63,2 m × 7 m × 4,9 m

Bewaffnung:
6 533-mm-
Torpedorohre,
1 100-mm-
Kanonen

Triebwerksanlage:
Zweiwellen-Diesel-
motoren, Elektro-
motoren

Reichweite:
10 000 km
(5400 sm) bei 8 kn

Geschwindigkeit:
16 kn bei Über-
wasserfahrt, 7 kn
getaucht

Die *Flutto* gehörte zu einer Klasse von U-Booten mittlerer Reichweite, die in drei Gruppen bis Ende 1944 gebaut werden sollte. Am Ende wurden nur acht Boote der ersten Gruppe fertiggestellt. Zwei aus dieser Gruppe, die *Grongo* und die *Merena,* waren mit jeweils vier Zylindern für das Absetzen bemannter Torpedos ausgerüstet. Weitere Boote, die noch zum Einsatz kamen, waren die *Tritone,* die am 19. Januar 1943 von den Kanonen des britischen Zerstörers *Antelope* und der kanadischen Korvette *Port Arthur* versenkt wurde, sowie die *Gorgo,* die am 21. Mai 1943 von dem amerikanischen Zerstörer *USS Nields* versenkt wurde. Die *Flutto* wurde am 11. Juli 1943 von den britischen Torpedobooten *640, 651* und *670* vor der Küste Siziliens versenkt.

Die *Nautilo* wurde bei einem Luftangriff versenkt, wieder gehoben und als *Sava* der jugoslawischen Marine übergeben. Die *Marea* ging als *Z13* nach Russland.

Foca

Ursprungsland:
Italien

Stapellauf:
September 1908

Besatzung:
2+15

Verdrängung:
Überwasser: 188 t,
getaucht: 284 t

Maße:
42,5 m × 4,3 m ×
2,6 m

Bewaffnung:
2 450-mm-
Torpedorohre

Triebwerksanlage:
3 Dreiwellen-
Benzinmotoren,
Elektromotoren

Reichweite:
nicht bekannt

Geschwindigkeit:
Überwasserfahrt:
nicht bekannt,
getaucht: nicht
bekannt

Die *Foca* war das einzige italienische U-Boot, das mit drei Wellen, die von drei Fiat-Benzinmotoren angetrieben wurden, ausgestattet war. Am 26. April 1909 setzte eine interne Explosion die Kraftstofftanks in Flammen. Um eine Ausbreitung des Feuers zu verhindern, wurde das Boot versenkt. Später wurde es gehoben und repariert, wobei die mittlere Welle und der mittlere Motor entfernt wurden. Der Unfall zeigte deutlich die Gefahr, die mit Benzinmotoren in Unterseebooten verbunden war. Schnell konnten sich gefährliche Dämpfe bilden und der kleinste Funke konnte katastrophale Unfälle verursachen. Nach diesem Unfall stoppte die italienische Marine den Bau von U-Booten mit Benzinmotoren. Britische Boote waren mit dem gleichen Problem konfrontiert und führten auch den Dieselmotor als Hauptantriebsquelle ein. Die *Foca* wurde letztendlich im September 1918 außer Dienst gestellt, als der Erste Weltkrieg sich dem Ende zuneigte.

Foca

Ursprungsland:	Italien
Stapellauf:	26. Juni 1937
Besatzung:	60
Verdrängung:	Überwasser: 1354 t, getaucht: 1685 t
Maße:	82,8 m × 7,2 m × 5,3 m
Bewaffnung:	6 533-mm-Torpedorohre, 1 100-mm-Kanone
Triebwerksanlage:	Zweiwellen-Dieselmotoren, Elektromotoren
Reichweite:	15 742 km (8500 sm) bei 8 kn
Geschwindigkeit:	15,2 kn bei Überwasserfahrt, 7,4 kn getaucht

Diese *Foca* war eines von drei für die italienische Marine gebauten Minenleger-U-Boote unmittelbar vor dem Zweiten Weltkrieg. Die Namen der anderen waren *Atropo* und *Zoea*. Bei der zuerst fertiggestellten *Foca* war im hinteren Teil des Turmes eine 100-mm-Kanone für Trainingszwecke eingebaut. Später wurde diese Kanone wieder ausgebaut und auf den klassischen Platz vor dem Turm gesetzt. Die Torpedobewaffnung wurde vernachlässigt, um im Heck zwei Minenlegerroste einzubauen. Das Führungsschiff der Klasse, die *Foca*, ging am 15. Oktober 1940 beim Legen einer Minensperre vor dem Hafen von Haifa, Palästina, verloren. Man nimmt an, dass sie in ein britisches Minenfeld geriet. Die *Atropo* und die *Zoea* überdauerten den Krieg und wurden 1947 außer Dienst gestellt. Ende 1943 wurde die *Atropo* zur Versorgung alliierter Truppen in der Ägäis auf den Inseln Samos und Leros eingesetzt. Da die Ägäis sehr stark durch feindliche MTBs (Motortorpedoboote) kontrolliert wurde, war dies die sicherste Methode.

Foxtrot-Klasse

Ursprungsland:	Russland
Stapellauf:	1959 (erste Einheit)
Besatzung:	80
Verdrängung:	Überwasser: 1950 t, getaucht: 2500 t
Maße:	91,5 m × 8 m × 6,1 m
Bewaffnung:	10 533-mm-Torpedorohre
Triebwerksanlage:	3 Dreiwellen-Dieselmotoren, 3 Elektromotoren
Reichweite:	10 190 km (5500 sm) bei 8 kn
Geschwindigkeit:	18 kn bei Überwasserfahrt, 16 kn getaucht

Mit dem Bau der ersten 45 Einheiten zwischen 1958 und 1968 und weiteren 17 Einheiten zwischen 1971 und 1974 wurde die *Foxtrot*-Klasse als Diesel-/Elektro-Boot in einer langsamen Serienproduktion für den Export aufrechterhalten und bis in das Jahr 1984 hinein weitergeführt, wo die Produktion letztendlich gestoppt wurde. Die Konstruktion erwies sich als das erfolgreichste Nachkriegsmodell, was den Bereich konventioneller U-Boote anging. 62 Boote gingen in den Dienst der sowjetischen Marine. Drei sowjetische Flotten nutzten die Boote. Sie wurden auch regelmäßig im Mittelmeer und im Indischen Ozean stationiert. *Foxtrot*-Boote wurden häufiger bei Patrouillen eingesetzt als sowjetische SSNs (atombetriebene Jagd-U-Boote). Der erste Exportkunde für dieses Boot war die indische Marine, die zwischen 1968 und 1976 acht Boote in Dienst stellte, gefolgt von Libyen mit sechs Booten, geliefert zwischen 1976 und 1983. Kuba erhielt zwischen 1979 und 1984 drei Boote. Alle russischen *Foxtrot*-Boote wurden Ende der 1980er-Jahre außer Dienst gestellt.

Francesco Rismondo

Ursprungsland:	Italien
Stapellauf:	14. Februar 1929
Besatzung:	45
Verdrängung:	Überwasser: 676 t, getaucht: 835 t
Maße:	66,5 m × 5,4 m × 3,8 m
Bewaffnung:	6 551-mm-Torpedorohre, 1 100-mm-Kanone
Triebwerksanlage:	2 Dieselmotoren, 2 Elektromotoren
Reichweite:	5003 km (2700 sm) bei 10 kn
Geschwindigkeit:	14,5 kn bei Überwasserfahrt, 9,2 kn getaucht

Die *Francesco Rismondo* war das ehemalige jugoslawische U-Boot *Ostvenik* (*N1*), das am 17. April 1941 in Cattaro von der italienischen Marine erbeutet wurde. Sie war eines von insgesamt zwei Booten, die bei den Ateliers et Chantiers de la Loire in Nantes gebaut wurden. Das andere Boot hieß *Smeli* (*N2*) und wurde etwa zur gleichen Zeit erbeutet. Ein drittes Boot, das von der italienischen Marine in Cattaro erbeutet wurde, stammte von Vickers und trug den Namen *Hrabri* (*N3*), dessen Schwesterschiff, die *Nebojsa*, entkommen konnte, bevor italienische Truppen Dalmatien besetzten.

Die *Francesco Rismondo* wurde am 14. September 1943 nach dem Waffenstillstandsabkommen Italiens mit den Alliierten von deutschen Truppen in Bonifacio erbeutet. Vier Tage danach wurde es im Hafen von Bonifacio versenkt.

Nach dem Krieg wurde das italienische Boot *Nautilo* als Kriegsbeute an Jugoslawien übergeben, wo es als *Sava* bis 1970 Dienst tat.

Fratelli Bandiera

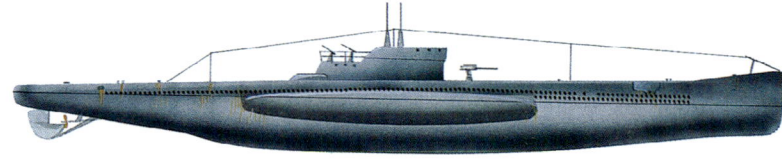

Ursprungsland:	Italien
Stapellauf:	7. August 1929
Besatzung:	52
Verdrängung:	Überwasser: 880 t, getaucht: 1114 t
Maße:	69,8 m × 7,2 m × 5,2 m
Bewaffnung:	8 533-mm-Torpedorohre, 1 100-mm-Kanone
Triebwerksanlage:	2 Dieselmotoren, 2 Elektromotoren
Reichweite:	8797 km (4750 sm) bei 8,5 kn
Geschwindigkeit:	15,1 kn bei Überwasserfahrt, 8,2 kn getaucht

Dieses Schiff war das Führungsschiff einer Klasse mit insgesamt vier Booten. Die Namen der anderen Boote waren *Luciano Manara*, *Ciro Menotti* und *Santorre Santarosa*. Das letzte wurde am 20. Januar 1943 von dem britischen *MTB 260* torpediert und lief querab Tripolis auf Grund. Letztendlich wurde es von der Besatzung versenkt. Am Anfang hatten die Boote eine Überwassergeschwindigkeit von 17,9 kn und etwas mehr als 9 kn unter Wasser. Sie hatten die Eigenschaft, bei schwerer See in die Wellen einzuschlagen. Diesen Mangel versuchte man durch das Anbringen von zusätzlichen Ausbuchtungen am Rumpf zu beheben, was den Wasserwiderstand erhöhen sollte. Der für diese Klasse verantwortliche Ingenieur war Curio Bernardis. Die *Fratelli Bandiera*, die *Luciano Manara* und die *Ciro Menotti* wurden im Zweiten Weltkrieg für die Ausbildung und für Transportaufgaben eingesetzt. Einige Modifikationen, die während der Dienstzeit durchgeführt wurden, waren ein Zusatzaufbau auf dem Bug und die Verkleinerung des Turmes. Alle Boote wurden 1948 außer Dienst gestellt.

Frimaire

Dieses Boot gehörte zur *Brumaire*-Klasse, die aus 16 Booten bestand, gebaut zwischen 1911 und 1913. Zum Einsatz kamen diese Boote im Ersten Weltkrieg ausschließlich im Mittelmeer.

Der *Bernouilli* gelang es am 4. April 1916, in den Hafen von Cattaro einzudringen und den australischen Zerstörer *Csepel* zu torpedieren, was das gesamte Heck des Zerstörers wegsprengte. Die *Le Verrier* rammte am 28. Juli 1918 unglücklicherweise das deutsche U-Boot *U47* nach einem missglückten Torpedoangriff. Drei Boote gingen verloren. Die *Fourcault* sank querab Cattaro durch einen Luftangriff australischer Flugzeuge. Die *Curie* wurde in Pola erbeutet, nachdem das Boot im Hafen von australischen Truppen eingekreist wurde. Das Boot wurde in der australischen Marine als *U14* in Dienst gestellt. Am Ende des Krieges konnte es von der französischen Marine wieder geborgen werden. Die *Joule* wurde in den Dardanellen torpediert. Die *Frimaire* wurde 1923 aus der Zulassungsliste gestrichen. Die Namen der Boote richteten sich nach den Monatsnamen des französischen Revolutionskalenders.

Ursprungsland:
Frankreich

Stapellauf:
26. August 1911

Besatzung: 29

Verdrängung:
Überwasser: 403 t,
getaucht: 560 t

Maße:
52,1 m × 5,14 m ×
3,1 m

Bewaffnung:
6 450-mm-
Torpedorohre

Triebwerksanlage:
Zweiwellen-Diesel-
motoren, Elektro-
motoren

Reichweite:
3150 km (1700 sm)
bei 10 kn

Geschwindigkeit:
13 kn bei
Überwasserfahrt,
8 kn getaucht

Fulton

1913 in der Cherbourg-Marinewerft auf Kiel gelegt, konnte das Schiff erst im Juli 1920 fertiggestellt werden. Grund war die höhere Priorität anderer Schiffe innerhalb des Marine-Aufbau-Programms. Die *Fulton* war ursprünglich mit zwei 200-hp-Turbinen geplant, wurde aber noch innerhalb der Bauphase auf Dieselmotoren umgerüstet. Den Namen erhielt das Schiff nach dem Amerikaner Robert Fulton, Konstrukteur des ersten französischen U-Bootes, der *Nautilus*, die 1800 vom Stapel lief. Als ausgesprochener Pazifist lag es Fulton am Herzen, Unterwasserfahrzeuge zu bauen, die die Marinestreitkräfte der Welt zerstören konnten. Aber der Entwurf war doch noch etwas zu grob, um den Seekrieg ernsthaft zu beeinflussen. Letztendlich blieb er nicht mehr als ein Spielzeug für mindestens ein Jahrhundert, gefährlicher für seine Besatzungen als für den Feind. Erst dem Amerikaner John Holland gelang es, ein funktionierendes Unterwasserfahrzeug zu konstruieren.

Ursprungsland:
Frankreich

Stapellauf:
April 1919

Besatzung: 45

Verdrängung:
Überwasser: 884 t,
getaucht: 1267 t

Maße:
74 m × 6,4 m × 3,6 m

Bewaffnung:
8 450-mm-
Torpedorohre,
2 75-mm-
Kanonen

Triebwerksanlage:
Zweiwellen-Diesel-
motoren, Elektro-
motoren

Reichweite:
7964 km (4300 sm)
bei 10 kn

Geschwindigkeit:
Überwasserfahrt:
nicht bekannt,
getaucht: nicht
bekannt

G1

Ursprungsland:
Großbritannien

Stapellauf:
August 1915

Besatzung: 31

Verdrängung:
Überwasser: 704 t,
getaucht: 850 t

Maße:
57 m × 6,9 m × 4,1 m

Bewaffnung:
4 457-mm-Torpedo-
rohre, 1 533-mm-
Torpedorohr,
1 76-mm-Kanone

Triebwerksanlage:
Zweiwellen-Diesel-
motoren, Elektro-
motoren

Reichweite:
4445 km (2400 sm)
bei 12,5 kn

Geschwindigkeit:
14,25 kn bei
Überwasserfahrt,
9 kn getaucht

Die G-Klasse der Royal Navy bestand aus 14 Booten und basierte auf der E-Klasse. Ihr Bau wurde 1914 veranlasst aufgrund von Informationen über die Planung einer Flotte von Doppelhüllen-U-Booten für die deutsche Marine. Zwei G-Klasse-Boote gingen im Ersten Weltkrieg verloren, zwei weitere durch Unfälle. Ihre Hauptaufgabe während des Krieges war der Angriff auf feindliche U-Boote, die den englischen Kanal durchqueren wollten. Die Anordnung der Bewaffnung war recht unkonventionell. Dazu gehörten Torpedorohre von unterschiedlichem Kaliber. Ein 533-mm-Rohr und vier 475-mm-Rohre waren der Standard, wobei das größere Kaliber für den Angriff gegen gepanzerte Ziele gedacht war.

Eines der G-Klasse-Boote ging als letztes im Ersten Weltkrieg verlorenes britisches U-Boot in die Geschichte ein, als es am 1. November 1918 von einer Patrouillenfahrt in der Nordsee nicht mehr zurückkehrte.

Gal

Ursprungsland:
Israel

Stapellauf:
2. Dezember 1975

Besatzung: 22

Verdrängung:
Überwasser: 427 t,
getaucht: 610 t

Maße:
45 m × 4,7 m × 3,7 m

Bewaffnung:
8 533-mm-
Torpedorohre

Triebwerksanlage:
Einwellenbetrieb
mit 2 Dieselmoto-
ren, 1 Elektromotor

Reichweite:
7038 km (3800 sm)
bei 10 kn

Geschwindigkeit:
11 kn bei Über-
wasserfahrt, 17 kn
getaucht

Die *Gal* ist eines von drei Booten deutscher Konstruktion, gebaut in der Vickers-Werft Mitte der 1970er-Jahre. Der Vertrag zum Bau wurde im April 1972 unterzeichnet. Die *Gal* wurde 1973 auf Kiel gelegt und 1976 in Dienst gestellt, lief aber auf ihrer Auslieferungsfahrt auf Grund. Das Boot wurde wieder repariert.

Zwei weitere Boote, die *Tanin* und die *Rahav,* wurden im Juni und Dezember 1977 in Dienst gestellt. Der *Typ 206* war eine Weiterentwicklung des *Typs 205,* der aus hoch entwickeltem, nichtmagnetischem Stahl gebaut wurde. Er war für Küstenoperationen vorgesehen, im Rahmen der vertraglichen Beschränkungen für Westdeutschland. Das Boot war mit den modernsten Sicherheitseinrichtungen für die Besatzung ausgerüstet und war in der Lage, drahtgesteuerte Torpedos einzusetzen. Der *Typ 206* war nur ein Boot einer großen Serie von Booten, die für den Export angeboten wurden.

Galatea

Ursprungsland:	Italien

Stapellauf:
5. Oktober 1933

Besatzung:
45

Verdrängung:
Überwasser: 690 t,
getaucht: 775 t

Maße:
60,2 m × 6,5 m ×
4,6 m

Bewaffnung:
6 533-mm-
Torpedorohre,
1 100-mm-
Kanone

Triebwerksanlage:
Zweiwellen-Diesel-
motoren, Elektro-
motoren

Reichweite:
9260 km (5000 sm)
bei 8 kn

Geschwindigkeit:
14 kn bei Überwas-
serfahrt, 7,7 kn
getaucht

Die *Galatea* war eines von 12 Booten der *Sirena*-Klasse, die eine Verbesserung der 600er-Entwürfe darstellten, mit verbesserten Sucheigenschaften, höherer Geschwindigkeit und besseren Manövriereigenschaften bei Tauchfahrt. Viele Boote dieser Klasse wurden in ihrer Dienstzeit fortlaufend modifiziert. Im Spanischen Bürgerkrieg wurden durch Boote der *Sirena*-Klasse 18 weitreichende Patrouillenfahrten durchgeführt. Die Boote konnten insgesamt zwölf 533-mm-Torpedos tragen und die Bewaffnung gegen Luftangriffe wurde während des Zweiten Weltkrieges fortlaufend angepasst. Zwischen 1940 und 1943 wurden die Boote im Mittelmeer eingesetzt. Alle, außer der *Galatea*, gingen verloren. Die *Topazio* wurde irrtümlich südöstlich Sardiniens von Flugzeugen der Royal Air Force versenkt, und das vier Tage nach der Unterzeichnung des Waffenstillstandes mit den Alliierten. Als Ursache wurde ein Mangel an Identifikationssignalen seitens des U-Bootes angegeben.

Die *Galatea* wurde im Februar 1948 außer Dienst gestellt.

Galathée

Ursprungsland:	Frankreich

Stapellauf:
18. Dezember 1925

Besatzung: 41

Verdrängung:
Überwasser: 619 t,
getaucht: 769 t

Maße:
64 m × 5,2 m × 4,3 m

Bewaffnung:
7 551-mm-
Torpedorohre,
1 76-mm-
Kanone

Triebwerksanlage:
Zweiwellen-Diesel-
motoren, Elektro-
motoren

Reichweite:
6485 km (3500 sm)
bei 7,5 kn

Geschwindigkeit:
13,5 kn bei Über-
wasserfahrt, 7,5 kn
getaucht

Bei Ausbruch des Zweiten Weltkrieges war die Klasse der U-Boote mittlerer Reichweite, zu der die *Galathée* gehörte, die größte Klasse der französischen Marine und sie kamen weitreichend zum Einsatz bis zum Zusammenbruch Frankreichs im Juni 1940. Die *Galathée* gehörte zu einer Gruppe von drei Booten, die in der Werft Ateliers Loire-Simonot gebaut wurde. Die Kiellegung erfolgte 1923 und die Fertigstellung konnte im Jahr 1927 verzeichnet werden. Trotz einer fehlenden Torpedoabschussanlage – es war nur ein Rohr mit einer Revolverbeladung vorgesehen – konnten diese Boote als absolut erfolgreich angesehen werden.

Das Boot wurde am 27. November 1942 in Toulon versenkt, kurz vor Einnahme des Hafens durch das bewaffnete SS-Korps. Daraufhin erfolgte die Landung der Alliierten in Nordafrika. Die meisten Boote, die der Vichy-Regierung unterstanden, waren von 1940 bis Ende 1942 ungenutzt.

Galerna

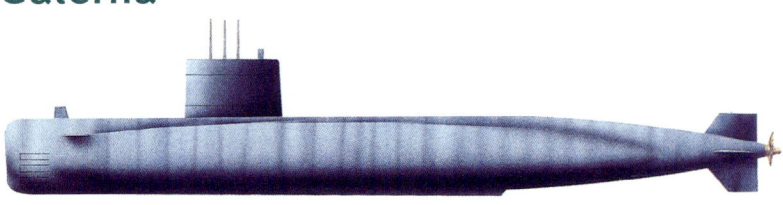

Ursprungsland:	Spanien
Stapellauf:	5. Dezember 1981
Besatzung:	54
Verdrängung:	Überwasser: 1473 t, getaucht: 1753 t
Maße:	67,6 m × 6,8 m × 5,4 m
Bewaffnung:	4 551-mm-Torpedorohre
Triebwerksanlage:	1 Einwellen-Dieselmotor, Elektromotoren
Reichweite:	13 672 km (7378 sm) bei 9 kn
Geschwindigkeit:	12 kn bei Überwasserfahrt, 20 kn getaucht

Die *Galerna* war ein U-Boot mittlerer Reichweite, das nach dem Entwurf der *Agosta*-Klasse gebaut wurde. Mit diesem Boot gelang der spanischen U-Boot-Technologie ein großer Schritt vorwärts. Das Boot und seine drei Schwestern konnte 16 Nachladetorpedos oder neun Torpedos und 19 Minen mitführen. Ein kompletter Sonarsatz, Aktiv- und Passivsonar, war eingebaut. Die ersten beiden Boote, die *Galerna* und die *Siroco,* wurden im Mai 1975 bestellt, ein weiteres Paar, die *Mistral* und die *Tramontana*, im Juni 1977. Die spanische *Agosta*-Klasse war mit vier Torpedorohren im Bug, die über ein pneumatisches Abschusssystem verfügten, ausgerüstet. Dieses System ermöglichte einen schnellen Abschuss mit minimaler Geräuschentwicklung. Die Tauchtiefe der Boote lag bei 350 m. Alle Boote wurden mit französischer Unterstützung gebaut und Mitte der 1990er-Jahre auf den neuesten technischen Stand gebracht.

Galilei

Ursprungsland:	Italien
Stapellauf:	9. März 1934
Besatzung:	55
Verdrängung:	Überwasser: 1001 t, getaucht: 1279 t
Maße:	70,5 m × 6,8 m × 4,1 m
Bewaffnung:	8 533-mm-Torpedorohre, 2 100-mm-Kanonen
Triebwerksanlage:	Zweiwellen-Dieselmotoren, Elektromotoren
Reichweite:	6670 km (3600 sm) bei 10 kn
Geschwindigkeit:	17 kn bei Überwasserfahrt, 8,5 kn getaucht

Die zwei Boote der *Archimede*-Klasse, die *Galilei* und die *Ferraris*, nahmen am Spanischen Bürgerkrieg teil und waren bei Eintritt Italiens in den Zweiten Weltkrieg im Roten Meer stationiert. Bei Ausbruch der Kampfhandlungen besetzte die *Ferraris* ein Kontrollgebiet in der Nähe Djiboutis und die *Galilei* in der Nähe des Golfes von Aden. Am 16. Juni 1940 versenkte die *Galilei* den norwegischen Tanker *James Stove*. Zwei Tage später stoppte sie das jugoslawische Dampfschiff *Drava*, musste es aber wieder freilassen. Nur einen Tag später wurde das Boot von dem britischen U-Boot-Jäger *Moonstone* entdeckt. In diesem anschließenden Kanonengefecht wurden alle Offiziere des U-Bootes getötet und die Besatzung durch giftige Dämpfe der Klimaanlage außer Gefecht gesetzt. Das Boot wurde von den Briten erbeutet und als *P711* wieder in Dienst gestellt, und zwar für die Ausbildung in Ostindien und im Mittelmeer. 1946 wurde das Boot verschrottet.

Galvani

Ursprungsland:	Italien
Stapellauf:	22. Mai 1938
Besatzung:	58
Verdrängung:	Überwasser: 1032 t, getaucht: 1286 t
Maße:	72,4 m × 6,9 m × 4,5 m
Bewaffnung:	8 533-mm-Torpedorohre, 1 100-mm-Kanone
Triebwerksanlage:	Zweiwellen-Dieselmotoren, Elektromotoren
Reichweite:	19 446 km (10 500 sm) bei 8 kn
Geschwindigkeit:	17,3 kn bei Überwasserfahrt, 8 kn getaucht

Die *Galvani* war ein Boot der aus drei Booten bestehenden *Brin*-Klasse. Am 10. Juni 1940, der Tag, an dem Italien in den Zweiten Weltkrieg eintrat, war das Boot im Roten Meer unter dem Kommando von Kapitän Spano stationiert. Als die Kämpfe andauerten, verlegte man es in den Golf von Oman, wo es das indische Kleinkampfschiff *HMIS Pathan* versenkte. Das Schicksal des Bootes war hingegen besiegelt, als die *Galilei* erbeutet wurde. Sie enthielt Dokumente, in denen die Positionen der im Indischen Ozean stationierten Boote verzeichnet waren. Am 24. Juni wurde die *Galvani* von einem britischen Kriegsschiff entdeckt, das sofort das Feuer eröffnete. Vernichtet wurde sie letztendlich von den Wasserbomben der *HMS Falmouth*. Das dritte Schiff, die *Guglielmotti*, wurde am 17. März 1942 von Torpedos des britischen U-Bootes *Unbeaten* versenkt. Das Führungschiff der Klasse, die *Brin*, wurde nach dem Waffenstillstand Italiens als Ausbildungsschiff im Indischen Ozean genutzt.

Gemma

Ursprungsland:	Italien
Stapellauf:	21. Mai 1936
Besatzung:	45
Verdrängung:	Überwasser: 711 t, getaucht: 845 t
Maße:	60,2 m × 6,5 m × 4,6 m
Bewaffnung:	6 533-mm-Torpedorohre, 1 100-mm-Kanone
Triebwerksanlage:	Zweiwellen-Dieselmotoren, Elektromotoren
Reichweite:	926 km (5000 sm) bei 8 kn
Geschwindigkeit:	14 kn bei Überwasserfahrt, 7,5 kn getaucht

Im September 1935 auf Kiel gelegt und im Juli 1936 fertiggestellt, gehörte die *Gemma* zu den Kurzstreckenbooten der *Perla*-Klasse, die aus insgesamt zehn Booten bestand. Diese Klasse war eine Weiterentwicklung der *Sirena*-Klasse, die in den Jahren 1933–34 gebaut wurde. Im Gegensatz zur Vorgängerklasse besaßen die neuen Boote eine größere Verdrängung und modernere Ausrüstung. Auch hier war Curio Bernardis, der Chefingenieur.

Die maximale Tauchtiefe lag bei 70–80 Metern. Die Boote nahmen an Einsätzen im Spanischen Bürgerkrieg teil und zwei Boote wurden für mehrere Monate an die Nationalisten ausgeliehen. Fünf Boote gingen im Zweiten Weltkrieg verloren, darunter auch die *Gemma*. Ihr erstes Einsatzgebiet war das Überwachungsgebiet in der Nähe Sollums im Mittelmeer. Später wurde sie an die Eingänge der Ägäis verlegt, wo sie irrtümlich von dem italienischen U-Boot *Tricheco* versenkt wurde.

General Mola

Ursprungsland:
Spanien

Stapellauf:
April 1934

Besatzung: 55

Verdrängung:
Überwasser: 1001 t,
getaucht: 1279 t

Maße:
70,5 m × 6,8 m ×
4,1 m

Bewaffnung:
8 533-mm-
Torpedorohre,
2 100-mm-
Kanonen

Triebwerksanlage:
Zweiwellen-
Dieselmotoren,
Elektromotoren

Reichweite:
6670 km (3600 sm)
bei 10 kn

Geschwindigkeit:
17 kn bei Überwas-
serfahrt, 8,5 kn
getaucht

Die *General Mola* war ursprünglich das italienische U-Boot mit dem Namen *Torricelli*, das im Jahre 1937 zusammen mit der *Archimede* an Spanien geliefert wurde. Um den Handel zu verschleiern, baute Italien zwei weitere, identische Boote unter strikter Geheimhaltung mit denselben Namen. Die Boote versahen ihren Dienst in der spanischen Marine bis in die 1950er-Jahre hinein, wo sie dann durch Eigenbauten der *D*-Klasse ersetzt wurden. Die *General Mola* trug die Kennung *C5* von 1950 an bis zur Verschrottung im Jahre 1959. Es sei angemerkt, dass Spanien auch ein deutsches U-Boot des Typs *VII* bis in die 1960er-Jahre nutzte. Es handelte sich dabei um ein *U573*. Von einem Hudson-Bomber am 1. Mai 1942 beschädigt, musste es in einem spanischen Hafen Zuflucht suchen und wurde interniert. Im darauffolgenden Jahr wurde das Boot von Deutschland zurückgekauft und mit der Kennung *G7* versehen.

George Washington

Ursprungsland:
USA

Stapellauf:
Juni 1959

Besatzung: 112

Verdrängung:
Überwasser: 6115 t,
getaucht: 6998 t

Maße:
116,3 m × 10 m ×
8,8 m

Bewaffnung:
6 533-mm-Torpedo-
rohre, 16 *Polaris*-
Raketen

Triebwerksanlage:
1 Einwellen-Druck-
wasserreaktor,
Turbinen

Reichweite:
unbegrenzt

Geschwindigkeit:
20 kn bei Überwas-
serfahrt, 30,5 kn
getaucht

1955 begann die Sowjetunion sechs Diesel-U-Boote auf Flugkörper mit nuklearen Gefechtsköpfen umzurüsten. Zur selben Zeit arbeiteten die USA an der Entwicklung des *Jupiter*-Flugkörpers, der für den Einbau in ein 10 160-t-Nuklear-U-Boot vorgesehen war. *Jupiter* erforderte für den Antrieb leicht flüchtige Brennstoffe, die ein immenses Sicherheitsproblem darstellten. Die kleinere und leichtere *Polaris* stellte hier eine wesentlich bessere Alternative dar. Das Nuklear-U-Boot *Scorpion*, das sich seinerzeit im Bau befand, wurde als Träger dieser neuen Waffen ausgesucht und erhielt diesbezüglich eine Zusatzhülle von 40 m Länge, die auf dem hinteren Rumpfrücken aufgebaut wurde und den 16 Raketen mit vertikalen Abschussröhren Platz bieten sollte.

Umbenannt in *George Washington,* wurde sie somit zu einer neuen Waffenplattform, die die USA im Rennen um die nukleare Bewaffnung erheblich nach vorne bringen sollte.

George Washington Carver

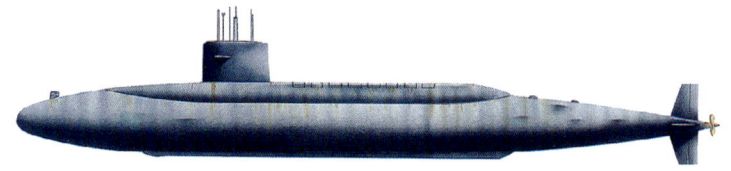

Ursprungsland:
USA

Stapellauf:
14. August 1965

Besatzung: 140

Verdrängung:
Überwasser: 7366 t,
getaucht: 8382 t

Maße:
129,5 m × 10 m ×
9,6 m

Bewaffnung:
4 533-mm-Torpedo-
rohre, 16 Trident-
C4-Flugkörper

Triebwerksanlage:
1 Einwellen-Druck-
wasserreaktor,
Elektromotoren

Reichweite:
unbegrenzt

Geschwindigkeit:
20 kn bei Über-
wasserfahrt, 30 kn
getaucht

Die *George Washington Carver* gehörte zu einem von insgesamt 29 Fahrzeugen der *Lafayette*-Klasse, die wiederum als vergrößerte Versionen aus der *Ethan-Allan*-Klasse hervorgingen und mit *Poseidon*-Raketen ausgerüstet waren. Sie wurde im April 1964 auf Kiel gelegt und im August 1966 fertiggestellt. Diese U-Boot-Klasse konnte Tauchtiefen von bis zu 300 Metern erreichen und der Reaktor erlaubte eine Reichweite von 760 000 km (347 200 sm), was als unbegrenzte Einsatzdauer bezeichnet werden konnte.

Wie alle amerikanischen SSBNs besaß die *George Washington Carver* zwei komplette Besatzungen, die 68-Tage-Patrouillenfahrten durchführten und dann eine Erholungsphase von 32 Tagen bekamen.

Alle sechs Jahre wurden die Schiffe einer eingehenden Überholung unterzogen, die allein zwei Jahre in Anspruch nahm.

Die *George Washington Carver* wurde am 2. November 1992 außer Dienst gestellt.

Georgia

Ursprungsland:
USA

Stapellauf:
6. November 1982

Besatzung: 155

Verdrängung:
Überwasser:
16 866 t, getaucht:
19 051 t

Maße:
170,7 m × 12,8 m ×
10,8 m

Bewaffnung:
4 533-mm-Torpedo-
rohre, 24 Trident-
C4-Flugkörper

Triebwerksanlage:
1 Einwellen-Druck-
wasserreaktor,
Elektromotoren

Reichweite:
unbegrenzt

Geschwindigkeit:
20 kn bei Über-
wasserfahrt, 24 kn
getaucht

Die *Georgia* gehörte zur *Ohio*-Klasse der amerikanischen SSBNs, die die Aufgabe der nuklearen Abschreckung, seit der ab 1991 laufenden Reduktion der land- und luftgestützten Systeme, übernahmen. Die gesamte Streitmacht wurde dem *US Strategic Air Command* in der Offutt Air Force Base, Nebraska, unterstellt, die permanente Kommunikation mit der SSBN-Flotte aufrechterhält. Die Reaktionszeiten sind daher identisch mit denen landgestützter Raketensilos. Auch die Treffergenauigkeit entspricht der landgestützter Systeme, wobei der Wirkungsgrad mit den bis zu 12 Gefechtsköpfen tragenden Raketen wesentlich höher als der landgestützter ICBMs (Interkontinentalraketen) ist. Ursprünglich sollten 18 Exemplare der Ohio-Klasse gebaut werden, die 2002 nach dem Inkrafttreten des START-II-Abkommens jedoch auf 14 reduziert wurden.

Giacinto Pullino

Ursprungsland:	Italien
Stapellauf:	Juli 1913
Besatzung:	40
Verdrängung:	Überwasser: 350 t, getaucht: 411 t
Maße:	42,2 m × 4 m × 3,7 m
Bewaffnung:	6 450-mm-Torpedorohre, 1 57-mm-Kanone, 1 47-mm-Kanone
Triebwerksanlage:	Zweiwellen-Dieselmotoren, Elektromotoren
Reichweite:	nicht bekannt
Geschwindigkeit:	14 kn bei Überwasserfahrt, 9 kn getaucht

Die *Giacinto Pullino* wurde in der Werft von La Spezia im Juni 1912 auf Kiel gelegt und konnte im Dezember 1913 fertiggestellt werden. Im Ersten Weltkrieg wurde das Boot in der Adria eingesetzt. Wie bei den meisten italienischen Booten bestand die Hauptaufgabe in der Überwachung der dalmatinischen Küste mit den Hafeneinfahrten und Booten, die – zur Österreich-Ungarn-Monarchie gehörend – den Kriegsschiffen dieses Kaiserreiches Unterschlupf boten. Der relativ flache Meeresgrund in diesem Gebiet machte diese Aufgabe besonders gefährlich und so kam es, dass das Boot im Juli 1916 in der Nähe der Insel Galiola auf Grund lief und von österreichischen Truppen festgesetzt wurde. Bei dem Versuch, sie nach Pola zu schleppen, sank sie am 1. August 1917. 1931 wurde sie von der italienischen Marine gehoben, jedoch nicht mehr in Dienst gestellt und verschrottet.

Giacomo Nani

Ursprungsland:	Italien
Stapellauf:	September 1918
Besatzung:	35
Verdrängung:	Überwasser: 774 t, getaucht: 938 t
Maße:	67 m × 5,9 m × 3,8 m
Bewaffnung:	6 450-mm-Torpedorohre, 2 76-mm-Kanonen
Triebwerksanlage:	Zweiwellen-Dieselmotoren, Elektromotoren
Reichweite:	nicht bekannt
Geschwindigkeit:	16 kn bei Überwasserfahrt, 10 kn getaucht

Die *Giacomo Nani* und ihre drei Schwesterschiffe waren schnelle U-Boote mittlerer Größe, die von Laurenti und Cavallini entwickelt wurden. Die *Giacomo Nani* wurde 1915 auf Kiel gelegt, konnte aber für eine Verwendung im Ersten Weltkrieg nicht mehr rechtzeitig fertiggestellt werden, obwohl ihre überlegene Geschwindigkeit sich, sowohl getaucht als auch über Wasser, sicher sehr bewährt hätte.

1935 wurde sie aus der Zulassungsliste gestrichen, da zu jenem Zeitpunkt andere, modernere Klassen bei der italienischen Marine im Einsatz standen. Keine war jedoch so genial konstruiert wie die *Giacomo Nani*. Die meisten Vorkriegsklassen der italienischen Marine hatten erhebliche Probleme in den Unterwassermanövriereigenschaften und mussten fortwährend modifiziert werden, um diese Probleme in den Griff zu bekommen. Die vorhandenen Erfahrungen, die bis zum Ersten Weltkrieg erarbeitet wurden, gingen verloren, als die Werftindustrie ab 1925 verstaatlicht wurde.

Giovanni Bausan

Ursprungsland:	Italien
Stapellauf:	24. März 1928
Besatzung:	48

Die *Giovanni Bausan* war eines von vier Schiffen der *Pisani*-Klasse, die 1925–26 auf Kiel gelegt wurden.

Es handelte sich bei dieser Klasse um ein gemeinsames Projekt der Konstrukteure Bernardis und Tizzoni. Als Kurzstreckenboot besaß das Boot einen Doppelhüllenrumpf. Wegen der Stabilitätsprobleme in Tauchfahrt wurden die Boote mit Ausbuchtungen versehen, die die Geschwindigkeit um ca. zwei Knoten bei Überwasserfahrt und einem Knoten getaucht reduzierte. Ab 1940 wurde die *Giovanni Bausan* nur noch als Ausbildungsschiff eingesetzt. 1942 wurde sie aufgelassen und als schwimmendes Öldepot unter der Zulassung *GR251* genutzt. Die *Marcantonio Colonna* wurde 1942 aufgelassen und 1943 verschrottet. Die *Des Geneys* wurde im selben Monat aufgelassen und später als leerer Behälter zum Laden von Batterien umgebaut.

Die *Vittorio Pisani* wurde im März 1947 aufgelassen.

Verdrängung:
Überwasser: 894 t,
getaucht: 1075 t

Maße:
68,2 m × 6 m × 4,9 m

Bewaffnung:
6 533-mm-
Torpedorohre,
1 120-mm-
Kanone

Triebwerksanlage:
Zweiwellen-Diesel-
motoren, Elektro-
motoren

Reichweite:
9260 km (5000 sm)
bei 8 kn

Geschwindigkeit:
15 kn bei Überwas-
serfahrt, 8,2 kn
getaucht

Giovanni da Procida

Ursprungsland:	Italien
Stapellauf:	1. April 1928
Besatzung:	49

Die *Giovanni da Procida* gehörte zu der vier Schiffe mittlerer Größe umfassenden *Mameli*-Klasse. Außer der *Pier Capponi*, die am 31. März 1941 von dem britischen U-Boot *HMS Rorqual* südlich der Insel Stromboli torpediert wurde, überdauerten die anderen Schiffe den Zweiten Weltkrieg.

Auf der Tosi-Werft gebaut, konnten die Boote jeweils zehn Torpedos mitführen. Alle vier Boote wurden zu Patrouillenfahrten im Spanischen Bürgerkrieg eingesetzt. Im Juni 1940 war die *Giovanni da Procida* eines der Schiffe, das erfolglos gegen französische Schiffe, die Personal von Südfrankreich nach Nordafrika transportieren wollten, eingesetzt wurde. Im August wurde das Boot in das östliche Mittelmeer verlegt, von wo aus Patrouillenfahrten nach Palästina und Zypern durchgeführt wurden. 1942 wurde das Boot mit neuen Motoren ausgerüstet, spielte aber keine wesentliche Rolle mehr im Mittelmeer, da es ausschließlich für Ausbildungszwecke eingesetzt wurde. 1948 wurde das Boot verschrottet.

Verdrängung:
Überwasser: 843 t,
getaucht: 1026 t

Maße:
64,6 m × 6,5 m ×
4,3 m

Bewaffnung:
6 533-mm-
Torpedorohre,
1 120-mm-
Kanone

Triebwerksanlage:
Zweiwellen-Diesel-
motoren, Elektro-
motoren

Reichweite:
5930 km (3200 sm)
bei 10 kn

Geschwindigkeit:
17 kn bei Über-
wasserfahrt, 7 kn
getaucht

Giuliano Prini

Ursprungsland:	Italien
Stapellauf:	12. Dezember 1987
Besatzung:	50
Verdrängung:	Überwasser: 1500 t, getaucht: 1689 t
Maße:	64,4 m × 6,8 m × 5,6 m
Bewaffnung:	6 533-mm-Torpedorohre
Triebwerksanlage:	Einwellen-Dieselmotor, Elektromotoren
Reichweite:	17 692 km (9 548 sm) bei 11 kn
Geschwindigkeit:	11 kn bei Überwasserfahrt, 19 kn getaucht

Die *Giuliano Prini* war eines von insgesamt vier Booten der Jagd-U-Boot-Klasse, die für die italienische Marine zwischen 1984 und 1992 bei Fincantieri in Monfalcone auf Kiel gelegt wurden. Die ersten beiden Boote, die *Salvatore Pelosi* und die *Giuliano Prini*, wurden 1984 in Auftrag gegeben, die beiden letzten, die *Primo Longobardo* und die *Gianfranco Gazzana Priaroggia*, im Juli 1988. Die beiden letzten Boote hatten einen geringfügig verlängerten Rumpf, um Platz für die Abschusseinrichtungen von Boden-Boden-Flugkörpern und *Exocet*- oder *Harpoon*-Raketen zu schaffen, was 1999 noch nicht endgültig entschieden war. Bei Testfahrten wurde eine Tiefe von 300 Metern erreicht, wobei die Hülle für Tiefen von bis zu 600 Metern konzipiert ist. Die Einsatzdauer beträgt 45 Tage und das Boot kann 217 sm, bei einer Geschwindigkeit von vier Knoten, in Tauchfahrt zurücklegen. Die Jagd-U-Boot-Klasse ist ein wichtiger Zweig der italienischen Marine, um die langen Küsten vor ungewünschtem Eindringen zu verteidigen.

Giuseppe Finzi

Ursprungsland:	Italien
Stapellauf:	29. Juni 1935
Besatzung:	77
Verdrängung:	Überwasser: 1574 t, getaucht: 2093 t
Maße:	98,3 m × 9,1 m × 5,3 m
Bewaffnung:	8 533-mm-Torpedorohre, 2 120-mm-Kanonen
Triebwerksanlage:	Zweiwellen-Dieselmotoren, Elektromotoren
Reichweite:	24 817 km (13 400 sm) bei 8 kn
Geschwindigkeit:	16,8 kn bei Überwasserfahrt, 4,7 kn getaucht

Dieses Boot mit dem Namen *Giuseppe Finzi* gehörte zu der aus vier Booten bestehenden *Calvi*-Klasse, deren Führungsschiff, die *Pietro Calvi*, große Erfolge gegen alliierte Konvois im Atlantik erzielen konnte. Am 15. Juli 1942 wurde sie infolge eines schweren Gefechts zwischen dem britischen Kriegsschiff *HMS Lulworth* und anderen Schiffen in jenem Gebiet von der eigenen Besatzung versenkt.

Die *Giuseppe Finzi* gehörte zu einem der ersten Boote, die im Atlantik eingesetzt wurden, aber erst 1942 die ersten Erfolge verzeichnen konnten. Zu jenem Zeitpunkt von dem Kommandanten Giudice befehligt, operierte es im Südatlantik und war Teil der Da-Vinci-Gruppe, die aus den Booten *Finzi*, *Torelli*, *Tazzoli* und *Morosini* bestand und die erfolgreichste Gruppe der italienischen Marine werden sollte.

Am 9. September 1943 wurde sie von deutschen Truppen in Bordeaux erbeutet und mit der Kennung *UIT21* versehen. Am 25. August 1944 wurde das Boot versenkt.

Glauco

Ursprungsland:	Italien
Stapellauf:	Juli 1905
Besatzung:	30
Verdrängung:	Überwasser: 160 t, getaucht: 243 t
Maße:	36,8 m × 4,3 m × 2,6 m
Bewaffnung:	3 450-mm-Torpedorohre
Triebwerksanlage:	Zweiwellen-Benzinmotoren, Elektromotoren
Reichweite:	1710 km (922 sm) bei 8 kn
Geschwindigkeit:	14 kn bei Überwasserfahrt, 7 kn getaucht

Von dem Ingenieur Laurenti in der Marine-Werft von Venedig konstruiert, gehörte die *Glauco* zu den ersten in Großserie gebauten U-Booten der italienischen Marine. Als die *Glauco* 1903 auf Kiel gelegt wurde, kamen noch immer Benzinmotoren zum Einbau, obwohl die leichtflüchtigen Dämpfe immer wieder zu Unfällen führten.

Die Antriebsanlage des Schiffes mit 600 hp erlaubte eine Reichweite von 1710 km (922 sm) bei acht Knoten Geschwindigkeit. Unter Wasser ermöglichten die Elektromotoren mit 170 PS eine Geschwindigkeit von fünf Knoten mit einer Reichweite von 65 km (35 sm). Bei den Torpedorohren gab es Unterschiede. Die *Glauco* besaß drei Rohre, die anderen Boote dieser Klasse nur zwei. Während des Ersten Weltkrieges wurden die Boote zur Hafenverteidigung der Häfen von Brindisi und Venedig eingesetzt. 1916 wurde das Boot aus der Inventarliste gestrichen, nachdem es noch einige Zeit als Ausbildungsschiff gedient hatte.

Glauco

Ursprungsland:	Italien
Stapellauf:	5. Januar 1935
Besatzung:	59
Verdrängung:	Überwasser: 1071 t, getaucht: 1346 t
Maße:	73 m × 7,2 m × 5 m
Bewaffnung:	8 533-mm-Torpedorohre, 2 100-mm-Kanonen
Triebwerksanlage:	Zweiwellen-Dieselmotor, Elektromotoren
Reichweite:	10 000 km (5390 sm) bei 8 kn
Geschwindigkeit:	17,3 kn bei Überwasserfahrt, 8,6 kn getaucht

Die *Glauco* und ihr Schwesterschiff *Otaria* wurden ursprünglich durch die portugiesische Marine als *Delfim* und *Espadarte* geordert, wurden dann jedoch für die italienische Marine fertiggestellt.

Das erste Einsatzgebiet der *Glauco* im Juni 1940 war die Küste Algeriens, im September wurde sie jedoch, aufgrund ihrer großen Reichweite, in den Atlantik verlegt. Am 27. Juni 1941 wurde sie von der Besatzung versenkt, nachdem sie durch Kanonenbeschuss des Zerstörers *HMS Wishart* schwer beschädigt worden war. Das Schwesterschiff *Otaria* wurde zum Transport von Kraftstoff und Versorgungsgütern für die Achsentruppen in Tunesien genutzt – dies zu einer Zeit, in der alliierte Luftstreitkräfte und Marinekräfte schwere Verwüstungen bei den Versorgungskonvois der Achsentruppen, die das Mittelmeer überqueren wollten, anrichteten. Die *Glauco* überlebte den Krieg und wurde 1948 außer Dienst gestellt.

Golf I

Ursprungsland:	Russland
Stapellauf:	1977
Besatzung:	86
Verdrängung:	Überwasser: 2336 t, getaucht: 2743 t
Maße:	100 m × 8,5 m × 6,6 m
Bewaffnung:	3 SS-N-4 ballistische Raketen, 10 533-mm-Torpedorohre
Triebwerksanlage:	Dreiwellen-Dieselmotoren, Elektromotoren
Reichweite:	36 510 km (19 703 sm) bei 10 kn
Geschwindigkeit:	17 kn bei Überwasserfahrt, 14 kn getaucht

In den 1950er-Jahren des vorherigen Jahrhunderts begann Russland mit dem Aufbau einer U-Boot-Flotte, die die Größe der Flotten aller anderen Staaten übertreffen sollte. Allein 23 Golf-I-Klasse-Boote wurden zwischen 1958 und 1962 gefertigt und mit einer Rate von sechs bis sieben Einheiten pro Jahr in Dienst gestellt. Eine Einheit wurde mit russischen Teilen in China gebaut. Die ballistischen Raketen waren im hinteren Teil des verlängerten Hecks untergebracht. Diese Heckverlängerung induzierte zusätzlichen Wasserwiderstand und reduzierte die Fahrt erheblich. Gleichzeitig wurde auch der Geräuschpegel dramatisch erhöht. Auf der anderen Seite konnten die Boote mit einem Schleichfahrtmotor betrieben werden, was den Betrieb sehr leise machte und die Reichweite erhöhte. 13 Golf-I-Boote wurden ab 1965 auf Golf II-Standard gebracht, was die Einrüstung der ballistischen Rakete vom Typ SS-N-5 (NATO-Codename Sark) mit sich brachte. Bei dieser Rakete handelte es sich um eine Einstufenrakete mit Flüssigkraftstoff, die eine Reichweite von 1400 km (750 sm) hatte.

Goubet I

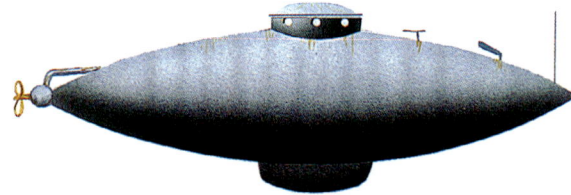

Ursprungsland:	Frankreich
Stapellauf:	1887
Besatzung:	2
Verdrängung:	Überwasser: 1,6 t, getaucht: 1,8 t
Maße:	5 m × 1,7 m × 1 m
Bewaffnung:	keine
Triebwerksanlage:	Einwellen-Elektromotor
Reichweite:	nicht bekannt
Geschwindigkeit:	5 kn bei Überwasserfahrt, getaucht: nicht bekannt

Am Ende des 19. Jahrhunderts zählte Großbritannien zum Hauptgegner Frankreichs. Und da die britische Industrie leistungsfähiger war, konzentrierte sich Frankreich auf den Bau kleinerer Marineeinheiten in größerer Stückzahl, was insbesondere Torpedoboote und U-Boote betraf.

Die größte Herausforderung für die damaligen U-Boot-Konstrukteure war die Wahl eines geeigneten Unterwasserantriebs. Dampfantrieb und Pressluft wurden getestet, hatten aber alle ihre Nachteile. Die vermeintliche Lösung dieses Problems schien 1859 mit der entscheidenden Weiterentwicklung des Bleiakkumulators durch Gaston Planté gekommen zu sein. Um 1880 wurde der Bleiakkumulator durch den Überzug der Flächen mit rotem Blei noch einmal verbessert. Auf lange Sicht hatten die Konstrukteure nun Zugriff auf eine Antriebsmethode, die ohne Sauerstoff auskam. Die Goubet I hatte einen spitz zulaufenden, zylindrischen Rumpf mit einem Beobachtungsturm. Bei diesem Typ handelte es sich um eines der ersten funktionsfähigen U-Boote, das jedoch aufgrund der kleinen Ausmaße schnell außer Dienst gestellt wurde.

Goubet II

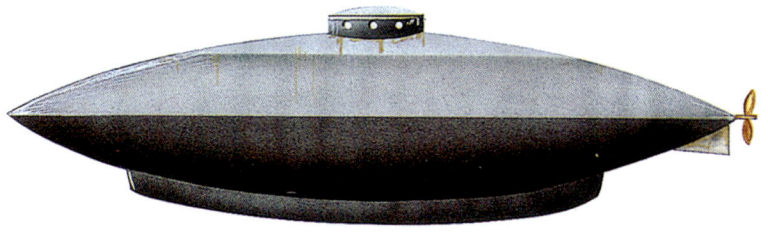

Ursprungsland:	Frankreich
Stapellauf:	1889
Besatzung:	2
Verdrängung:	Überwasser: 4,5 t, getaucht: 5 t
Maße:	8 m × 1,8 m × 1,8 m
Bewaffnung:	keine
Triebwerksanlage:	Einwellen-Elektromotor
Reichweite:	38 km (20,5 sm) bei 6 kn
Geschwindigkeit:	6 kn bei Überwasserfahrt, getaucht: nicht bekannt

Die *Goubet II* wurde ein Jahr nach dem Stapellauf der *Goubet I* auf Kiel gelegt. Vortriebskraft erzeugte ein 4hp-Straßenelektromotor von Siemens. Die Reichweite bei voller Geschwindigkeit betrug 38 km oder knapp über 20 Meilen. Als Kraftquelle diente eine Laurent-Cely-Batterie, die im unteren Teil des Rumpfes untergebracht war. Nach einer Reihe von Tests wurde auch die *Goubet II* aufgrund der geringen Ausmaße außer Dienst gestellt. Dennoch konnte dieses Projekt als präzise geplant und durchgeführt angesehen werden und die Erfahrungen und Kenntnisse kamen späteren U-Boot-Konstrukteuren zugute. Die akzeptable Lösung des Antriebsproblems, Diesel für Überwasserfahrt, Elektromotoren für Unterwasserfahrt, war in Reichweite. Es waren jedoch die Deutschen, die dieses Potenzial voll ausschöpften.

Grayback

Ursprungsland:	USA
Stapellauf:	2. Juli 1957
Besatzung:	84
Verdrängung:	Überwasser: 2712 t, getaucht: 3708 t
Maße:	102 m × 9 m
Bewaffnung:	4 *Regulus*-Raketen, 8 533-mm-Torpedorohre
Triebwerksanlage:	Zweiwellen-Dieselmotoren, Elektromotoren
Reichweite:	14 824 km (8000 sm) bei 10 kn
Geschwindigkeit:	20 kn bei Überwasserfahrt, 17 kn getaucht

Die *Grayback* und ihr Schwesterschiff, die *Growler*, wurden ursprünglich als konventionelle Angriffs-U-Boote geplant, jedoch 1956 modifiziert, um eine Startmöglichkeit für die *Regulus-Rakete*, eine Langstrecken-Rakete für große Höhen mit nuklearem Sprengkopf, die mit einem Feststoffbooster gestartet und dann mit Funksignalen des U-Bootes in ihr Ziel gelenkt wurde, zu schaffen. Das U-Boot musste in der Zeit der Raketensteuerung auf Periskoptiefe operieren. Beide Schiffe wurden 1964 zurückgezogen, was mit dem Ende des *Regulus*-Programms einherging. Die *Grayback* wurde jedoch zu einem amphibischen Transport-U-Boot umgebaut und konnte 67 Marines samt Waffenausstattung transportieren. Die *Growler* sollte ebenfalls umgebaut werden, was jedoch letztendlich aus Kostengründen unterblieb. Als Führungsschiff hatte die *Grayback* eine Personalstärke von 96 Mann und bot Platz für 10 Offiziere und 75 Matrosen.

Grayling

Ursprungsland:	USA
Stapellauf:	Juni 1909
Besatzung:	15
Verdrängung:	Überwasser: 292 t, getaucht: 342 t
Maße:	41 m × 4,2 m × 3,6 m
Bewaffnung:	4 457-mm-Torpedorohre
Triebwerksanlage:	2 Zweiwellen-Benzinmotoren, 2 Elektromotoren
Reichweite:	2356 km (1270 sm) bei 10 kn
Geschwindigkeit:	12 kn bei Überwasserfahrt, 9,5 kn getaucht

Die *Grayling* erhielt ursprünglich die taktische Kennung *D2* und wurde später umbenannt in *S18*. Sie war eines der letzten U-Boote mit Benzinmotorantrieb, was für die 15-köpfige Besatzung immer ein Grund zur Sorge war. Die Motorenleistung betrug 600 hp, was für eine Reichweite von 2356 km (1270 sm) bei Reisegeschwindigkeit ausreichte. Die drei Boote der *D*-Klasse begannen ihren Dienst an der Ostküste.

Zu jener Zeit wurden alle amerikanischen U-Boote nach Fischen benannt. Während des Zweiten Weltkrieges wurden jedoch so viele Boote gebaut, dass die Palette an existierenden Fischnamen ausging. So erfand man Namen von futuristischen Wesen, die man später auf neu entdeckte Spezies hätte anwenden können.

Als Amerika in den Zweiten Weltkrieg eintrat, waren mehr als die Hälfte der registrierten U-Boote auf dem Stand des Ersten Weltkrieges. Dies war das Resultat eines himmelschreienden Versäumnisses der amerikanischen Marinepolitik in den Zwischenkriegsjahren und das Ergebnis waren unnötige Verluste zu Beginn des Pazifikkrieges.

Grongo

Ursprungsland:	Italien
Stapellauf:	6. Mai 1943
Besatzung:	50
Verdrängung:	Überwasser: 960 t, getaucht: 1130 t
Maße:	63 m × 6,9 m × 4,8 m
Bewaffnung:	6 533-mm-Torpedorohre, 1 100-mm-Kanone
Triebwerksanlage:	Zweiwellen-Dieselmotoren, Elektromotoren
Reichweite:	10 260 km (5530 sm) bei 8 kn
Geschwindigkeit:	16 kn bei Überwasserfahrt, 7 kn getaucht

Die *Grongo* war eine Boot der 12 Einheiten umfassenden *Flutto*-Klasse, die als letzte Klasse, vor dem Waffenstillstand mit den Alliierten, gebaut wurde. Die *Flutto*-Klasse wurde aus der *Argo*-Klasse abgeleitet, die 1936 gebaut wurde.

Die Dieselmotoren der *Grongo* leisteten 2400 hp, was zu einer Reichweite von 10 260 km (5530 sm) bei einer Geschwindigkeit von 8 Knoten führte. Die Elektromotoren leisteten 800 hp und die getauchte Reichweite betrug 128 km (69 sm) bei vier Knoten oder 13 km (7 sm) bei sieben Knoten. Die *Grongo* wurde 1943 in La Spezia versenkt, jedoch von der deutschen Marine gehoben und als *UIT20* in Dienst gestellt. Sie sank nach einem britischen Luftangriff auf Genua am 4. September 1944. Ein Schiff dieser Klasse, die *Marea*, wurde später unter dem Dach des Waffenstillstandsabkommens an Russland abgegeben und versah dort ihren Dienst als *Z13* bis 1960.

Grouper

Ursprungsland:	USA
Stapellauf:	7. Oktober 1941
Besatzung:	80
Verdrängung:	Überwasser: 1845 t, getaucht: 2463 t

Die *Grouper* wurde ursprünglich als Schiff der *Gato*-Klasse gebaut. Zehn Jahre später wurde sie zu einem der ersten reinen U-Boot-Jagdschiffe (SSK) umgerüstet, deren Aufgabe es war, gegnerische U-Boote zu finden und zu zerstören. Das Konzept erforderte bei den Hunter-Killer-U-Booten extreme Laufruhe und ein weitreichendes Sonarortungsgerät mit hoher Winkelgenauigkeit. Mit dieser Ausrüstung konnten diese Boote vor Buchten oder Hafeneinfahrten auf der Lauer liegen und ein- oder auslaufende gegnerische U-Boote bekämpfen. Die *Grouper* wurde 1951 umgebaut und 1958 wurde sie das Sonar-Test-U-Boot des Underwater Sound Laboratory in New London. Die Arbeit, die das Boot dort leistete, führte zu einer wichtigen Sammlung von Geräuschsignaturen. Das Boot wurde 1968 außer Dienst gestellt und 1970 verschrottet.

Maße:
94,8 m × 8,2 m × 4,5 m

Bewaffnung:
10 533-mm-Torpedorohre

Triebwerksanlage:
Zweiwellen-Dieselmotoren, Elektromotoren

Reichweite:
19 300 km (10 416 sm) bei 10 kn

Geschwindigkeit:
20,25 kn bei Überwasserfahrt, 10 kn getaucht

Guglielmo Marconi

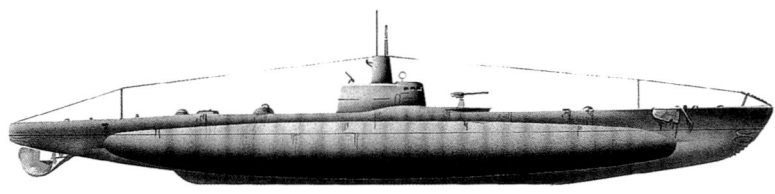

Ursprungsland:	Italien
Stapellauf:	30. Juli 1939
Besatzung:	56
Verdrängung:	Überwasser: 1214 t, getaucht: 1513 t

Maße:
76,5 m × 6,8 m × 4,7 m

Die *Guglielmo Marconi* war das Führungsschiff einer Klasse von sechs U-Booten, die sämtlich, außer einem Schiff, im Zweiten Weltkrieg verloren gingen. Die Ausnahme war die *Luigi Torelli*, die von japanischen Truppen in Singapur erbeutet wurde, als die Nachricht über den Waffenstillstand mit den Alliierten durchdrang. Das Boot erlebte das Kriegsende demilitarisiert in Kobe. Die *Guglielmo Marconi* wurde Ende 1940 in den Atlantik verlegt, als sie unter Kommandant Chialamberto den ersten Erfolg, die Versenkung eines Handelsschiffes, erzielte, obwohl schwer angeschlagen von einem vorhergehenden Luftangriff. Im November 1941 ging das Schiff verloren. Die Ursache blieb unbekannt. Es gab aber Gerüchte, dass sie von dem deutschen U-Boot *U67* (Kpt. Lt. Mäller-Stickheim) irrtümlich versenkt worden wäre. Das deutsche Boot operierte zu jener Zeit in diesem Gebiet und hatte die Versenkung von einigen britischen Schiffen bekundet.

Bewaffnung:
8 533-mm-Torpedorohre, 1 100-mm-Kanone

Triebwerksanlage:
Zweiwellen-Dieselmotoren, Elektromotoren

Reichweite:
19 950 km (10 750 sm) bei 8 kn

Geschwindigkeit:
18 kn bei Überwasserfahrt, 8,2 kn getaucht

Gustave Zédé

Ursprungsland:	Frankreich
Stapellauf:	Juni 1893
Besatzung:	19
Verdrängung:	Überwasser: 265 t, getaucht: 274 t
Maße:	48,5 m × 3,2 m × 3,2 m
Bewaffnung:	1 450-mm-Torpedorohr
Triebwerksanlage:	Einwellen-Elektromotor
Reichweite:	nicht bekannt
Geschwindigkeit:	9,2 kn bei Überwasserfahrt, 6,5 kn getaucht

Nach der Lösung des Problems mit der unzureichenden Leistung der 720-Zellen-Batterien, zusammen mit dem zu hohen Gewicht, was zu schwachen Tauchcharakteristiken führte, entwickelte sich die *Gustave Zédé* zu einem der ersten erfolgreichen Unterseeboote der Welt, das mehr als 2500 Tauchgänge ohne Probleme absolvierte. Während der Erprobung machte das Boot eine Tauchfahrt von 66 km (35 sm) von Toulon nach Marseille. Die *Gustave Zédé* war das erste mit einem Periskop ausgerüstete Boot, was Frankreich an die Spitze der Unterwassertechnologie führte. Sie erhielt auch einen konisch zulaufenden Turm mit einer Beobachtungsplattform. Der Rumpf wurde in 76 Sektionen, bestehend aus Bronze, gebaut. Die Steuerelemente waren unter dem Turm angeordnet. Die *Gustavé Zedé* wurde 1909 aus dem Register gestrichen.

Gustave Zédé

Ursprungsland:	Frankreich
Stapellauf:	Mai 1913
Besatzung:	32
Verdrängung:	Überwasser: 862 t, getaucht: 1115 t
Maße:	74 m × 6 m × 3,7 m
Bewaffnung:	8 450-mm-Torpedorohre
Triebwerksanlage:	Hubkolbenmotoren mit Dampfantrieb, Elektromotoren
Reichweite:	2660 km (1433 sm) bei 10 kn
Geschwindigkeit:	9,2 kn bei Überwasserfahrt, 6,5 kn getaucht

Die *Gustave Zédé* war eines der letzten mit Dampfantrieb gebauten U-Boote der französischen Marine und zum Zeitpunkt der Fertigstellung im Jahre 1914 war es eines der schnellsten Boote der Welt. Ihre zwei Hubkolbenmotoren entwickelten 1640 hp und die zusätzlichen Elektromotoren noch einmal dieselbe Leistung. Ihr Schwesterschiff *Néréide* wurde mit einem extra für U-Boote entwickelten Dieselmotor ausgerüstet, der aber nur die Hälfte der angegebenen Leistung entwickelte. Die Unterwasserreichweite der *Gustave Zédé* betrug 256 km (138 sm) bei einer Geschwindigkeit von fünf Knoten. 1921–22 wurde das Boot mit Dieselmotoren, die aus dem deutschen Boot *U165* stammten, ausgerüstet. Gleichzeitig bekam es eine neue Brücke und die Kraftstoffkapazität wurde, durch Umrüstung von zwei Ballasttanks in Dieseltanks, erhöht. Das Einsatzgebiet im Ersten Weltkrieg war die Adria. 1937 wurde das Boot aus dem Register gestrichen.

Gymnôte

Ursprungsland:	Frankreich
Stapellauf:	September 1888
Besatzung:	5
Verdrängung:	Überwasser: 30 t, getaucht: 31 t
Maße:	7,3 m × 1,8 m × 1,6 m
Bewaffnung:	2 355-mm-Torpedorohre
Triebwerksanlage:	Einwellen-Elektromotor
Reichweite:	nicht bekannt
Geschwindigkeit:	7,3 kn bei Überwasserfahrt, 4,2 kn getaucht

Henri Dupuy de Lôme, ein gefeierter Konstrukteur auf dem Gebiet der Marinetechnik, fertigte die ersten Pläne für die *Gymnôte*, die jedoch – nach seinem Tode – von Gustave Zédé abgeändert wurden, der einen Einhüllenrumpf mit abnehmbarem Bleikiel vorsah. Elektrizität wurde durch 204 Batteriezellen, die im gesamten unteren Teil des Rumpfes angeordnet waren, geliefert. Insgesamt führte das Boot mehr als 2000 Tauchgänge durch. 1907 sank das Boot im Dock in Toulon, wurde aber wieder gehoben, dann jedoch im darauffolgenden Jahr verschrottet. Die *Gymnôte* und die *Gustave Zédé* waren die letzten französischen Boote, die ausschließlich mit Elektroantrieben ausgerüstet waren. Sie haben das Prinzip des Elektroantriebes bestätigt, gleichzeitig aber auch gezeigt, dass dieser Antrieb nicht der Stein der Weisen sein konnte. Alle Überlegungen danach kreisten um die Kombination von Diesel- und Elektroantrieb.

H1

Ursprungsland:	Italien
Stapellauf:	16. Oktober 1916
Besatzung:	27
Verdrängung:	Überwasser: 370 t, getaucht: 481 t
Maße:	45,8 m × 4,6 m × 3,7 m
Bewaffnung:	4 450-mm-Torpedorohre
Triebwerksanlage:	Zweiwellen-Dieselmotoren, Elektromotoren
Reichweite:	nicht bekannt
Geschwindigkeit:	12,5 kn bei Überwasserfahrt, 8,5 kn getaucht

Die *H1* war eines von acht italienischen Booten, die als Kopie der britischen *H*-Klasse bezeichnet werden konnten und die allesamt auf der kanadischen Vickers-Werft in Montreal gebaut wurden. Die *H1* und ihre Schwesterboote waren dahingehend einzigartig, dass ihre Elektromotoren mehr Leistung als die Dieselmotoren erbrachten. Die *H5* wurde am 16. April 1918 irrtümlich von dem britischen U-Boot *HB1* in der südlichen Adria versenkt. Alle *H*-Klasse-Boote versahen zu Beginn des Zweiten Weltkrieges, nach dem Eintritt Italiens in den Krieg im Jahre 1940, Dienst in einer U-Boot-Gruppe, die im Golf von Genua stationiert war. 1941 war die *H1* mit einer 76-mm-Kanone ausgerüstet, bevor sie aus dem Frontdienst zurückgenommen wurde. Die *H*-Klasse-Boote wurden danach für die Ausbildung in heimischen Gewässern eingesetzt. *H31* ging aus ungeklärter Ursache in der Biskaya verloren, die *H49* sank an der holländischen Küste. Die *H1* wurde 1947 verschrottet.

Ursprungsland:	USA
Stapellauf:	Oktober 1918
Besatzung:	35
Verdrängung:	Überwasser: 398 t, getaucht: 529 t
Maße:	45,8 m × 4,8 m × 3,8 m
Bewaffnung:	4 457-mm-Torpedorohre
Triebwerksanlage:	Zweiwellen-Dieselmotoren, Elektromotoren
Reichweite:	3240 km (1750 sm)
Geschwindigkeit:	14 kn bei Überwasserfahrt, 10 kn getaucht

H4

1915 bestellte die russische Marine in einem Notprogramm 17 Boote, darunter die *H4*. Nach dem Zusammenbruch das Zarenreiches wurden einige Boote von den Bolschewiken festgesetzt und danach wieder in Dienst gestellt. 11 Boote wurden in Sektionen geliefert, die auf der Baltic Werft zusammengebaut werden sollten. Die *H4* wurde letztendlich abbestellt, das Boot aber dennoch von der Electric Boat Company 1918 an die USA verkauft. Die Boote entstanden nach einer Holland-Konstruktion und waren nahezu mit den britischen, italienischen und amerikanischen Booten identisch. 1920 wurde die *H4* in *SS147* umbenannt. Die amerikanische *H*-Klasse hatte eine Tauchtiefenbeschränkung von 6 m, konnte aber – trotz permanenter Motorenprobleme – als erfolgreich bezeichnet werden. Die *H4* wurde 1930 aus dem Register gestrichen und 1931 verschrottet. Diese Klasse sollte nicht mit der britischen oder chilenischen *H*-Klasse verwechselt werden.

Ursprungsland:	Japan
Stapellauf:	Mai 1945
Besatzung:	22
Verdrängung:	Überwasser: 383 t, getaucht: 447 t
Maße:	50 m × 3,9 m × 3,4 m
Bewaffnung:	2 533-mm-Torpedorohre, 1 7,7-mm-Luftabwehr-MG
Triebwerksanlage:	Einwellen-Dieselmotor, Elektromotor
Reichweite:	5559 km (3000 sm) bei 10 kn
Geschwindigkeit:	10,5 kn bei Überwasserfahrt, 13 kn getaucht

Ha-201-Klasse

1943–44 in einem Notprogramm bestellt, hatten diese kleinen Boote eine hohe Unterwassergeschwindigkeit und waren nur für den einen Zweck, das japanische Heimatland gegen amerikanische Kriegsschiffe zu verteidigen, konstruiert. Große Stückzahlen waren geplant, verbunden mit der Hoffnung, dass in Handwerksbetrieben vorgefertigte Rumpfsektionen später auf den Werften endmontiert werden könnten. Sie wurden elektrisch verschweißt und die erste Einheit, die *Ha 201*, wurde am 1. Mai 1945 bei der Sasebo-Werft auf Kiel gelegt und schon am 31. Mai 1945 fertiggestellt. Bedingt durch Rohstoffmangel und permanente amerikanische Luftangriffe konnten nur 10 Einheiten gebaut werden, wobei kein Boot aktiv eingesetzt wurde. Die *Ha 201* wurde im April 1946 von der US Navy versenkt.

Hai Lung

Ursprungsland:	Taiwan
Stapellauf:	Oktober 1986
Besatzung:	67
Verdrängung:	Überwasser: 2414 t, getaucht: 2702 t
Maße:	66 m × 8,4 m × 7,1 m
Bewaffnung:	6 533-mm-Torpedorohre
Triebwerksanlage:	Einwellen-Diesel-motoren, Elektro-motoren
Reichweite:	19 000 km (10 241 sm) bei 9 kn
Geschwindigkeit:	11 kn bei Überwasserfahrt, 20 kn getaucht

In den 1950er-Jahren wurde die taiwanesische Marine gegründet, um der Bedrohung durch eine Invasion Chinas zu begegnen. Zwei der modernsten Boote jener Zeit waren die U-Boote der *Hai Lung*-(Seedrache)-Klasse. Es handelte sich dabei um modifizierte Boote der *Zwaardvis*-Klasse, die von Holland gekauft wurden und die als die effektivsten Konstruktionen der 1970er-Jahre angesehen werden konnten.

Die *Zwaardvis*-Boote stammten wiederum von der amerikanischen *Barbel*-Klasse ab, besaßen aber erhebliche Unterschiede in der Ausrüstung. *Hai Lung* und das Schwesterschiff *Hai Hu* wurden im Dezember 1987 in Dienst gestellt. Dabei handelte es sich um den ersten Exportauftrag für holländische U-Boote. Die Auslieferung war begleitet von starken Protesten seitens der Volksrepublik China und der Kauf von zwei weiteren Booten wurde von der holländischen Regierung gestoppt.

Die *Hai Lung* und die *Hai Hu* wurden in den 1990er-Jahren technisch auf den neuesten Stand gebracht.

Hajen

Ursprungsland:	Schweden
Stapellauf:	Juli 1904
Besatzung:	15
Verdrängung:	Überwasser: 108 t, getaucht: 130 t
Maße:	19,8 m × 3,6 m × 3 m
Bewaffnung:	1 457-mm-Torpedorohr
Triebwerksanlage:	Einwellen-Petroleummotor, Elektromotor
Reichweite:	nicht bekannt
Geschwindigkeit:	9,5 kn bei Überwasserfahrt, 7 kn getaucht

Die *Hajen* war das erste für die schwedische Marine gebaute U-Boot. Konstruiert wurde es von dem schwedischen Konstrukteur Carl Richson, der eigens in die USA geschickt wurde, um die Technik des U-Boot-Baus zu studieren. Die Hajen wurde 1902 in Stockholm auf Kiel gelegt. 1916 wurde sie aufwändig modifiziert, wobei auch die Gesamtlänge um 1,8 m gestreckt wurde. Die Außerdienststellung erfolgte 1922 mit einer weiteren Verwendung als Museumsschiff. Schweden, über Jahrhunderte eine starke Macht, hatte 1860 seine Neutralität erklärt, strebte aber dennoch nach einer starken Marine. Ohne Ausnahme waren alle Kriegsschiffe schwedischen Ursprungs, was aufgrund des leichten Zugangs der schwedischen Schiffbauindustrie zu hochwertigem Schwedenstahl, dank reicher Vorkommen an hochwertigem Eisenerz, kein Problem war.

Han

Ursprungsland:	China
Stapellauf:	1972
Besatzung:	120
Verdrängung:	Überwasser: nicht bekannt, getaucht: 5080 t
Maße:	90 m × 8 m × 8,2 m
Bewaffnung:	6 533-mm-Torpedorohre
Triebwerksanlage:	Einwellen-Druckwasserreaktor
Reichweite:	unbegrenzt
Geschwindigkeit:	20 kn bei Überwasserfahrt, 28 kn getaucht

Die chinesische Marine forcierte in den 1970er-Jahren mit der *Han*-Klasse ihre nukleare U-Boot-Angriffsflotte (SSNs) massiv. Der aquadynamisch hochwertige Rumpf war dem der amerikanischen *Albacore*-Klasse nachempfunden und bildete eine radikale Abkehr von den typisch chinesischen Entwürfen. Nachdem Russland einige Abkürzungen nahm, um sein erstes nukleares U-Boot in Dienst zu stellen, ging China dieses Unterfangen langsamer an. Obwohl die *Han*-Klasse mit ihren vier Booten eine gute Basis für eine hoffnungsvolle Weiterentwicklung darstellte, besaß sie doch nicht die technologische Ausstattung der amerikanischen und britischen U-Boote. Der *Han*-Klasse folgte die *Xia*-Klasse, die als Chinas erste U-Boot-Klasse mit ballistischer Bewaffnung angesehen werden kann. Internen Quellen zufolge musste China in seinem SSN/SSBN-Programm auch eine Serie schwerer Unfälle hinnehmen, die vor dem Rest der Welt geheim gehalten wurden.

Harushio

Ursprungsland:	Japan
Stapellauf:	25. Februar 1967
Besatzung:	80
Verdrängung:	Überwasser: 1676 t, getaucht: nicht bekannt
Maße:	88 m × 8,2 m × 4,9 m
Bewaffnung:	8 533-mm-Torpedorohre
Triebwerksanlage:	Zweiwellen-Dieselmotoren, Elektromotoren
Reichweite:	16 677 km (9000 sm) bei 10 Knoten
Geschwindigkeit:	14 kn bei Überwasserfahrt, 18 kn getaucht

Die *Harushio* gehörte zu *Oshio*-Klasse, die für die japanische Marine in den 1960er-Jahren in fünf Einheiten gebaut wurde. Diese Boote waren relativ groß ausgelegt, um eine große Hochseetauglichkeit zu erzielen und um Platz für eine moderne Sonar- und Elektronikausrüstung zu schaffen. Sie hatten die Fähigkeit, große Tauchtiefen zu erreichen. Alle Boote wurden in Kobe als Kooperationsprogramm zwischen Kawasaki und Mitsubishi endmontiert. Die Namen der anderen Boote waren *Oshio*, *Arashio*, *Michishio* und *Asashio*. Die Namen wurden nach den Gezeiten ausgewählt. *Oshio* zum Beispiel bedeutet Flut, während *Asashio* Ebbe bedeutet. Die *Oshio* hatte einige technische Unterschiede zu den anderen Booten, zum Beispiel einen längeren Bug und eine schlechtere Sonarausstattung. Diese Unterschiede führten dazu, dass die Boote oft als unterschiedliche Klassen dargestellt wurden.

Harushio

Ursprungsland:
Japan

Stapellauf:
26. Juli 1989

Besatzung:
75

Verdrängung:
Überwasser: 2489 t,
getaucht:
nicht bekannt

Maße:
77 m × 10 m × 7,75 m

Bewaffnung:
6 533-mm-
Torpedorohre,
Harpoon-
Raketen

Triebwerksanlage:
Einwellen-Diesel-
motoren, Elektro-
motoren

Reichweite:
22 236 km
(12 000 sm)
bei 10 kn

Geschwindigkeit:
12 kn bei
Überwasserfahrt,
20 kn getaucht

Die sechs Boote der *Harushio*-Klasse waren eine natürliche Weiterentwicklung der *Yushio*-Klasse. Sie zeichneten sich unter anderem durch eine wesentliche Geräuschreduzierung und das nachziehbare ZQR-1-Sonargerät aus. Zusätzlich erhielten sie auch das Hughes/Oki ZQQ-5B-Sonargerät, innerhalb der Rumpfhülle eingebaut. Alle Boote sind in der Lage, die Schiff-Abwehr-Rakete *Harpoon* aus ihren Torpedorohren abzufeuern.

Mit der *Harushio* wurde das erste Boot 1989 auf Kiel gelegt, gefolgt von jeweils einem Boot pro Jahr, um die Boote der *Uzushio*-Klasse zu ersetzen. Die Namen der weiteren fünf Boote sind in der Reihenfolge *Natsushio*, *Hayashio*, *Arashio*, *Wakashio* und *Fuyushio*. Ihre exzellente Einsatzdauer erlaubt den Booten den Aufbau eines weitreichenden Überwachungsschirmes, weit von den Heimatbasen entfernt.

Diese Klasse ermöglichte der japanischen Marine eine sehr effektive Unterwasserangriffsfähigkeit bis weit in das 21. Jahrhundert hinein.

Henri Poincaré

Ursprungsland:
Frankreich

Stapellauf:
10. April 1929

Besatzung:
61

Verdrängung:
Überwasser: 1595 t,
getaucht: 2117 t

Maße:
92,3 m × 8,2 m ×
4,7 m

Bewaffnung:
9 550-mm-
Torpedorohre,
2 400-mm-
Torpedorohre,
1 82-mm-
Kanone

Triebwerksanlage:
Zweiwellen-Diesel-
motoren, Elektro-.
motoren

Reichweite:
18 530 km
(10 000 sm)
bei 10 kn

Geschwindigkeit:
17–20 kn bei
Überwasserfahrt,
10 kn getaucht

In Lorient gebaut, gehörte die *Henri Poincaré* zur *Redoutable*-Klasse, eine Einheit aus 29 Booten mit Doppelhülle, die zwischen 1925 und 1931 gebaut wurde. Als hochseegängige U-Boote gehörten sie zur ersten Klasse französischer U-Boote, die gegenüber der *Requin*-Klasse eine echte Verbesserung darstellten, obwohl auch diese Boote ihre technischen Probleme hatten. Die *Prométhée* ging am 8. Juli 1932 während der Erprobungsphase verloren. Am 15. Juni 1939 ging die *Phénix* in indo-chinesischen Wassern verloren.

Die *Henri Poincaré* wurde im November 1942 mit den Schwesterschiffen *Vengeur*, *Redoutable*, *Pascal*, *Achéron*, *L'Espoir* und *Fresnel* im Hafen von *Toulon* versenkt. Die *Henri Poincaré* wurde jedoch von italienischen Truppen geborgen und in Genua generalüberholt. Als *FR118* in Dienst gestellt, sank sie im September 1943, nachdem sie von deutschen Truppen festgesetzt wurde.

Die Boote Vichy-Frankreichs wären eine willkommene Verstärkung für die Alliierten gewesen, hätte die Vichy-Regierung sie dem freien Frankreich überlassen.

H. L. Hunley

Ursprungsland:
Südstaaten
von Amerika

Stapellauf:
1863

Besatzung:
9

Verdrängung:
Überwasser: 2 t,
getaucht: nicht
bekannt

Maße:
12 m × 1 m × 1,2 m

Bewaffnung:
1 Speertorpedo

Triebwerksanlage:
Handantrieb

Reichweite:
nicht bekannt

Geschwindigkeit:
2,5 kn bei
Überwasserfahrt,
getaucht: nicht
bekannt

Die *H. L. Hunley* war das erste tauchfähige Unterwasserfahrzeug, das erfolgreich gegen einen Gegner eingesetzt wurde. Die Hauptrumpfsektion war aus einem Dampfmaschinendruckbehälter gebaut mit zusammengefalteten Enden. Die Hauptbewaffnung bestand aus einem Speertorpedo mit einer an der Spitze angebrachten Sprengladung. Die Besatzung bestand aus neun Mann. Acht Mann bedienten die zentrale Antriebswelle und ein Besatzungsmitglied steuerte das Boot. Am 17. Februar 1864 gelang es dem Boot unter dem Kommando von Lt. George Dixon, in den Hafen von Charleston einzudringen und die *Housatonic,* die Korvette der Unionstruppen, zu versenken. Die starke Explosionswelle der *Housatonic* riss die *H. L. Hunley* mit in die Tiefe. Jahre später wurde das Wrack geortet. Die acht Skelette der Crew saßen immer noch an der Antriebswelle. Nach dem Erfinder *H. L.* Hunley benannt, wurde sie das Führungsboot einer kleinen Serie von U-Booten für die Konföderierte Marine der Südstaaten.

Holland No. 1

Ursprungsland:
USA

Stapellauf:
1878

Besatzung:
unbekannt

Verdrängung:
Überwasser: 2,2 t,
getaucht: nicht
bekannt

Maße:
4,4 m × 0,9 m

Bewaffnung:
keine

Triebwerksanlage:
Handantrieb,
Benzinmotor

Reichweite:
nicht bekannt

Geschwindigkeit:
Überwasserfahrt:
nicht bekannt,
getaucht: nicht
bekannt

Obwohl der irisch-amerikanische Erfinder John P. Holland im Vorfeld einige Versuchsboote gebaut hatte – , hierzu gehörte auch die *Fenian Ram* –, war die *Holland No. 1* der erste Erfolg. Das ursprüngliche Boot wurde noch mit dem üblichen Handantrieb, der in den zeitgenössischen Booten üblich war, konzipiert, hatte aber schon einen 4-hp-Brayton-Benzinmotor eingebaut. Damit war Holland in der Lage, ein zuverlässigeres Boot anzubieten. Die *Holland No. 1* wurde in den Albany-Eisenwerken gebaut und im Jahre 1878 fertiggestellt. Nach erfolgreichen Tests wurde der Motor ausgebaut und das Boot in 4,2 m Wassertiefe am oberen Passaic-Fluss versenkt. Jahre später wurde es gehoben und ist heute ein Exponat im Paterson Museum in New Jersey, USA.

Hollands Vision von einem Benzinmotor war seiner Zeit weit voraus. Andere zeitgenössische Konstruktionen hingen noch lange dem Dampfantrieb nach.

Holland VI

Ursprungsland:	USA
Stapellauf:	Mai 1897
Besatzung:	7
Verdrängung:	Überwasser: 64 t, getaucht: 76 t
Maße:	16,3 m × 3,1 m × 3,5 m
Bewaffnung:	1 457-mm-Torpedorohr, 1 Luftdruck-kanone
Triebwerksanlage:	Einwellen-Benzin-motor, Elektro-motor
Reichweite:	getaucht: 74 km (40 sm) bei 3 kn
Geschwindigkeit:	8 kn bei Überwasserfahrt, 5 kn getaucht

Die *Holland VI* war das erste moderne amerikanische U-Boot und avancierte später zum Prototyp für alle britischen und japanischen U-Boote, die Benzin- und Batterieantriebe für Wasserfahrzeuge einsetzten.

Die *Holland VI* wurde 1900 als *Holland* bei der US Navy in Dienst gestellt. Der Benzinmotor leistete 45 hp und der Elektromotor 75 hp bei Unterwasserfahrt. Die Tauchtiefe betrug 22,8 m. Sie wurde als Ausbildungsboot bis 1905 eingesetzt, später mit der neuen Kennzeichnung *SS1* versehen und letztendlich 1913 verschrottet. Obwohl die Amerikaner viel von ihrer kleinen *Holland* hielten und ihr reißerische Namen wie u. a. „Monster Kriegsfisch" gaben, war sie doch ein recht primitives Boot. Sie wäre mit Sicherheit nicht gebaut worden, hätten Hollands politische Freunde die Navy nicht davon überzeugt, für dieses ungewisse Unterfangen finanzielle Mittel bereitzustellen. Zu jener Zeit gab es eine starke irisch-amerikanische Lobby im Kongress.

Hvalen

Ursprungsland:	Schweden
Stapellauf:	1909
Besatzung:	30
Verdrängung:	Überwasser: 189 t, getaucht: 233 t
Maße:	42,4 m × 4,3 m × 2,1 m
Bewaffnung:	2 457-mm-Torpedorohre
Triebwerksanlage:	Einwellen-Benzin-motoren, Elektro-motoren
Reichweite:	8 338 km (4 500 sm) bei 10 kn
Geschwindigkeit:	14,8 kn bei Überwasserfahrt, 6,3 kn getaucht

Hvalen war das einzige große schwedische U-Boot, das von einer fremdem Macht konstruiert wurde. Gebaut bei Fiat in San Giorgio, hatten die Schweden die Gelegenheit, eine führende europäische Technologie unter die Lupe zu nehmen. Schlagzeilen machten die 7600 km (4096 sm) unbegleitete Fahrt des Bootes von Italien nach Schweden. Die *Hvalen* wurde 1919 aus dem Register gestrichen und 1924 als Zielschiff versenkt. Das Wrack wurde später gehoben und verschrottet. Wegen der selbst gewählten Neutralität hat sich Schweden in Marineangelegenheiten immer eine Rückfallposition offengehalten, was aber kein Hindernis darstellte, eigene hervorragende und sehr effektive Kriegsschiffe zu produzieren, darunter auch U-Boote. Die schwedische Regierung hat immer großen Wert auf die Fähigkeit einer eigenen Versorgung mit Rüstungsgütern im Heeres- und Marinebereich gelegt, da sie sich der Gefahr einer Abhängigkeit von fremden Partnern bewusst war.

I 7

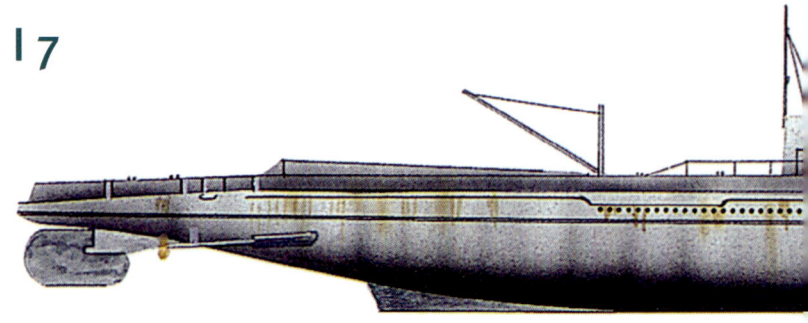

Ursprungsland: Japan	Bewaffnung:
	6 533-mm-Torpedorohre,
Stapellauf: 3. Juli 1935	1 140-mm-Kanone
Besatzung:	Triebwerksanlage:
100	Zweiwellen-Dieselmotoren, Elektromotoren
Verdrängung:	Reichweite:
Überwasser: 2565 t,	26 600 km (14 337 sm)
getaucht: 3640 t	bei 16 kn
Maße:	Geschwindigkeit:
109,3 m × 9 m × 5,2 m	23 kn bei Überwasserfahrt,
	8 kn getaucht

Zu der Zeit der Konstruktion waren die *I 7* und das Schwesterschiff *I 8* die größten Unterseeboote, die für die japanische Marine gebaut wurden. Sie waren als Aufklärungsboote konzipiert und führten ein Beobachtungsflugzeug mit. Die Einsatzdauer betrug 60 Tage und die

I 15

Ursprungsland: Japan	Bewaffnung:
	6 533-mm-Torpedorohre, 1 140-mm-
Stapellauf: 1939	Kanone, 1 25-mm-AA-Kanonen
Besatzung:	Triebwerksanlage:
100	Zweiwellen-Dieselmotoren, Elektromotoren
Verdrängung:	Reichweite:
Überwasser: 2625 t,	45 189 km (24 400 sm)
getaucht: 3713 t	bei 10 kn
Maße:	Geschwindigkeit:
102,5 m × 9,3 m × 5,1 m	23,5 kn bei Überwasserfahrt,
	8 kn getaucht

Die Boote der *I 15*-Klasse waren hoch spezialisierte Aufklärungsboote mit widerstandsarmen Rümpfen und Beobachtungstürmen. Im Gegensatz zu vorhergehenden Aufklärungsbooten war der Flugzeughangar aus weichgebogenen Blechen stromlinienförmig vor dem Turm angebracht.

dabei zurückgelegte Strecke betrug 14 000 sm bei einer Geschwindigkeit von 16 Knoten. Die erreichbare Tauchtiefe betrug 99 m. Die *I 7* wurde am 22. Juni 1943 von dem amerikanischen Zerstörer *Monaghan* versenkt. Die *I 8* wurde modifiziert zur Aufnahme von drei *Kaiten*-Kamikazeunterseebooten anstelle des Flugzeughangars. Auch sie wurde von den Zerstörern *Morrison* und *Stockton* am 30. März 1945 versenkt, als sie versuchte, Schiffe, die an der Landung in Okinawa beteiligt waren, anzugreifen. Viele japanische Kriegsschiffe wurden Opfer der Selbstmordangriffe während dieser Schlacht.

Obwohl für die Aufnahme von vier 25-mm-Luftabwehr-Kanonen ausgelegt, kam nur eine 25-mm-Zwillings-Flak zum Einbau. Während des Zweiten Weltkrieges wurden bei einigen Booten der Flugzeughangar und das Katapult entfernt und durch eine 140-mm-Kanone ersetzt. Nur ein Boot dieser vergleichsweise großen Klasse, die *I 36*, überlebte den Krieg, als sie sich in Kobe ergab. Die *I 15* (Kdr. Ishikawa) ging am 2. November 1942 verloren. Im weiteren Verlauf des Krieges eroberten die Amerikaner immer mehr Pazifikinseln und drängten die japanischen U-Boote bis auf ihre Heimatbasen zurück, was ihren Einsatzradius erheblich einschränkte.

I 21

Ursprungsland:	Japan
Stapellauf:	November 1919
Besatzung:	45
Verdrängung:	Überwasser: 728 t, getaucht: 1063 t
Maße:	65,6 m × 6 m × 4,2 m
Bewaffnung:	5 457-mm-Torpedorohre
Triebwerksanlage:	Zweiwellen-Dieselmotoren, Elektromotoren
Reichweite:	19 456 km (10 500 sm) bei 8 kn
Geschwindigkeit:	13 kn bei Überwasserfahrt, 8 kn getaucht

Die *I 21* war eines von zwei Schiffen, die als Japans erste hochseetaugliche Boote eingestuft werden konnten. Gebaut nach italienischen Plänen des Fiat-Laurenti-*F1*-Typs erfolgte die Fertigstellung 1920 auf der Kawasaki-Werft in Kobe. 1924 fand eine Umregistrierung in *RO2* statt. 1930 wurde das Boot außer Dienst gestellt.

In der Zwischenzeit wurde die Nummer *I 21* einem neuen U-Boot zuerkannt, das im März 1926 vom Stapel lief und das auf dem deutschen U-Boot Typ *UB125* basierte, das den Japanern nach der Kapitulation 1918 übergeben wurde. Die neue *I 21* war das Führungsschiff einer neuen Klasse von vier Booten, die ausnahmslos zum Einsatz im Pazifikkrieg herangezogen wurden. 1939 erhielten sie neue Kennungen. *I 21* wurde *I 121* und so weiter.

Die *I 21/121* wurde verschrottet, alle anderen Boote gingen bei Kampfhandlungen verloren. Nur wenige Boote überlebten den Krieg bis zur Kapitulation.

I 201

Ursprungsland:	Japan
Stapellauf:	1944
Besatzung:	100
Verdrängung:	Überwasser: 1311 t, getaucht: 1473 t
Maße:	79 m × 5,8 m × 5,4 m
Bewaffnung:	4 533-mm-Torpedorohre, 1 25-mm-AA-Zwillingskanone
Triebwerksanlage:	Zweiwellen-Dieselmotoren, Elektromotoren
Reichweite:	10 747 km (5 800 sm) bei 14 kn
Geschwindigkeit:	15,7 kn bei Überwasserfahrt, 19 kn getaucht

Bestellt nach der Verabschiedung des Notbauprogramms 1943–44, war die *I 201*-Klasse eine Hochgeschwindigkeitsklasse, die auf den Erfahrungen eines Versuchsbootes kurz vor dem Zweiten Weltkrieg basierte. Die Leistungen entsprachen nahezu denen des deutschen Typs *XXI*. Sie waren sehr widerstandsarm, ein Resultat der neuen Technik des elektrischen Schweißens, die beim Bau ausgiebig genutzt wurde. Sogar die 25-mm-AA-Zwillingskanone konnte eingefahren werden. Die neuen MAN-Diesel trugen ihren Teil zur geringen Verdrängung bei, die sich in einer hohen Unterwassergeschwindigkeit auszeichnete. Die 5000 hp leistenden Elektromotoren gaben dem Schiff unter Wasser für nahezu eine Stunde eine Geschwindigkeit von 19 kn. Keines der Boote konnte Patrouillenfahrten vor Ende des Zweiten Weltkrieges durchführen. Alle Boote wurden durch die US Navy versenkt, mit Ausnahme der *I 204*, die Opfer eines Luftangriffes wurde und sank.

I 351

Ursprungsland:	Japan
Stapellauf:	1944
Besatzung:	90
Verdrängung:	Überwasser: 3586 t, getaucht: 4358 t
Maße:	110 m × 10,2 m × 6 m
Bewaffnung:	4 533 mm- Torpedorohre
Triebwerksanlage:	Zweiwellen-Diesel- motoren, Elektro- motoren
Reichweite:	24 076 km (13 000 sm) bei 14 kn
Geschwindigkeit:	15,8 kn bei Überwasserfahrt, 6,3 kn getaucht

Die drei Unterseeboote der *I 351*-Klasse waren als reine Versorgungsboote für Wasserflugzeuge und Flugboote ausgelegt. Für diesen Zweck konnten sie 396 t Fracht, 371 t Kraftstoff, 11 t Frischwasser und 60 250 kg Bomben oder 30 Bomben und 15 Luftfahrzeugtorpedos bunkern. Gegen Ende des Krieges war nur die *I 351* fertiggestellt, wurde aber von dem amerikanischen U-Boot *Bluefish* am 14. Juli 1945 versenkt, nachdem sie nur sechs Monate in Dienst stand. Ein weiteres Boot, die *I 352*, wurde nach einem Luftangriff in Kure versenkt, wobei sie nur zu 90 % fertiggestellt war. Die *I 353* wurde nie auf Kiel gelegt, da das Programm 1943 aufgegeben wurde.

Die *I 351* besaß eine sichere Tauchtiefe von 96 m mit einer Unterwasser- reichweite von 185 km (100 sm) bei drei Knoten Geschwindigkeit. Der Einsatz- auftrag dieser Boote war, bedingt durch die japanische Kapitulation, hinfällig.

I 400

Ursprungsland:	Japan
Stapellauf:	1944
Besatzung:	100
Verdrängung:	Überwasser: 5316 t, Getaucht: 6665 t
Maße:	122 m × 12 m × 7 m
Bewaffnung:	8 533-mm- Torpedorohre, 1 140-mm- Kanone
Triebwerksanlage:	Zweiwellen-Diesel- motoren, Elektro- motoren
Reichweite:	68 561 km (37 000 sm) bei 14 kn
Geschwindigkeit:	18,7 kn bei Überwasserfahrt, 6,5 kn getaucht

Vor dem Ausbruch des Zweiten Weltkrieges versuchten verschiedene Mari- nestreitkräfte ein U-Boot zu konstruieren, das ein Flugzeug mitführen konnte. Nur die japanische Marine war auf diesem Sektor, besonders mit der *STO*-Klasse, erfolgreich. Von den geplanten 19 Booten wurden nur die *I 400* und die *I 401* für diese Einsatzrolle fertiggestellt. Das dritte Boot, die *I 402*, wurde als Unterwassertanker ausgelegt. Die *I 400* war ein immens großes Boot mit einem Flugzeughangar, der an der Steuerbordseite ver- setzt angebaut war. In ihm fanden drei *M6A1-Seiran*-Wasserflugzeuge Platz plus Ersatzteile für ein viertes Flugzeug. Um die Flugzeuge zu starten, musste das Boot auftauchen. Die Flugzeuge ließen im Hangar ihre Moto- ren warm laufen, rollten danach heraus, klappten ihre Tragflächen herun- ter und wurden mit einem 26-m-Katapult weggeschleudert.

Es war geplant, die Schleusen des Panama-Kanals anzugreifen, was je- doch nie umgesetzt wurde. Die *I 400*-Klasse wurde, was ihre Größe anbe- langt, von keinem anderen Bootstyp vor dem Erscheinen der *Ethan-Allen*- Klasse-SSBNs, übertroffen.

India

Ursprungsland:	Russland
Stapellauf:	1979
Besatzung:	70, aufstockbar auf 120 zusätzlich
Verdrängung:	Überwasser: 3251 t, getaucht: 4064 t
Maße:	106 m × 10 m
Bewaffnung:	4 533-mm-Torpedorohre
Triebwerksanlage:	Zweiwellen-Dieselmotoren, Elektromotoren
Reichweite:	nicht bekannt
Geschwindigkeit:	15 kn bei Überwasserfahrt, 10 kn getaucht

Die *India* wurde für Bergungs- und Rettungsoperationen entworfen. Der Rumpf war für hohe Geschwindigkeiten ausgelegt, um die Rettungskoordinaten schnellstmöglich zu erreichen. Im hinteren Teil des Schiffes sind zwei Rettungsfahrzeuge in dreieckige Vertiefungen eingelassen, die auch in getauchtem Zustand vom Mutterschiff her zugänglich sind. Diese Schiffsklasse kann auch unter dem Eis des Nordmeeres operieren. Es wird vermutet, dass *India*-Klasse-U-Boote auch für die russischen SpezNas-Einheiten (Spezialeinsatzkommando der Russischen Föderation) verwendet werden. Zu diesem Zweck führen sie zwei *IRM*-Aufklärungsfahrzeuge mit. Die Fahrzeuge können im Flachwasser auf dem Meeresgrund auf Ketten fahren, aber auch im Schwimmmodus operieren. Es wurden zwei *India*-Klasse-Boote gebaut und in der Nord- und Pazifik-Flotte stationiert. Beobachtungen zufolge kamen sie sowjetischen U-Booten zu Hilfe, die in Havarien verwickelt waren.

Intelligent Whale

Ursprungsland:	USA
Stapellauf:	1862
Besatzung:	13
Verdrängung:	Überwasser: nicht bekannt, getaucht: nicht bekannt
Maße:	9,4 m × 2,6 m × 2,6 m
Bewaffnung:	Minen
Triebwerksanlage:	Handanbetrieb
Reichweite:	nicht bekannt
Geschwindigkeit:	4 kn bei Überwasserfahrt, 4 kn getaucht

Die Intelligent Whale war das erste U-Boot der Marine der Nordstaaten im Amerikanischen Bürgerkrieg. Ihr Bau war eine Reaktion auf die U-Boote der Konföderation der Südstaaten. Hierfür stand zum Beispiel der *David* Pate (so genannt, da er es auch mit großen strategischen Zielen aufnehmen konnte), der einen Dampfantrieb hatte und eher ein Halbtauchboot war. 13 Besatzungsmitglieder waren im *Whale* tätig, wobei sechs Personen notwendig waren, um das zylinderförmige Gefährt per Hand anzutreiben. Der Rest des Personals konnte das Boot durch eine Luke im Boden verlassen und gegnerische Schiffe an den Rümpfen mit Minen versehen. Nach mehreren Tests im Jahre 1872 wurde das Programm schließlich aufgegeben und die *Intelligent Whale* wurde in der Washington Navy Werft als Ausstellungsstück präsentiert. Zusammenfassend kann man sagen, dass die U-Boote der Konföderierten wesentlich besser funktionierten und erfolgreicher waren als die der Unionstruppen.

Isaac Peral

Ursprungsland:	Spanien
Stapellauf:	Juli 1916
Besatzung:	35
Verdrängung:	Überwasser: 499 t, getaucht: 762 t
Maße:	60 m × 5,8 m × 3,3 m
Bewaffnung:	4 457-mm-Torpedorohre, 1 76-mm-Kanone
Triebwerksanlage:	Zweiwellen-Dieselmotoren, Elektromotoren
Reichweite:	5386 km (2903 sm) bei 11 kn
Geschwindigkeit:	15 kn bei Überwasserfahrt 8 kn getaucht

Die *Isaac Peral* war Spaniens erstes echtes U-Boot. Sie wurde bei der Fore River Company in den Vereinigten Staaten gebaut, entsprechend eines Holland-Entwurfes. Sie erreichte während der ersten Tests 15,36 Knoten über Wasser. Die Reichweite betrug 5386 km (2835 Meilen oder 2903 sm) bei einer Geschwindigkeit von 11 Knoten. Die Unterwasserreichweite betrug 130 km (70 sm) bei voller Leistung ihres 480-hp-Elektromotors. 1930 erfolgte eine Umregistrierung in *O1*, die später, als ausgediente Hülle, auf *AO* umgeändert wurde. Ihre 76-mm-Kanone war auf einem umklappbaren Gestell montiert und zählte nicht notwendigerweise zum Standard. Spanien unterhielt nicht unbedingt eine permanente U-Boot-Flotte. Nach dem Sieg Francos im Spanischen Bürgerkrieg wurden Boote aus Italien angeschafft. Der Bürgerkrieg hatte einen dramatischen Verlust an Ressourcen zur Folge und führte letztendlich zur Neutralität Spaniens im Zweiten Weltkrieg.

J1

Ursprungsland:	Großbritannien
Stapellauf:	November 1915
Besatzung:	44
Verdrängung:	Überwasser: 1223 t, getaucht: 1849 t
Maße:	84 m × 7 m × 4,3 m
Bewaffnung:	6 457-mm-Torpedorohre, 1 76-mm-Kanone
Triebwerksanlage:	Dreiwellen-Dieselmotoren, Elektromotoren
Reichweite:	9500 km (5120 sm) bei 12,5 kn
Geschwindigkeit:	17 kn bei Überwasserfahrt, 9,5 kn getaucht

Die *J1* wurde als Reaktion auf die Bedrohung durch deutsche U-Boote, die eine Geschwindigkeit von 22 Knoten erreichen konnten, gebaut. Als erstes Boot dieser Klasse hatte die *J1* einen frei fließenden Tank, der den Bug leicht unter Wasser brachte und auch bei Überwasserfahrt viel Widerstand erzeugte und damit Geschwindigkeit kostete. Später wurde der Bug höher gezogen, was die Unterschneidungstendenz behob und eine Geschwindigkeit von 17 Knoten erlaubte, und das bei aufgetauchtem Zustand in schwerer See. Die Überwasserreichweite betrug bei 12,5 Knoten 9500 km (5120 sm).

Zu einem späteren Zeitpunkt wurde die 76-mm-Kanone durch eine 102-mm-Kanone an der oberen Vorderseite des Turmes ausgetauscht. Am 5. November 1916 torpedierte und beschädigte die *J1* die deutschen Kriegsschiffe *Großer Kurfürst* und *Kronprinz*. Sie wurde 1919 nach Australien abgegeben und 1924 abgewrackt. Nur sieben *J*-Klasse-Boote wurden gebaut. Ein Boot ging durch Unfall verloren.

K4

Ursprungsland:	Bewaffnung:
Großbritannien	10 533-mm-Torpedorohre, 3 102-mm-Kanonen
Stapellauf: 15. Juli 1916	
Besatzung: 50–60	**Triebwerksanlage:** Zweiwellen-Dampfturbinenanlage, Elektromotoren
Verdrängung: Überwasser: 2174 t, getaucht: 2814 t	**Reichweite:** 5556 km (3000 sm) bei 13,5 kn
Maße: 100,6 m × 8,1 m × 5,2 m	**Geschwindigkeit:** 23 kn bei Überwasserfahrt, 9 kn getaucht

1915 entschied die britische Admiralität eine Klasse extrem schneller hochseefähiger U-Boote zu bauen, die mit der Kriegsflotte geschwindigkeitsmäßig mithalten konnte. Da Dieselmotoren zu jener Zeit keine Geschwindigkeit von 24 kn und mehr erreichen konnten, entschied man sich für

K26

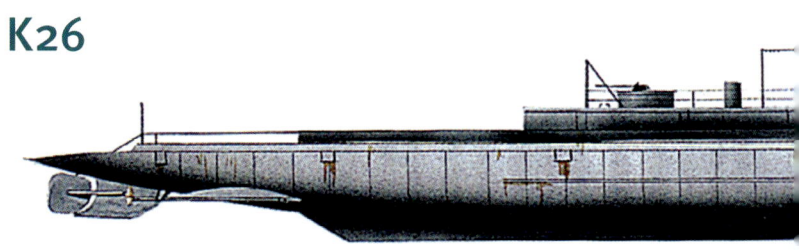

Ursprungsland:	Bewaffnung:
Großbritannien	10 533-mm-Torpedorohre, 3 102-mm-Kanonen
Stapellauf: August 1919	
Besatzung: 50–60	**Triebwerksanlage:** Zweiwellen-Dampfturbinenanlage, Elektromotoren
Verdrängung: Überwasser: 2174 t, getaucht: 2814 t	**Reichweite:** 5556 km (3000 sm) bei 13,5 kn
Maße: 100,6 m × 8,1 m × 5,2 m	**Geschwindigkeit:** 23 kn bei Überwasserfahrt, 9 kn getaucht

Die *K26* war das einzige der berüchtigten K-Boote, das nach 1918 gebaut wurde. 1919 fertiggestellt, wurde es 1939 verschrottet. Ein Zwischenfall mit einem K-Boot hätte dem zukünftigen König Georg VI. fast das Leben gekostet. Er war Passagier auf der *K3*, als das Boot durch das gesamte

Dampfturbinenantrieb und Elektromotoren für den Unterwasserantrieb.
Die Maschinenanlage nahm nahezu 40 % der Rumpflänge in Anspruch
und musste naturgemäß bei Tauchbetrieb abgeschaltet werden. Große
Lukendeckel verschlossen die entsprechenden Schornsteine. Die Boote
entpuppten sich als Desaster. Nicht weniger als fünf der insgesamt 17 gebauten Einheiten gingen noch vor 1919 durch Unfälle verloren. Es ist daher
nicht verwunderlich, dass die Moral innerhalb der U-Boot-Flotte auf dem
Tiefpunkt war. Im Allgemeinen wurden die K-Boote für U-Boot-Abwehr-
Patrouillenfahrten eingesetzt. Die *K4* wurde 1918 irrtümlicherweise von
der *K6* gerammt und sank.

Programm geführt werden sollte. Der Kommandant befahl „Tauchen".
Anstatt den Bug leicht durch die Wasseroberfläche gleiten zu lassen, raste
das Boot in einem steilen Winkel in die Tiefe, bekam Bodenberührung und
steckte im Morastboden fest. Die Wassertiefe betrug ungefähr 46 m, sodass ein gehöriger Teil des Bootes noch aus dem Wasser ragte, wobei sich
die Schrauben immer noch drehten. Glücklicherweise konnte das Boot nach
20 Minuten und einer gehörigen Anstrengung wieder freikommen. Andere
K-Boot-Besatzungen hatten weniger Glück. Keines der Boote wurde bei
Kampfhandlungen zerstört; alle fünf Boote gingen durch Unfälle verloren.

Kilo-Klasse

Ursprungsland:
Russland

Stapellauf:
Frühjahr 1980

Besatzung:
45–50

Verdrängung:
Überwasser: 2494 t,
getaucht: 3193 t

Maße:
69 m × 9 m × 7 m

Bewaffnung:
6 533-mm-
Torpedorohre

Triebwerksanlage:
Einwellenantrieb,
3 Dieselmotoren,
3 Elektromotoren

Reichweite:
11 112 km (6000 sm)
bei 7 kn

Geschwindigkeit:
15 kn bei
Überwasserfahrt,
24 kn getaucht

1980 wurden die ersten *Kilo*-Klasse-Boote mittlerer Reichweite von der Komsomolsk-Werft im fernen Osten Russlands vom Stapel gelassen. Schon 1982 begann eine zweite Fertigungslinie auf der Gorki-Werft, wohingegen die Exportboote ab 1985 auf der Sudomekh-Werft gebaut wurden. Im August 1985 verlegte man das erste *Kilo*-Klasse Boot in die entfernt gelegene vietnamesische Marinebasis Cam Ranh Bay für die Waffen- und Tropenerprobung. Im folgenden Jahr erfolgte die erste Sichtung eines Kilo-Bootes im Indischen Ozean durch ein australisches Kriegsschiff. Die *Kilo*-Klasse hatte einen fortschrittlicheren Rumpf als alle anderen konventionellen Boote der sowjetischen Marine zu jener Zeit und ähnelte mehr den westlichen tropfenförmigen U-Boot-Rümpfen. 1998 befanden sich noch 15 *Kilo*-Boote in sowjetischen Diensten, wobei eine Produktionsrate von zwei pro Jahr für den Export aufrechterhalten wurde.

L3

Ursprungsland:
Russland

Stapellauf: Juli 1931

Besatzung:
50

Verdrängung:
Überwasser: 1219 t,
getaucht: 1574 t

Maße:
81 m × 7,5 m × 4,8 m

Bewaffnung:
6 533-mm-
Torpedorohre,
1 100-mm-
Kanone

Triebwerksanlage:
Zweiwellenantrieb,
Dieselmotoren,
Elektromotoren

Reichweite:
11 112 km (6000 sm)
bei 9 kn

Geschwindigkeit:
15 kn bei
Überwasserfahrt,
9 kn getaucht

Die *L3* gehörte zu einer der größten Klassen der russischen Unterseeboote. In der Nacht zum 16. April 1943 fing sie unter dem Kommando des Unterkapitäns Konovalov einen deutschen Konvoi, bestehend aus acht Schiffen, die Flüchtlinge von der besetzten Hela-Halbinsel im Baltikum nach Westen bringen sollten, ab und versenkte das große Dampfschiff *Goya*. Von den 6385 Menschen an Bord konnten nur 165 gerettet werden. Es war der Beginn einer erfolgreichen Karriere, die 1941 mit Minenlegeaufgaben im Baltikum begann, Tage nach dem Einmarsch deutscher Truppen in Russland. Russische U-Boot-Aktivitäten im Baltikum waren eine permanente Gefahr für den deutschen Versorgungs- und Verstärkungsverkehr. Minenlegen gehörte zu den vorherrschenden Aufgaben der *L3*. Vor August 1942, als sie den 5580-Tonnen-Dampfer *C. F. Liljewalch* versenkte, konnte sie keine nennenswerten Erfolge verbuchen. Die *L3* blieb noch einige Jahre nach dem Krieg in Dienst und wurde 1959 verschrottet.

L3

Ursprungsland:	USA
Stapellauf:	Februar 1915
Besatzung:	35
Verdrängung:	Überwasser: 457 t, getaucht: 556 t
Maße:	51 m × 5,3 m × 4 m
Bewaffnung:	4 457-mm-Torpedorohre, 1 76-mm-Kanone
Triebwerksanlage:	Zweiwellen-Dieselmotoren, Elektromotoren
Reichweite:	6270 km (3380 sm) bei 11 kn
Geschwindigkeit:	14 kn bei Überwasserfahrt, 8 kn getaucht

Die *L3* war das erste amerikanische U-Boot, das mit einer Deckskanone ausgerüstet war. Die Kanone wurde bis auf ein kleines Ende des Laufes in das Deckshaus eingezogen. Diese Konstruktion reduzierte den Wasserwiderstand. Die Vereinigten Staaten beendeten den Ersten Weltkrieg mit ca. 120 U-Booten, obwohl sie zu jenem Zeitpunkt schon die Führung in der U-Boot-Entwicklung, die sie einst mit John Holland errungen hatten, an die europäischen Mächte verloren hatten. Amerikas beste Unterseeboote konnten gerade einmal an die britische *H*- und *L*-Klasse heranreichen. Auch in den Zwischenkriegsjahren konnte kein großer Fortschritt gemacht werden. Erst die Anzeichen eines weiteren Krieges brachten die entscheidenden Impulse, die die Entwicklung wieder in Gang setzten. Ihre hochseefähigen Boote erlangten bald die Überlegenheit im Pazifik.

L10

Ursprungsland:	Großbritannien
Stapellauf:	24. Januar 1918
Besatzung:	36
Verdrängung:	Überwasser: 904 t, getaucht: 1097 t
Maße:	72,7 m × 7,2 m × 3,4 m
Bewaffnung:	4 533-mm-Torpedorohre, 1 102-mm-Kanone
Triebwerksanlage:	Zweiwellen-Dieselmotoren, Elektromotoren
Reichweite:	7038 km (3800 sm) bei 10 kn
Geschwindigkeit:	17,5 kn bei Überwasserfahrt, 10,5 kn getaucht

Nach der Schlacht um Jütland im Jahre 1916 waren Seeziele äußerst rar, da deutsche Truppen sich nicht auf See fortbewegten. Dann, im April 1918, lief die deutsche Hochseeflotte plötzlich aus, um Konvois, die sich zwischen Großbritannien und Skandinavien bewegten, anzugreifen. Diese Aktionen dauerten den ganzen Krieg über an, wenn auch in verringertem Umfang, wobei Zerstörer die Hauptlast trugen. In einer dieser Aktionen versenkte das britische U-Boot *L10* am 3. Oktober 1918 den deutschen Zerstörer *S33*, um kurz darauf ebenfalls von einem anderen Kriegsschiff versenkt zu werden. Während der letzten Wochen des Krieges waren die deutschen Zerstörer äußerst aktiv und britische Unterseeboote gerieten zunehmend in die Rolle der Gejagten, wobei sie die Jäger hätten sein sollen. Hier sah man die ersten Anzeichen dafür, was Überwassereinheiten gegen den klassischen U-Boot-Krieg ausrichten konnten.

Ursprungsland: Großbritannien	
Stapellauf: 1. Juli 1919	
Besatzung: 36	
Verdrängung: Überwasser: 904 t, getaucht: 1097 t	
Maße: 72,7 m × 7,2 m × 3,4 m	
Bewaffnung: 4 533-mm-Torpedorohre, 1 102-mm-Kanone	
Triebwerksanlage: Zweiwellen-Diesel-motoren, Elektro-motoren	
Reichweite: 8338 km (4500 sm)	
Geschwindigkeit: 17,5 kn bei Überwasserfahrt, 10,5 kn getaucht	

L23

Die *L23* war eines der letzten überlebenden Boote der *L*-Klasse, von denen bis Ende des Ersten Weltkrieges 17 Einheiten gebaut wurden. Eines der *L*-Klasse-Boote, die *L12*, versenkte das deutsche U-Boot *UB90* durch Torpedotreffer, als das Boot in aufgetauchtem Zustand seine Batterien in der Nordsee aufladen wollte. Das zweite Boot, die *L2*, war Gegenstand eines Kanonen- und Wasserbombenangriffs eines Verbandes amerikanischer Kriegsschiffe, die im Februar 1918 einen Konvoi begleiteten. Eine Granate traf den Druckkörper des Bootes unmittelbar hinter dem Turm, als das Boot im Auftauchen begriffen war. Glücklicherweise erkannten die Amerikaner ihren Fehler und konnten eine Tragödie verhindern.

Drei Boote, die *L23*, die *L26* und die *L27*, dienten als Ausbildungsboote im Zweiten Weltkrieg. Die *L23* sank im Mai 1946 während des Schlepps zum Abbruch in der Nähe von Nova Scotia.

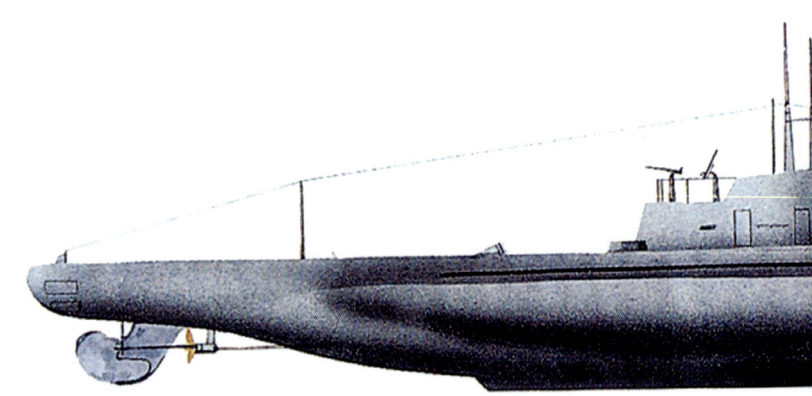

Ursprungsland: Italien	**Bewaffnung:** 8 533-mm-Torpedorohre, 1 102-mm-Kanone
Stapellauf: 28. September 1930	
Besatzung: 56	**Triebwerksanlage:** Zweiwellen-Dieselmotoren, Elektromotoren
Verdrängung: Überwasser: 968 t, getaucht: 1171 t	**Reichweite:** 16 668 km (9000 sm) bei 8 kn
Maße: 69 m × 6,6 m × 4,4 m	**Geschwindigkeit:** 17 kn bei Überwasserfahrt, 7,5 kn getaucht

Die *Luigi Settembrini* war ein schnelles, teilweise als Doppelhülle ausgelegtes Boot mit exzellenter Wendigkeit. Bis 1940 war sie im Roten Meer stationiert. Von 1940 bis 1943 war sie in wechselndem Einsatz als Kampfaufklärer (wo sie kläglich versagte) oder Versorgungsschiff nach Nordafrika, mit kurzer

Los Angeles

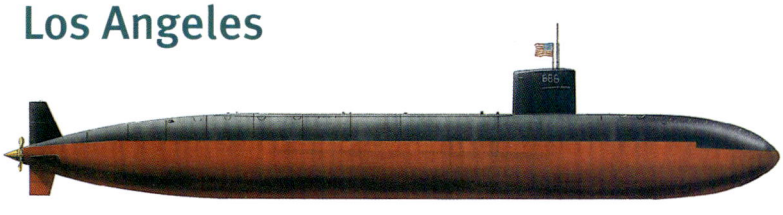

Ursprungsland:	USA
Stapellauf:	6. April 1974
Besatzung:	133
Verdrängung:	Überwasser: 6180 t, getaucht: 7038 t
Maße:	110,3 m × 10,1 m × 9,9 m
Bewaffnung:	4 533-mm-Torpedorohre, Tomahawk-Raketen, Marschflugkörper, Harpoon-Raketen
Triebwerksanlage:	Einwellen-Nuklearreaktor mit Turbinen
Reichweite:	unbegrenzt
Geschwindigkeit:	20 kn bei Überwasserfahrt, 32 kn getaucht

Das Führungsschiff dieser Klasse, die *Los Angeles*, wurde am 13. November 1976 in Dienst gestellt. Ihr folgten weitere 52 Einheiten, wovon die letzte, die *Cheyenne*, am 13. September 1996 in Dienst gestellt wurde.

Es handelte sich hierbei um nukleare Angriffsboote (SSN), die für eine breite Palette an Aufgaben vorgesehen waren, darunter Angriffe mit bordeigenen *GDC-/Hughes-Tomahawk-TLAM-N*-Raketen, Schiffsbekämpfungsaufgaben mit *Harpoon* (Schiffsbekämpfungsvariante) und U-Boot-Bekämpfung mit *Mk-48 und ADCAP*-(verbesserte Ausführung)-Torpedos. Der erste Torpedo dieser Art wurde am 23. Juli 1988 von der *USS Norfolk* abgefeuert. Neun Boote dieser Klasse wurden 1991 im Golfkrieg eingesetzt. Zwei feuerten *Tomahawk*-Raketen von ihren Mittelmeerstützpunkten aus auf Ziele im Irak. 1991 waren 75 % der Angriffsunterseebootflotte mit *Tomahawks* ausgerüstet. Beginnend mit der *SN719* (*USS Providence*) waren alle Boote mit dem Vertikalabschusssystem, bestehend aus 12 Abschussrohren außerhalb des Druckkörpers, ausgerüstet.

Luigi Settembrini

Unterbrechung als Schulschiff für die italienische U-Boot-Marine. Nach dem Anschluss Italiens an die Alliierten war das Boot als Ausbildungsschiff im Dienst, bis es irrtümlich von dem US-Zerstörer *Framet* gerammt und versenkt wurde. *Das* Schwesterschiff der Settembrini, die *Ruggiero Settimo,* hatte nahezu dieselbe Laufbahn. Der Stapellauf erfolgte im Mai 1931, die Fertigstellung im April 1932. Die Streichung aus dem Register erfolgte am 23. März 1947. Nur wenige italienische U-Boote aus der Kriegszeit wurden in der Nachkriegszeit als kampftauglich angesehen.

M1

Ursprungsland:
Großbritannien

Stapellauf:
9. September 1917

Besatzung:
60–70

Verdrängung:
Überwasser: 1619 t,
getaucht: 1977 t

Maße:
90 m × 7,5 m × 4,9 m

Bewaffnung:
4 533-mm-
Torpedorohre,
1 305-mm-
Kanone

Triebwerksanlage:
Zweiwellen-Diesel-
antrieb, Elektro-
motoren

Reichweite:
7112 km (3840 sm)
bei 10 kn

Geschwindigkeit:
15 kn bei
Überwasserfahrt,
9 kn getaucht

1917 brach die britische Admiralität den Bau an vier *K*-Booten ab und ver-
änderte die Rahmenbedingungen, um die Boote zu U-Boot-Überwachungs-
booten umzukonstruieren, die dann die Bezeichnung *M*-Klasse bekommen
und mit einer 305-mm-Kanone vor dem Turm ausgerüstet sein sollten. Die
Kanone konnte auf Periskoptiefe nach nur 30 Sekunden abgefeuert werden
oder nach 20 Sekunden in aufgetauchtem Zustand. Der Nachteil war, dass
die Kanone unter Wasser nicht nachgeladen werden konnte, was das Boot
dazu zwang, nach jedem abgefeuerten Schuss aufzutauchen. Dies brachte
der Klasse den Spitznamen „Dip Chicks" (auf- und abtauchende Hühnchen)
ein. Die *M*-Boote waren vergleichbar mit den deutschen Langstrecken-U-
Booten, wurden jedoch niemals im Einsatz verwendet. Nur drei wurden
gebaut und zwei gingen danach durch Unfälle verloren, wie die *M1*. Sie kollidierte im November 1925 mit dem Frachter *Vidar*.

Marlin

Ursprungsland:
USA

Stapellauf:
17. Juli 1953

Besatzung:
18

Verdrängung:
Überwasser: 308 t,
Getaucht: 353 t

Maße:
40 m × 4,1 m × 3,7 m

Bewaffnung:
1 533-mm-Torpedo-
rohr

Triebwerksanlage:
Einwellen-Diesel-
antrieb, Elektro-
motoren

Reichweite:
3706 km (2000 sm)
bei 8 kn

Geschwindigkeit:
8 kn bei
Überwasserfahrt,
9,5 kn getaucht

Die Ziel-U-Boote *Mackerel* und *Marlin* wurden jeweils im Schiffbauprogramm
für das Haushaltsjahr 1951/52 genehmigt. Sie waren die kleinsten U-Boote,
die jemals nach 1909 in den USA gebaut wurden, und ihre Hauptaufgabe bestand ausschließlich in der U-Boot-Ausbildung. 1966–67 wurde die Ausrüstung des Tieftauchgeräts *NR-1* auf der *Mackerel* getestet, darunter mit
Kiel ausgerüsteten Rädern für die Fahrt auf dem Meeresgrund, Wasser-
strahlantriebe, externe Kameras, ein Schwenk- und Arbeitsarm und So-
narversuchseinrichtungen. Die *Mackerel* lief 225 Mal auf Grund während
ihres neunmonatigen Untersuchungsprogramms. Die *Mackerel* und die
Marlin, deren ursprüngliche Bezeichnung *T1* und *T2* lautete, erhielten
ihre Namen 1956. Die *Mackerel* wurde von der Electric Boat Company gebaut und die *Marlin* auf der Portsmouth Navy Werft. Beide wurden 1973
außer Dienst gestellt.

Marsopa

Ursprungsland:	Spanien
Stapellauf:	15. März 1974
Besatzung:	45
Verdrängung:	Überwasser: 884 t, getaucht: 1062 t
Maße:	58 m × 7 m × 4,6 m
Bewaffnung:	12 552-mm-Torpedo-rohre
Triebwerksanlage:	2 Dieselantriebe, 2 Elektromotoren
Reichweite:	8338 km (4300 sm) bei 5 kn
Geschwindigkeit:	13,5 kn bei Überwasserfahrt, 16 kn getaucht

Die *Marsopa* ist eines von insgesamt vier *Daphne*-Klasse-Booten französischer Konstruktion, die unter Lizenz in Spanien gebaut wurden. Die Namen der anderen Boote waren *Delfin*, *Tonina* und *Narval*. Alle spanischen Boote erhielten die gleichen Modifikationen wie die französischen Ausführungen. Die *Daphne*-Klasse, obgleich in den ersten Einsatztagen von unglücklichen Umständen begleitet, entwickelte sich zu einem Exportschlager. Zusätzlich zu den elf französischen und vier spanischen Booten erhielt Portugal die *Albacore*, die *Barracuda*, die *Cachalote* und die *Delfin*. Pakistan erhielt die *Hangor*, die *Shushuk* und die *Mangro*, später auch noch die portugiesische *Cachalote*, die in *Ghazi* umbenannt wurde.

1971 unternahm *Hangor* den ersten U-Boot-Angriff seit dem Zweiten Weltkrieg gegen die indische Fregatte *Khukri*, die versenkt wurde. Dies geschah im Rahmen des indisch-pakistanischen Krieges. Auch Südafrika erhielt drei Boote dieses Typs.

N1

Ursprungsland:	USA
Stapellauf:	Dezember 1916
Besatzung:	35
Verdrängung:	Überwasser: 353 t, getaucht: 420 t
Maße:	45 m × 4,8 m × 3,8 m
Bewaffnung:	4 457-mm-Torpedo-rohre
Triebwerksanlage:	Zweiwellen-Diesel-antrieb, Elektromo-toren
Reichweite:	(getaucht) 6485 km (3500 sm) bei 5 kn
Geschwindigkeit:	13 kn bei Überwasserfahrt, 11 kn getaucht

Als die Vereinigten Staaten 1917 in den Ersten Weltkrieg eintraten, hatten sie ca. 50 U-Boote im Inventar. Dieses reichte von den kleinen *A*- und *B*-Booten in den Philippinen bis hin zu den fortschrittlicheren *L*-Klasse-Booten. Die sieben Einheiten der *N*-Klasse waren geringfügig kleiner als die der *L*-Klasse und besaßen eine geringere Motorleistung, um die Motorenzuverlässigkeit zu erhöhen. Dies führte auch zu einer geringeren Motorleistung bei den *O*-, *R*- und *S*-Klasse-Booten. Die *S*-Klasse wurde 1922 vom Stapel gelassen. Die *N1* und die Boote dieser Klasse waren die ersten amerikanischen U-Boote mit einer Metallbrücke auf dem Turm und gleichzeitig das letzte Boot, das bis 1946 ohne Deckskanone konstruiert war. Die *N1*, 1920 umbenannt in *SS53*, wurde 1931 abgewrackt. US-Unterseeboote wurden ausschließlich für die küsten-nahe Verteidigung eingesetzt, was aus der geringen Reichweite resultierte.

Nacken

Ursprungsland:	Schweden
Stapellauf:	17. April 1978
Besatzung:	19
Verdrängung:	Überwasser: 996 t, getaucht: 1168 t
Maße:	44 m × 5,7 m × 5,5 m
Bewaffnung:	6 533-mm- und 2 400-mm-Torpedorohre
Triebwerksanlage:	Einwellen-Dieselantrieb, Elektromotoren
Reichweite:	3335 km (1800 sm) bei 10 kn
Geschwindigkeit:	20 kn bei Überwasserfahrt, 25 kn getaucht

Nach Vertragsschluss vom März 1973 von der Kockums und Karlskrona Marine-Werft gebaut, waren das U-Boot *Nacken* sowie seine Schwesterschiffe *Neptun* und *Najad*, bereits mit Kollmorgen-Periskopen ausgerüstet. Sie verfügten über zwei Decks und einen tropfenförmigen Rumpf. Das Saab-*NEDPS*-System bietet mithilfe von zwei Censor-392-Computern Triebwerks- und taktische Informationen. 1987–88 wurde die *Nacken* mit zwei V4-275-Triebwerken mit geschlossenem Kreislauf von United Stirling ausgestattet, was die Länge um acht Meter erhöhte. Der Vorteil dieses Antriebes besteht darin, dass er nicht auf Sauerstoff angewiesen ist, was eine Tauchzeit von 14 Tagen erlaubt. Diese Klasse wurde speziell für die Verteidigung schwedischer Gewässer gegen immer wieder eindringende sowjetische U-Boote der *Whiskey*-Klasse während der Zeit des Kalten Krieges konstruiert.

Narwhal

Ursprungsland:	USA
Stapellauf:	9. September 1967
Besatzung:	141
Verdrängung:	Überwasser: 4521 t, getaucht: 5436 t
Maße:	95,9 m × 11,6 m × 7,9 m
Bewaffnung:	4 533-mm-Torpedorohre, *SUBROC* (U-Boot-Abwehrrakete) und *Harpoon*- (Anti-Sub-Variante) U-Boot-Abwehrrakete
Triebwerksanlage:	Einwellen-Nuklearantrieb, Turbinen
Reichweite:	unbegrenzt
Geschwindigkeit:	18 kn bei Überwasserfahrt, 26 kn getaucht

Die *USS Narwhal* (SSN671) wurde in den Jahren 1966–67 konstruiert, um den natürlichen Kreislauf von SSG-Reaktoranlagen untersuchen zu können. Diese Anlage nutzt die natürliche Konvektion anstelle des Einflusses von Kreiselpumpen mit den dazugehörenden elektrischen Pumpen und Steuerungsanlagen, um den Hitzefluss zwischen dem Reaktorkühlkreislauf und den Dampfturbinen zu kontrollieren, was zu einer wesentlichen Verringerung des Geräuschpegels, gegenüber normalen Nuklearunterseebooten führt. In allen anderen Bereichen ist diese Klasse mit den SSNs der *Sturgeon*-Klasse identisch. Ein anderes U-Boot, das für die Erprobung alternativer Antriebe eingesetzt wurde, war die *USS Glenard P. Lipscomb*, die einen durch eine elektrische Turbine angetriebenen Wasserstrahlantrieb ausprobierte. Dank dieser Erprobungsprogramme waren die amerikanischen SSNs wesentlich leiser als die sowjetischen Gegner. Beide Boote waren voll einsatzfähig und verrichteten ihren Dienst bis in die späten 1980er-Jahre im Atlantik.

Nautilus

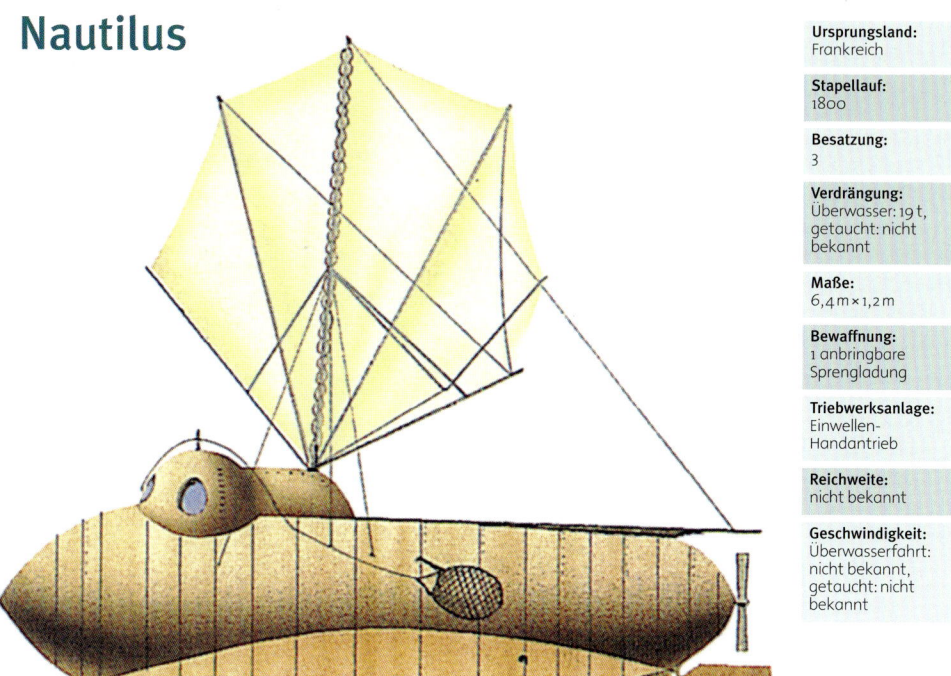

Ursprungsland:
Frankreich

Stapellauf:
1800

Besatzung:
3

Verdrängung:
Überwasser: 19 t,
getaucht: nicht
bekannt

Maße:
6,4 m × 1,2 m

Bewaffnung:
1 anbringbare
Sprengladung

Triebwerksanlage:
Einwellen-
Handantrieb

Reichweite:
nicht bekannt

Geschwindigkeit:
Überwasserfahrt:
nicht bekannt,
getaucht: nicht
bekannt

Die *Nautilus* wurde von Robert Fulton entworfen. Da er mit diesem Projekt in den USA keinen Erfolg hatte, wechselte er 1797 nach Frankreich, wo seine Pläne für die *Nautilus* akzeptiert wurden. Sie wurde das erste im Regierungsauftrag gebaute Unterseeboot. Der Rumpf bestand aus einer Eisenrahmenkonstruktion, die mit Kupfer beplankt war. Die Trimmlage wurde mit Handpumpen im Gleichgewicht gehalten. Die *Nautilus* wurde über Wasser mit einem Segel, unter Wasser mit einer per Handbetrieb angetriebenen Welle bewegt. Während einiger Tests im Hafen von Le Havre wurde eine Tauchtiefe von 7,6 Metern bei einer Stunde Tauchzeit erreicht. Eine ausbringbare Sprengladung wurde unmittelbar über dem Turm befestigt, um sie später am Rumpf eines gegnerischen Schiffes anbringen zu können. Nachdem die Franzosen das Interesse an dem Projekt verloren hatten, ging Fulton nach Großbritannien. Obwohl die *Nautilus* bei der Erprobung stets erfolgreich war, wurde sie auch von den Briten nicht akzeptiert.

Nautilus

Ursprungsland:	Großbritannien
Stapellauf:	Dezember 1914
Besatzung:	35
Verdrängung:	Überwasser: 1464 t, getaucht: nicht bekannt
Maße:	78,8 m × 7,9 m × 5,4 m
Bewaffnung:	8 457-mm-Torpedorohre
Triebwerksanlage:	Zweiwellen-Dieselantrieb, Elektromotoren
Reichweite:	9816 km (5300 sm) bei 11 kn
Geschwindigkeit:	17 kn bei Überwasserfahrt, 10 kn getaucht

Die *Nautilus* wurde entsprechend einer Anfrage der britischen Admiralität nach einem 1016-Tonnen-Boot mit einer Überwassergeschwindigkeit von 20 Knoten gebaut. Der Gedanke dahinter war die Möglichkeit, Einheiten der Flotte zu begleiten und somit als Schutzboot zu agieren. Allerdings erbrachten die Untersuchungen, dass maximal Geschwindigkeiten von 17 Knoten erreichbar waren, und das bei einer Verdrängung von 1290 Tonnen. Vickers nahm Kontakt mit den Fiat-Werken auf, aber auch hier konnte keine Garantie übernommen werden, dass der neue 12-Zylinder-Dieselmotor die erforderlichen 1850 hp leisten würde. Trotzdem wurde die *Nautilus* 1913 auf Kiel gelegt und die großen Dieselmotoren eingebaut. Das Boot wurde jedoch nie in Dienst gestellt und agierte als Depotschiff im Hafen von Portsmouth. Dieser augenscheinliche Misserfolg verdeckt die Tatsache, dass die *Nautilus* einen großen Schritt vorwärts bedeutete, nicht nur was die Größe anging, sondern auch die Motorleistung. Das Schiff wurde 1922 verschrottet.

Nautilus

Ursprungsland:	USA
Stapellauf:	15. März 1930
Besatzung:	90
Verdrängung:	Überwasser: 2773 Tonnen, getaucht: 3962 Tonnen
Maße:	113 m × 10 m × 4,8 m
Bewaffnung:	6 533-mm-Torpedorohre, 2 152-mm-Kanonen
Triebwerksanlage:	Zweiwellen-Dieselantrieb, Elektromotoren
Reichweite:	33 336 km (18 000 sm) bei 10 kn
Geschwindigkeit:	17 kn bei Überwasserfahrt, 8 kn getaucht

Die *USS Nautilus* (*SS168*, ehemals *V6*) war eines von drei *V*-Klasse Booten, die für den Langstreckeneinsatz auf hoher See mit starker Bewaffnung konzipiert waren. Die zwei anderen Boote trugen die Namen *Argonaut* und *Narwhal*. 1940 wurde das Boot dahingehend modifiziert, dass es 19 320 Liter (5104 Gallonen) Luftfahrzeugtreibstoff für Aufklärungsflugboote bunkern konnte. 1942 gehörte sie zu einer Flotte von Unterseebooten, die nordwestlich von Midway patrouillierten, um sich der erwarteten japanischen Invasionsflotte entgegenzustellen. Im August landete sie, zusammen mit der *Argonaut*, amerikanische Landungstruppen in Makin auf den Gilbert-Inseln an. Im Oktober 1942 versenkte sie zwei japanische Frachter vor der japanischen Küste. Zusammen mit der *Narwhal* wurde sie im Mai 1943 als Zielmarkerungsschiff für die „Operation Landcrab", der Rückeroberung von Attu im nördlichen Pazifik, eingesetzt. Im März 1944 versenkte sie einen weiteren Frachter nahe der Mandate-Inseln. 1945 wurde sie verschrottet.

Nautilus

Ursprungsland:	USA
Stapellauf:	21. Januar 1954
Besatzung:	105
Verdrängung:	Überwasser: 4157 t, getaucht: 4104 t
Maße:	97 m × 8,4 m × 6,6 m
Bewaffnung:	6 533-mm-Torpedorohre
Triebwerksanlage:	Zweiwellen-Nuklearantrieb, Turbinen
Reichweite:	unbegrenzt
Geschwindigkeit:	20 kn bei Überwasserfahrt, 23 kn getaucht

Die *Nautilus* war das erste Unterseeboot der Welt mit Nuklearantrieb. Davon abgesehen war sie eine eher konventionelle Konstruktion. Frühe Testreihen zeitigten neue Rekorde, wie die Strecke von 2250 km (1213 sm), die getaucht in 90 Stunden bei 20 Knoten Geschwindigkeit zurückgelegt wurde, damals die längste Zeit, die ein amerikanisches U-Boot jemals unter Wasser verbracht hatte und die höchste jemals erreichte Geschwindigkeit unter Wasser. Insgesamt gab es zwei Prototypen der nuklearen Unterseeboote. Der zweite war die *USS Seawolf*, die im Juli 1955 vom Stapel lief. Sie war das letzte amerikanische U-Boot mit dieser Art von Turm, der sich, wie auch der vertikale Stabilisator, von den späteren nuklearen Booten unterschied. Die *Nautilus* war insgesamt erfolgreicher. Die *Seawolf* wurde um den S2G-Reaktor herum entwickelt, der als Rückfallposition für den S2W-Reaktor gedacht war, hatte aber erhebliche Probleme. 1959 wurde auch dieses Boot auf den S2W-Reaktor umgerüstet.

1982 wurde die *Nautilus* als Museumsschiff dem Groton Museum, Connecticut, übergeben und blieb somit der Nachwelt erhalten.

Nazario Sauro

Ursprungsland:	Italien
Stapellauf:	9. Oktober 1976
Besatzung:	45
Verdrängung:	Überwasser: 1479 t, getaucht: 1657 t
Maße:	63,9 m × 6,8 m × 5,7 m
Bewaffnung:	6 533-mm-Torpedorohre
Triebwerksanlage:	Einwellen-Dieselantrieb, Elektromotoren
Reichweite:	12 971 km (7000 sm) bei 10 kn
Geschwindigkeit:	11 kn bei Überwasserfahrt, 20 kn getaucht

In den frühern 1970er-Jahren wurde der italienischen Admiralität bewusst, dass eine neue U-Boot-Konstruktion notwendig werden würde, um den Anforderungen an die Abwehr möglicher Landeunternehmen, dem U-Boot-Abwehr-Kampf und dem Kampf gegen gegnerische Kampfschiffe auf eigenem Territorium gerecht zu werden. Das Resultat dieser Überlegungen war die *Sauro*-Klasse. Die ersten zwei Einheiten waren die *Nazario Sauro* und die *Carlo Fecia de Cossato*, die 1979 bzw. 1980 mit Verspätung in Dienst gestellt wurden, was Problemen mit den Batterien geschuldet war. Zwei weitere Einheiten wurden bestellt, die *Leonardo da Vinci* und die *Guglielmo Marconi*, die 1981 und 1982 in Dienst gestellt wurden, gefolgt von dem letzten Paar *Salvatore Pelosi* und *Giuliano Prini*, die 1987–1988 hätten in Dienst gestellt werden sollen, letztendlich aber storniert wurden. Falls notwendig, kann die Bewaffnung mit Torpedos gegen ein ganzes Arsenal italienischer Grundminen ausgetauscht werden.

Nereide

Ursprungsland:
Italien

Stapellauf:
Juli 1913

Besatzung:
35

Verdrängung:
Überwasser: 228 t,
getaucht: 325 t

Maße:
40 m × 4,3 m × 2,8 m

Bewaffnung:
2 450-mm-
Torpedorohre

Triebwerksanlage:
Zweiwellen-Diesel-
antrieb, Elektro-
motoren

Reichweite:
7412 km (4000 sm)
bei 10 kn

Geschwindigkeit:
13,2 kn bei
Überwasserfahrt,
8 kn getaucht

Die *Nereide* und ihr Schwesterschiff *Nautilus* waren die ersten Konstruktionen des Ingenieurs Bernardis, der später den Titel U-Boot-Konstrukteur bekommen sollte. Beide wurden am 1. August 1911 auf Kiel gelegt und 1913 fertiggestellt. Die weiche Rumpflinien der *Nereide* entsprachen nahezu denen eines Torpedobootes. Ihre zwei Torpedorohre waren im Bug installiert. Ein drittes auf dem Deck montiertes Rohr wurde nicht mehr eingebaut. Die *Nereide* sank am 5. August 1915 in der Nähe der Insel Pelagosa in der Adria durch einen Torpedo des österreichischen U-Bootes *U5*. Abgesehen von einigen geliehenen Booten aus Deutschland, waren die österreichischen Boote kompakte Konstruktionen, die ausschließlich auf eigenen Werften gebaut wurden.

Die italienischen Boote zu jener Zeit waren sehr effektiv und leistungsstark und speziell an die Anforderungen in der Adria angepasst.

Nordenfelt 1

Ursprungsland:
Griechenland

Stapellauf:
1885

Besatzung:
nicht bekannt

Verdrängung:
Überwasser: 61 t,
getaucht: nicht
bekannt

Maße:
19,5 m × 2,7 m

Bewaffnung:
1 355-mm-Kanone,
1 25,4-mm-Kanone
(spätere Nach-
rüstung)

Triebwerksanlage:
Einwellen-
Dampfantrieb

Reichweite:
nicht bekannt

Geschwindigkeit:
9 kn bei
Überwasserfahrt,
4 kn getaucht

Die *Nordenfelt 1* war eine britische Konstruktion, die in der Landskrona-Werft in Schweden gebaut wurde.

1882 auf Kiel gelegt, war sie eines der ersten Boote der Welt mit Dampfantrieb. Der Rumpfdurchmesser war nahezu rund und mit einem Spantenabstand von 0,6 m auf die Gesamtlänge aufgeteilt. Die Tauchtiefe betrug 15 m. Fast der gesamte Innenraum wurde durch die Maschinenanlage, die Druckkessel und den Dampferzeuger, der einen Wärmetauscher im Rumpfboden besaß, in Beschlag genommen. Der Dampf aus dem Boiler wurde durch Rohre des Heizkessels gedrückt, wodurch die hohe Temperatur an das Wasser abgegeben wurde, das dann wiederum durch eine Pumpe in den Boiler zurückgepumpt wurde. Durch diese Methode konnte eine große Menge stark erhitzten Wassers in einem birnenförmigen Tank bevorratet werden. Wenn dieses überhitzte Wasser dann mit geringem Druck in den Hauptboiler zurückgelassen wurde, bildete sich augenblicklich Dampf. Der Dampfkessel musste im Hafen angefeuert werden und es dauerte drei Tage, bis alle Behälter aufgeheizt waren.

November-Klasse

Ursprungsland:	Russland
Stapellauf:	1958
Besatzung:	86
Verdrängung:	Überwasser: 4267 t, getaucht: 5080 t
Maße:	109,7 m × 9,1 m × 6,7 m
Bewaffnung:	8 533-mm-Torpedorohre, 2 406-mm-Torpedorohre
Triebwerksanlage:	Zweiwellen-Nuklearantrieb, 2 Turbinen
Reichweite:	unbegrenzt
Geschwindigkeit:	20 kn bei Überwasserfahrt, 30 kn getaucht

Als erste nukleare U-Boot-Klasse der Sowjets zwischen 1958 und 1963 in Severodvinsk gebaut, war die *November*-Klasse weniger für den U-Boot-Abwehr-Kampf als für den klassischen Schiff-Abwehr-Kampf ausgelegt. Sie war mit einer Ladung von 24 Nukleartorpedos bewaffnet. An Bord befand sich ein Zielfestlegungsradar, das in Verbindung mit einem strategischen Torpedo genutzt werden konnte, um die eigene Position an der gegnerischen Küste bestmöglich bestimmen zu können. Mit dieser Bewaffnung war die Hauptaufgabe die Bekämpfung gegnerischer Trägerverbände. Unter Wasser erzeugten sie einen großen Lärmpegel und permanente Lecks am Reaktor machten sie bei den Besatzungen nicht unbedingt beliebt. Im April 1979 ging ein November-Klasse-Boot südwestlich der englischen Küste nach einem Brand an Bord verloren, wobei die Besatzung gerettet werden konnte, bevor das Boot sank. Es folgten weitere Zwischenfälle mit dieser Klasse während ihrer Einsatzzeit. Alle 14 Boote wurden 1980 außer Dienst gestellt.

Nymphe

Ursprungsland:	Frankreich
Stapellauf:	1. April 1926
Besatzung:	41
Verdrängung:	Überwasser: 619 t, getaucht: 769 t
Maße:	64 m × 5,2 m × 4,3 m
Bewaffnung:	7 551-mm-Torpedorohre, 1 76-mm-Kanone
Triebwerksanlage:	Zweiwellen-Dieselantrieb, Elektromotoren
Reichweite:	6485 km (3500 sm) bei 7,5 kn
Geschwindigkeit:	13,5 kn bei Überwasserfahrt, 7,5 kn getaucht

Bei Ausbruch des Zweiten Weltkrieges gehörte die Klasse der Unterseeboote mittlerer Reichweite, zu welcher die *Nymphe* gehörte, zur größten Klasse der französischen Marine und war bis zum Zusammenbruch Frankreichs permanent im Einsatz. Die französischen Unterseeboote waren, getaucht oder über Wasser, gleichermaßen nützlich. Die *Nymphe* gehörte zu einer Gruppe von insgesamt vier Booten, die bei den Ateliers Loire-Simonot gebaut wurden. Die Kiellegung erfolgte 1923 und die Fertigstellung konnte im Jahr 1927 gemeldet werden. Obwohl diese Boote eine komplexe Torpedoauslegung hatten – dazu gehörte auch eine doppelte Revolveranordnung –, waren die Schiffe äußerst erfolgreich. Drei Boote dieser Serie wurden am 27. November 1942 in Toulon eigenhändig versenkt, kurz bevor der Hafen vom II. Waffen-SS-Korps besetzt wurde, was als Resultat der vorher erfolgten Landung der Alliierten in Nordafrika gesehen werden musste. Die *Nymphe* selbst wurde 1938 verschrottet.

O-Klasse

Ursprungsland: USA	**Bewaffnung:** 4 457-mm-Torpedorohre, 1 76-mm-Kanone
Stapellauf: 9. Juli 1918 (O1)	
Besatzung: 29	**Triebwerksanlage:** Zweiwellen-Dieselmotoren, Elektromotoren
Verdrängung: Überwasser: 529 t, getaucht: 639 t	**Reichweite:** 10 191 km (5500 sm) bei 11,5 kn
Maße: 52,5 m × 5,5 m × 4,4 m	**Geschwindigkeit:** 14 kn bei Überwasserfahrt, 10,5 kn getaucht

Die 16 Boote der *O-Klasse* wurden ausschließlich für die US Navy zwischen 1917 und 1918 gebaut. Nur ein Boot, die *O7*, wurde im Ersten Weltkrieg vom Juli 1918 an für Patrouillenfahrten an der Ostküste der USA eingesetzt. Die Boote *O11*, *O13*, *O14*, *O15* und *O16* wurden 1930 verschrottet gefolgt von den Booten *O2*, *O3*, *O4*, *O5*, *O6*, *O7*, *O8* und *O10* im Jahr 1946.

Oberon

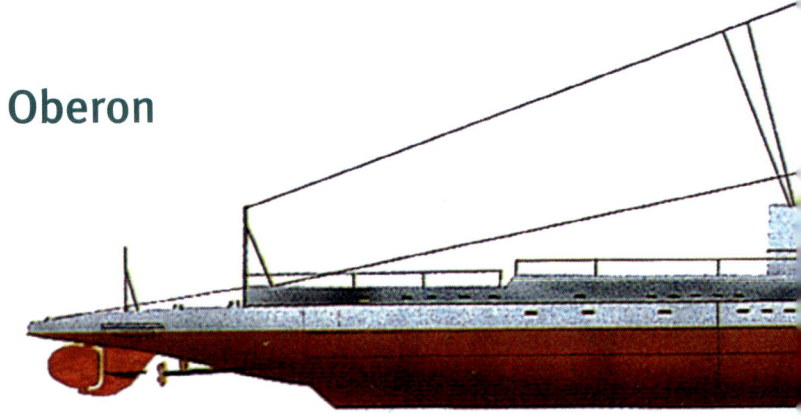

Ursprungsland: Großbritannien	**Bewaffnung:** 8 533-mm-Torpedorohre
Stapellauf: 24. September 1924	
Besatzung: 54	**Triebwerksanlage:** Zweiwellen-Dieselmotoren, Elektromotoren
Verdrängung: Überwasser: 1513 t, getaucht: 1922 t	**Reichweite:** 9500 km (5633 sm) bei 10 kn
Maße: 83,4 m × 8,3 m × 4,6 m	**Geschwindigkeit:** 13,7 kn bei Überwasserfahrt, 7,5 kn getaucht

Die *HM Oberon* war ein hochseefähiges U-Boot mit Satteltank, das aus der Minenleger-*L*-Klasse aus dem Ersten Weltkrieg hervorgegangen war. Ursprünglich als *O1* registriert, handelte es sich um eine sehr fortschrittliche Entwicklung, deren große Reichweite sie für den Einsatz im Fernen Osten

Die *O5* sank am 28. Oktober 1923. Die *O9* wird seit dem 20. Juni 1941 vermisst. Die *O1* wurde 1938 aus dem Register gelöscht. Eines der Boote, die *O12*, wurde 1930 an Norwegen verkauft, später in *Nautilus* umbenannt und war an dem vergeblichen Versuch, den Nordpol zu erreichen, beteiligt. 1931 wurde sie verschrottet.

Während der gesamten Dienstzeit wurden die meisten Boote für Ausbildungszwecke verwendet. Die zugelassene Tauchtiefe betrug 61 m. Aufgrund der beschränkten Reichweite waren amerikanische Boote während des Ersten Weltkrieges auf reine Küstenpatrouille beschränkt.

als hervorragend geeignet erscheinen ließ. Von den ersten drei Booten erreichte jedoch nur die *Oxley* den Fernen Osten, die bei der australischen Marine von 1927 bis 1931 im Dienst stand, danach wieder in die heimischen Gewässer zurückkehrte und am 10. September 1939, durch irrtümliches Rammen durch das Unterseeboot *HM Triton*, verloren ging. Eine zweite Serie von O-Klasse-Booten wurde zwischen 1928 und 1929 gebaut. Vier Boote taten Dienst in den Ostindischen Kolonien und kehrten erst 1940 in das Mittelmeer zurück. Nur zwei Boote aus dieser Serie überdauerten den Krieg. Die *Oberon* wurde im August 1945 in Rosyth verschrottet.

Oberon

Ursprungsland:	Großbritannien
Stapellauf:	18. Juli 1959
Besatzung:	69
Verdrängung:	Überwasser: 2063 t, getaucht: 2449 t
Maße:	90 m × 8,1 m × 5,5 m
Bewaffnung:	8 533-mm-Torpedorohre
Triebwerksanlage:	Zweiwellen-Dieselantrieb, 2 Elektromotoren
Reichweite:	11 118 km (6000 sm) bei 10 kn
Geschwindigkeit:	12 kn bei Überwasserfahrt, 17,5 kn getaucht

Zwischen 1959 und 1967 als Nachfolger der *Porpoise*-Klasse gebaut, war die *Oberon*-Klasse mit der Vorgängerklasse optisch nahezu identisch, obwohl sie sich in der Innenausrüstung unterschied. Dies betraf unter anderem auch die Geräuschoptimierung der gesamten Ausrüstung, um einen möglichst geräuscharmen Betrieb zu gewährleisten, und die Verwendung von hochwertigem Stahl, um eine größere Tauchtiefe von bis zu 340 m zu erreichen. 13 Einheiten wurden bei der Royal Navy in Dienst gestellt. Die *Oberon* wurde modifiziert und erhielt tiefere Schächte, um die Ausrüstung zur Ausbildung von Besatzungen der nuklearen Unterseebootflotte aufnehmen zu können. 1986 wurde das Schiff, zusammen mit der *Orpheus*, aufgelassen. Ein Boot, die *Onyx*, war im Falkland-Krieg im Einsatz und führte Küstenaufklärung auf Periskoptiefe durch und setzte Spezialeinheiten ab. Während eines dieser Einsätze rammte das Schiff einen Felsen, was das Verklemmen eines Torpedos im Torpedorohr zur Folge hatte.

Odin

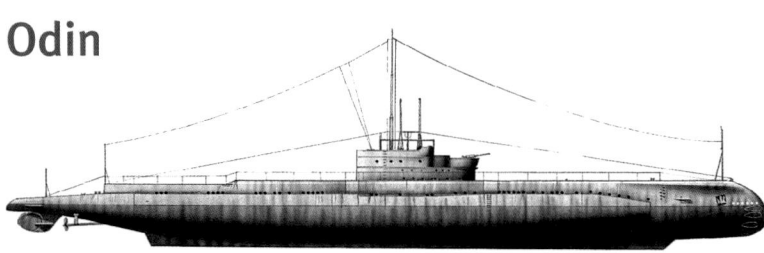

Ursprungsland:	Großbritannien
Stapellauf:	5. Mai 1928
Besatzung:	54
Verdrängung:	Überwasser: 1513 t, getaucht: 1922 t
Maße:	83,4 m × 8,3 m × 4,6 m
Bewaffnung:	8 533-mm-Torpedorohre
Triebwerksanlage:	Zweiwellen-Dieselantrieb, Elektromotoren
Reichweite:	9500 km (5633 sm) bei 10 kn
Geschwindigkeit:	17,5 kn bei Überwasserfahrt, 8 kn getaucht

Die *Odin* war das Führungsschiff der zweiten Serie von O-Klasse-Booten, die in den 1920er-Jahren gebaut wurden. Die O-Klasse war vergleichsweise schwer bewaffnet, was auf Kosten der Bedienbarkeit des Schiffes ging. Zusammen mit der *Olympus*, der *Orpheus* und der *Otus* wurde sie 1940 im Mittelmeer eingesetzt, wobei sie auf weitere O-Klasse-Boote traf. Am 14. Juni 1940, nur vier Tage nach dem Eintritt Italiens in den Zweiten Weltkrieg, wurde sie bei einem Einsatz aus Malta heraus im Golf von Taranto von dem italienischen Zerstörer *Strale* versenkt. Das Schwesterschiff *Orpheus* wurde zwei Tage später von dem italienischen Zerstörer *Turbine* vor Tobruk versenkt. Auch die *Oswald* wurde am 1. August 1940 südlich von Kalabrien durch einen italienischen Zerstörer mit Namen *Vivaldi* versenkt. Die *Olympus* lief am 8. Mai 1942 vor Malta auf eine Mine. Die verbliebenen Boote *Osiris* und *Otus* wurden in Durban im September 1946 verschrottet.

Ohio

Ursprungsland:	USA
Stapellauf:	7. April 1979
Besatzung:	155
Verdrängung:	Überwasser: 16 360 t, getaucht: 19 050 t
Maße:	170,7 m × 12,8 m × 11 m
Bewaffnung:	24 Trident-C4-Raketen, 4 533-mm-Torpedorohre
Triebwerksanlage:	Einwellenantrieb, Druckwasser-reaktor
Reichweite:	unbegrenzt
Geschwindigkeit:	24 kn bei Überwasserfahrt, 28 kn getaucht

Die *USS Ohio* ist das Führungsschiff einer großen Klasse von Nuklearraketen tragenden Unterseebooten (SSBN), die als dritter Arm der Triade der nuklearen Abschreckung der USA dienen sollten. Die *Ohio* wurde im November 1981 in Dienst gestellt. Boote dieser Klasse können 70 Tage getaucht verbringen. 18 *Ohio*-Klasse-Boote waren bis in die späten 1990er-Jahre in Dienst gestellt worden. Es handelte sich hierbei um die *Ohio* (SSBN 726), die *Michigan* (SSBN 727), die *Florida* (SSBN 728), die *Georgia* (SSBN 729), die *Henry M. Jackson* (SSBN 730), die *Alabama* (SSBN 731), die *Alaska* (SSBN 732), die *Nevada* (SSBN 733), die *Tennessee* (SSBN 734), die *Pennsylvania* (SSBN 735), die *West Virginia* (SSBN 736), die *Kentucky* (SSBN 737), die *Maryland* (SSBN 738), die *Nebraska* (SSBN 739), die *Rhode Island* (SSBN 740), die *Maine* (SSBN 741), die *Wyoming* (SSBN 742) und die *Louisiana* (SSBN 743). Alle strategischen U-Boote der US Navy befinden sich unter dem Kommando der Strategischen Luftstreitkräfte der USA.

Orzel

Ursprungsland:	Polen
Stapellauf:	1938
Besatzung:	56
Verdrängung:	Überwasser: 1117 t, getaucht: 1496 t
Maße:	84 m × 6,7 m × 4 m
Bewaffnung:	12 550-mm-Torpedorohre, 1 105-mm-Kanone
Triebwerksanlage:	Zweiwellen-Diesel-antrieb, Elektro-motoren
Reichweite:	13 300 km (7169 sm) bei 10 Knoten
Geschwindigkeit:	15 kn bei Überwasserfahrt, 8 kn getaucht

Die *Orzel* wurde im Januar 1935 in Auftrag gegeben und durch öffentliche Anleihen finanziert. Sie war ein hochseefähiges, mit exzellenten Allzweckeigenschaften ausgestattetes Schiff, das auf einer holländischen Werft, zusammen mit ihrem Schwesterschiff *Wilk* (Wolf), gebaut wurde. Die Tauchtiefe betrug 80 m mit einer Reichweite von 190 km (102 nm) bei fünf Knoten Geschwindigkeit. Die *Orzel* wurde im Februar 1939 in Dienst gestellt. Am 14. September 1939 wurde angeordnet, aus der Baltischen See auszubrechen und englische Häfen anzulaufen. Die *Wilk* kam am 20. September über Reval in England an, die *Orzel* (KaptLt. Grudzinski) am 14. Oktober, und das nach einer abenteuerlichen Reise ohne jegliches Kartenmaterial.

Am 8. April 1940 versenkte die *Orzel* zwei große Truppentransporter zu Beginn der deutschen Besetzung Norwegens, ging jedoch am 8. Juni in einer Minensperre an der norwegischen Küste verloren. Das Schwesterschiff *Wilk* versenkte am 20. Juni 1940 irrtümlicherweise ein holländisches U-Boot.

Oscar-Klasse

Ursprungsland:	Russland
Stapellauf:	April 1980
Besatzung:	130
Verdrängung:	Überwasser: 11 685 t, getaucht: 13 615 t
Maße:	143 m × 18,2 m × 9 m
Bewaffnung:	4 533-mm-Torpedorohre, SS-N-15-, SS-N-16-, SS-N-19-Marschflugkörper, 4 650-mm-Torpedorohre
Triebwerksanlage:	Zweiwellenantrieb, 2 Druckwasserreaktoren, 2 Turbinen
Reichweite:	unbegrenzt
Geschwindigkeit:	22 kn bei Überwasserfahrt, 30 kn getaucht

Das Unterwasseräquivalent der *Kirov*-Klasse-Kampfschiffe, das erste *Oscar-I*-Klasse Unterseeboot, wurde 1978 in Severodvinsk auf Kiel gelegt und im Frühjahr 1980 vom Stapel gelassen. Im selben Jahr wurde die Seeerprobung aufgenommen. Das zweite Schiff wurde 1982 fertiggestellt. Die dritte Ausführung, bereits eine *Oscar II*, kam im Jahre 1985, gefolgt von drei weiteren in loser Reihenfolge. Die Hauptaufgabe dieser Klasse war die Bekämpfung von NATO-Trägerverbänden mit einem Arsenal an U-Boot-startfähigen Marschflugkörpern, darunter auch die *SS-N-19 Shipwreck*. Dieser Marschflugkörper hatte eine Reichweite von 445 km (240 sm) bei einer Geschwindigkeit von Mach 1,6. Die SSM-Abschussrohre waren in Sektionen von jeweils 12 Stück an jeder Seite des Schiffes im Druckkörper eingelassen, und zwar mit einem Winkel von 40° und einer Verschlussluke für jeweils zwei Abschussrohre.

1990 waren noch zwei *Oscar-I*-und zwei *Oscar-II*-Boote im Dienst.

Oyashio

Ursprungsland:	Japan
Stapellauf:	15. Oktober 1996
Besatzung:	69
Verdrängung:	Überwasser: 2743 t, getaucht: 3048 t
Maße:	81,7 m × 8,9 m × 7,9 m
Bewaffnung:	6 533-mm-Torpedorohre, U-Boot-*Harpoon-SSM*
Triebwerksanlage:	Einwellen-Dieselantrieb, Elektromotoren
Reichweite:	geheim
Geschwindigkeit:	12 kn bei Überwasserfahrt, 20 kn getaucht

Der Grundstein für die ersten Boote der neuen japanischen Klasse an Unterseebooten wurde mit der Kiellegung der *Oyashio* (Januar 1994) und der *Michishio* (Februar 1995) gelegt. Insgesamt waren fünf Boote geplant. Die Arbeiten teilen sich die Werften von Mitsubishi und Kawasaki in Kobe. Obwohl das schwere Erdbeben von Kobe im Jahre 1995 schweren Schaden angerichtet hatte, sind die Arbeiten kaum unterbrochen worden. Die Boote verfügen über große Sonarsensoren, die sich überdecken. Antennen sind am Rumpfheck und in Doppelhüllensektionen im vorderen und hinteren Bereich angebracht. Diese Klasse leitete sich aus der vorhergehenden *Harushio*-Klasse ab und die Ähnlichkeiten sind augenfällig, obwohl die *Harushio*-Klasse eine größere Verdrängung hatte. Das fünfte Boot wurde im März 2002 in Dienst gestellt.

Die *Oyashio*-Klasse-Boote sollten an sich eine größere Reichweite als alle vorhergehenden japanischen Boote haben.

Papa

Ursprungsland:	Russland
Stapellauf:	1970
Besatzung:	110
Verdrängung:	Überwasser: 6198 t, getaucht: 7112 t
Maße:	109 m × 11,5 m × 7,6 m
Bewaffnung:	6 533-mm-Torpedorohre, 2 406-mm-Torpedorohre
Triebwerksanlage:	Zweiwellenantrieb, Druckwasserreaktor, 2 Turbinen
Reichweite:	unbegrenzt
Geschwindigkeit:	20 kn bei Überwasserfahrt, 39 kn getaucht

1970 lief in der Severodvinsk-Werft eine einzige Einheit vom Stapel, die später die *NATO*-Bezeichnung *Papa*-Klasse erhalten sollte. Das Boot war wesentlich größer als die *Charly*-Klasse *SSGN*, verfügte über zwei zusätzliche Raketensilos und war lange Zeit ein Rätsel für westliche Geheimdienste. Die Antwort kam 1980, ebenfalls von derselben Werft, mit der *Oscar*-Klasse *SSGN*. Die *Papa*-Klasse war nur der Prototyp für die fortschrittlicheren *SSGNs*, die andere Antriebsquellen und ein neues Schraubenkonzept mit fünf oder sieben Propellerblättern hatten. Das Raketensystem sollte die Funktionsfähigkeit der neuen *SS-N-9-Siren*-Rakete unter Beweis stellen, die auch für die nachfolgende *Charly II*-Klasse vorgesehen war. Die *Oscar*-Konstruktion offenbarte auch weitere Verbesserungen, wie zum Beispiel zwei Behälter mit Silos für 12 unterwasserabschussfähige *SS-N19* (Langstrecken-Schiffs-Raketen).

Parthian

Ursprungsland:	Großbritannien
Stapellauf:	22. Juni 1929
Besatzung:	53
Verdrängung:	Überwasser: 1788 t, getaucht: 2072 t
Maße:	88,14 m × 9,12 m × 4,85 m
Bewaffnung:	8 533-mm-Torpedorohre, 1 102-mm-Kanone
Triebwerksanlage:	Zweiwellen-Dieselantrieb, Elektromotoren
Reichweite:	9500 km (5633 sm) bei 10 kn
Geschwindigkeit:	17,5 kn bei Überwasserfahrt, 8,6 kn getaucht

Die sechs Schiffe der *Parthian*-Klasse wurden 1928 auf Kiel gelegt und 1930 bis 1931 fertiggestellt. Alle erhielten Vulcan-Kupplungen und Batterien höchster Kapazität. Ihre 14 Torpedos vom Typ MK VIII waren zu jener Zeit britischer Standard. Im Krieg erhielt die *Parthian*-Klasse 20-mm-Oerlikon-Kanonen und konnte zusätzlich 18 *M2*-Minen aufnehmen, die in den Torpedorohren eingelagert waren. Zunächst wurden alle Boote in chinesischen Gewässern eingesetzt. 1940 wurden sie dann in das Mittelmeer beordert. Die *Poseidon* sank 1931 nach einer Kollision. Die *Parthian* verschwand am 11. August 1943 spurlos, was auf eine Versenkung durch eine Mine hindeutete. Die *Perseus* wurde von dem italienischen U-Boot *Enrico Toti* in der Nähe Zantes torpediert. Die *Phoenix* wurde von dem italienischen Torpedoboot *Albatros* vor Sizilien versenkt. Die *Pandora* wurde von italienischen Flugzeugen auf Malta angegriffen. Nur die *Proteus* überlebte den Einsatz und wurde danach als Ausbildungsschiff eingesetzt.

Pickerel

Ursprungsland:	USA
Stapellauf:	15. Dezember 1944
Besatzung:	22
Verdrängung:	Überwasser: 1595 t, getaucht: 2453 t
Maße:	95,2 m × 8,31 m × 4,65 m
Bewaffnung:	10 533-mm-Torpedorohre für 28 Torpedos, 1–2 127-mm-Kanonen
Triebwerksanlage:	4 Dieselmotoren, 2 Elektromotoren
Reichweite:	20 372 km (11 000 sm) bei 10 kn
Geschwindigkeit:	20,2 kn bei Überwasserfahrt, 8,7 kn getaucht

Die *Tench*-Klasse setzte ein ultimatives Zeichen an Verfeinerungen der U-Boot-Grundkonstruktion, deren Herkunft bis zur *P*-Klasse zurückverfolgt werden kann. Von außen her betrachtet waren sie nahezu identisch mit den *Balaos*. Zwar wurde nur ein Dutzend Boote im Zweiten Weltkrieg eingesetzt, dabei ging aber kein einziges Boot verloren. Die Gesamtproduktion umfasste 33 Boote, gebaut zwischen 1944 und 1946, mit weiteren 101 geplanten, die aber nicht mehr gebaut oder als Teilbauten verschrottet wurden. Unterschiede zu den *Balaos*, nicht auf den ersten Blick erkennbar, waren jedoch bedeutsam. Das Triebwerksgeräusch war reduziert und die Anordnung der Ballasttanks war wesentlich besser gelöst. Sogar eine Nachladeeinrichtung für weitere vier Torpedos wurde hinzugefügt, was der *Tench*-Klasse, zusammen mit der verbesserten Radar- und Feuerleitcomputereinrichtung, einen großen Vorsprung gegenüber den zeitgenössischen Gegnern verlieh.

Die *Pickerel* wurde 1972 an Italien abgegeben, wobei sie vorher noch einer erheblichen Modernisierung unterzogen wurde. Sie diente in der italienischen Marine als *Gianfranco Gazzana Priaroggia* bis 1981.

Pietro Micca

Ursprungsland:	Italien
Stapellauf:	31. März 1935
Besatzung:	72
Verdrängung:	Überwasser: 1595 t, getaucht: 2000 t
Maße:	90,3 m × 7,7 m × 5,3 m
Bewaffnung:	6 533-mm-Torpedorohre, 2 120-mm-Kanonen
Triebwerksanlage:	Zweischrauben-Dieselmotoren, Elektromotoren
Reichweite:	10 300 km (5552 sm) bei 9 kn
Geschwindigkeit:	14,2 kn bei Überwasserfahrt, 7,3 kn getaucht

Bei diesem Boot handelt es sich um ein Langstreckenboot mit Torpedobewaffnung und Minenlegekapazität. Mit einer teilweisen Doppelhülle ausgestattet, erreichte es eine Tauchtiefe von 90 m. Obwohl als reines Versuchsboot genutzt und auch nicht erneut aufgelegt, konnte man von einem gut manövrierbaren Unterseeboot sprechen. Die Reichweite getaucht betrug 4185 m. Der erste Einsatz am 12. Juni 1940, unter dem Kommando von Cdr. Meneghini, bestand in der Legung eines Sperrminenrings mit 40 Minen vor Alexandria. Am 12. August legte sie weitere Minen in demselben Gebiet und griff zwei Tage später einen Zerstörer an, allerdings ohne Erfolg. Im Februar und März 1941 wurden Nachschubgüter von Tobruk aus für die italienische Garnison auf der Insel Leros transportiert. Im Sommer 1942 stieß sie zu einem Verband anderer Unterseeboote, die Treibstoff und Nachschub zu den Häfen in der Cyrenaika transportierten. Dieser Aufgabe blieb sie erhalten bis zu ihrem abrupten Ende am 29. Juli 1943, als sie von dem britischen U-Boot *HM Trooper* in der Straße von Otranto versenkt wurde.

Pioneer

Ursprungsland:	Konföderierte Staaten von Amerika
Stapellauf:	Februar 1862
Besatzung:	3
Verdrängung:	Überwasser: 4 t, getaucht: nicht bekannt
Maße:	10,3 m × 1,2 m × 1,2 m
Bewaffnung:	1 Speertorpedo
Triebwerksanlage:	Handantrieb
Reichweite:	nicht bekannt
Geschwindigkeit:	Überwasserfahrt: nicht bekannt, getaucht: nicht bekannt

Den gesamten amerikanischen Bürgerkrieg hindurch waren die Konföderierten Truppen an jeglicher Neuentwicklung interessiert, die half, die Blockade durch die Unionstruppen zu brechen. Die Kiellegung dieses frühen Tauchbootes, die einzige reine private Entwicklung, die jemals gebaut wurde, erfolgte 1861 auf der Regierungswerft New Basin, New Orleans. Ihre Hülle hatte, wie bei anderen vorhergehenden Booten, eine ovale Form. Von einer Dreimann-Crew betrieben, wobei zwei Mann für den Betrieb der Handkurbel zuständig waren, die die Einzelschraube antrieb, bestand ihre Bewaffnung aus einem Speer, an dessen Spitze eine Sprengladung angebracht war, die in den Rumpf eines gegnerischen Schiffes gerammt werden sollte. Im März 1862 wurde der *Pioneer* ein Freibrief zur Versenkung von Unionsschiffen ausgehändigt. Der Besatzung wurde ein Beuteanteil von 20 % des vernichteten Wertes zugesichert. 1952 wurde das Boot dem Staatlichen Museum Louisiana als Exponat übergeben.

Piper

Ursprungsland:	USA
Stapellauf:	26. Juni 1944
Besatzung:	80
Verdrängung:	Überwasser: 1854 t, getaucht: 2448 t
Maße:	95 m × 8,3 m × 4,6 m
Bewaffnung:	10 533-mm-Torpedorohre, 1 76-mm-Kanone
Triebwerksanlage:	Zweiwellen-Dieselantrieb, Elektromotoren
Reichweite:	22 236 km (12 000 sm) bei 10 kn
Geschwindigkeit:	20 kn bei Überwasserfahrt, 10 kn getaucht

Die *Piper* (SS409) war ein hochseetaugliches Doppelhüllenunterseeboot, mit guten Seeeigenschaften und großer Reichweite. Sie gehörte zur *Gato*-Klasse von mehr als 300 Booten und war somit Teil des größten Kampfschiffbauprojekts der US Navy. Diese Boote sollten die japanische Handelsschifffahrt im Pazifik in Grund und Boden kämpfen. Die *Piper*, ursprünglich *Awa* getauft, wurde, wie viele andere *Gato*-Klasse-Boote, in der Portsmouth-Schiffswerft gebaut. Ende 1944 wurde das Boot in den Pazifik verlegt und konnte den Status „Einsatzbereit" zu Beginn des neuen Jahres melden. Am 10. Februar 1945 jagte sie, zusammen mit den Booten *Sterlet*, *Pomfret*, *Trepang*, *Bowfin*, *Sennet*, *Lagarto* und *Haddock* japanische Patrouillenboote, welche von Vize-Admiral Mitschers Einsatzgruppe 58, die Kurs auf die Insel Iwo Jima hatte, entdeckt worden waren. Die *Piper* wurde einige Jahre nach dem Krieg auf Reservestatus gestellt und 1970 aus dem Register gestrichen.

Porpoise

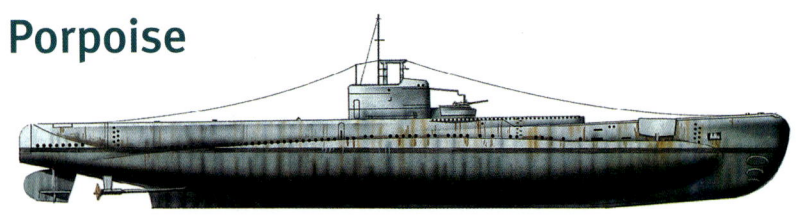

Ursprungsland:	Großbritannien
Stapellauf:	30. August 1932
Besatzung:	61
Verdrängung:	Überwasser: 1524 t, getaucht: 2086 t
Maße:	81,5 m × 9 m × 13,75 m
Bewaffnung:	6 533-mm-Torpedorohre, 1 102-mm-Kanone
Triebwerksanlage:	Zweiwellen-Dieselantrieb, Elektromotoren
Reichweite:	10 191 km (5500 sm) bei 10 kn
Geschwindigkeit:	15 kn bei Überwasserfahrt, 8,75 kn getaucht

Die *HMS Porpoise* war das Führungsschiff einer Klasse von insgesamt sechs Schiffen, die zwischen 1932 und 1938 gebaut wurden. Der Plan für den Bau von drei weiteren geplanten Booten wurde 1941 aufgegeben. Die Boote dieser Klasse operierten auf den unterschiedlichsten Kriegsschauplätzen, angefangen von heimischen Gewässern bis hin zu den westindischen Gewässern, dem Mittelmeer und China, wobei fünf Boote verloren gingen. Die *Rorqual*, 1944 in der Ostflotte eingesetzt, überdauerte als einziges Boot den Zweiten Weltkrieg. Die *Grampus* wurde am 24. Juni 1940 vor Augusta von den italienischen Torpedobooten *CI10* und *Circe* versenkt. Die *Narwhal* wurde im Juli 1940 vor Norwegen als vermisst gemeldet. Die *Cachalot* wurde am 4. August 1941 von dem italienischen Torpedoboot *Papa* vor der Cyrenaika gerammt. Die *Seal* wurde durch eine Mine beschädigt, bevor sie die Deutschen am 5. Mai 1940 übernahmen und die *Porpoise* wurde am 19. Januar 1945 von japanischen Flugzeugen in der Straße von Malakka bombardiert und versenkt.

R1

Ursprungsland:	Großbritannien
Stapellauf:	April 1918
Besatzung:	36
Verdrängung:	Überwasser: 416 t, getaucht: 511 t
Maße:	49,9 m × 4,6 m × 3,5 m
Bewaffnung:	6 457-mm-Torpedorohre
Triebwerksanlage:	Einwellen-Dieselantrieb, Elektromotoren mit 1200 hp
Reichweite:	3800 km (2048 sm) bei 8 kn
Geschwindigkeit:	15 kn bei Überwasserfahrt, 9,5 kn getaucht

1917 versuchte die Royal Navy verzweifelt gegen die Verluste der Handelsschiffe durch deutsche U-Boote anzukämpfen. Die wohl beste Antwort war zunächst die Bildung von Konvois. Trotzdem wurden Vorschläge gemacht, U-Boote, die andere U-Boote jagen könnten, zu entwickeln.

Die *R1* war der Vorgänger der heutigen Flotte aller modernen Jäger-/Zerstörer-U-Boote. Zehn Boote wurden fertiggestellt. Es war angedacht, die U-Boote an der Wasseroberfläche zu verfolgen und sie dann mit Torpedos zu versenken. Die *R1* hatte einen der *H*-Klasse ähnlichen Rumpf mit einer hervorstechenden Ausbuchtung über dem Bug. Die Ausführung war extrem aquadynamisch mit internen Ballasttanks. Auf eine Kanone wurde jedoch verzichtet. Fünf leistungsstarke Unterwassermikrofone und Instrumente zur Bestimmung der Richtung eines Objektes waren in der Bugsektion untergebracht. Diese Boote stellten den gewagten Versuch dar, Großbritannien weitere schwerwiegende Verluste zu ersparen, doch zur er kam zu spät, um noch wirksame Effekte zu erzielen.

Le Redoutable

Ursprungsland:	Frankreich
Stapellauf:	29. März 1967
Besatzung:	142
Verdrängung:	Überwasser: 7620 t, getaucht: 9144 t
Maße:	128 m × 10,6 m × 10 m
Bewaffnung:	16 Unterseeboot-MRBMs (ballistische Raketen mittlerer Reichweite)
Triebwerksanlage:	Nuklearer Druck-wasserreaktor, Turbinen
Reichweite:	unbegrenzt
Geschwindigkeit:	20 kn bei Überwasserfahrt, 28 kn getaucht

Am 30. März 1964 in der Cherbourg-Marinewerft auf Kiel gelegt, war die *Le Redoutable* Frankreichs erstes U-Boot mit ballistischer Raketenbewaffnung und somit der Prototyp für das seegehende Element der französischen nuklearen Abschreckung, das ausschließlich aus Booten mit strategischen See-/Luft-Marschflugkörpern bestand. Die französische Bezeichnung für SSBN ist SNLE (Sous-marin nucléaire lanceur d'engins). Die *Le Redoutable* war ab Dezember 1971 einsatzbereit. *Le Terrible* folgte 1973, *Le Foudroyant* 1974. 1977 kam die *Indomptable* und 1979 die *Le Tonnant* dazu. Später wurden alle Boote, außer der *Le Redoutable*, mit der M4-Dreistufenfeststoffrakete von Aérospatiale, die eine Reichweite von 5300 km (2860 sm) besaß und mit jeweils sechs Mehrfachsprengköpfen von jeweils 150 kT bestückt war, ausgerüstet. Die M4 kann doppelt so schnell wie die M20 nachgeladen werden.

Die *Le Redoutable* wurde 1991 außer Dienst gestellt.

Reginaldo Giuliani

Ursprungsland:	Italien
Stapellauf:	30. Dezember 1939
Besatzung:	58
Verdrängung:	Überwasser: 1184 t, getaucht: 1507 t
Maße:	76,5 m × 6,8 m × 4,7 m
Bewaffnung:	8 533-mm-Torpedorohre, 1 100-mm-Kanone
Triebwerksanlage:	Zweiwellen-Dieselantrieb, Elektromotoren
Reichweite:	19 950 km (10 750 sm) bei 8 kn
Geschwindigkeit:	17,5 kn bei Überwasserfahrt, 8,4 kn getaucht

Die *Reginaldo Giuliani* und ihre drei Schwestern der *Liuzzi*-Klasse waren Weiterentwicklungen der *Brin*-Klasse. Maximale Tauchtiefe war 90 m. 1940 wurde die *Reginaldo Giuliani* vor die französischen Atlantikhäfen verlegt, um den Kampf gegen britische Konvois aufzunehmen. Später wurde das Boot modifiziert, um Transportaufgaben in den fernen Osten zu übernehmen. Nach der Kapitulation Italiens wurde das Boot von japanischen Truppen in Singapur festgesetzt, dann aber an Deutschland übergeben und als *UIT23* in Dienst gestellt. Am 14. Februar 1944 wurde sie in der Straße von Malakka von dem britischen Kriegsschiff *HMS Tally Ho* (Kommandant Bennington) abgefangen und versenkt. Ein Schwesterschiff, die *Alpino Bagnolini*, ebenfalls erbeutet und als *UIT22* in Dienst gestellt, wurde am 11. März 1940 am Kap der Guten Hoffnung von südafrikanischen Flugzeugen angegriffen und versenkt. Die *Capitano Tarantini* wurde am 15. Dezember 1940 von dem britischen U-Boot *Thunderbolt* versenkt. Die *Console Generale Liuzzo* wurde von der Besatzung nach einem Gefecht mit den Zerstörern *HMS Defender*, *Dainty* und *Ilex* nahe Kreta versenkt.

Remo

Ursprungsland:	Italien
Stapellauf:	28. März 1943
Besatzung:	63
Verdrängung:	Überwasser: 2245 t, getaucht: 2648 t
Maße:	70,7 m × 7,8 m × 5,3 m
Bewaffnung:	3 20-mm-Kanonen
Triebwerksanlage:	Zweiwellen-Diesel-antrieb, Elektro-motoren
Reichweite:	22 236 km (12 000 sm) bei 9 kn
Geschwindigkeit:	13 kn bei Überwasserfahrt, 6 kn getaucht

Die *Remo* war das Führungsschiff der Transportunterseeboote der R-Klasse, die größten Boote, die zu jener Zeit in Italien gebaut wurden. Die Kiellegung erfolgte im September 1942, die Fertigstellung wurde im Juni 1943 gemeldet. Sie besaß vier wasserfeste Sektionen mit einem Rauminhalt von 600 m³. Maximale Tauchtiefe war 100 m. Die *Remo* und das Schwesterschiff *Romolo* wurden für Transportaufgaben vom und zum Fernen Osten herangezogen. Zehn weitere Schiffe dieser Klasse wurden auf Kiel gelegt. Zwei (die *R3* und die *R4*) liefen 1946 vom Stapel und wurden danach verschrottet. Zwei weitere (die *R5* und die *R6*) wurden noch vor dem Stapellauf auf der Werft verschrottet. Die anderen Boote wurden entweder eigenhändig versenkt oder durch Luftangriffe beschädigt, nachdem sie von deutschen Truppen festgesetzt worden waren. Die *R11* und die *R12* wurden wieder gehoben und für einige Jahre nach dem Krieg als Ölbunkerschiffe verwendet. Die *Remo* wurde von dem britischen U-Boot *United* bei der Jungfernfahrt am 15. Juli 1943 im Golf von Taranto versenkt.

Requin

Ursprungsland:	Frankreich
Stapellauf:	19. Juli 1924
Besatzung:	54
Verdrängung:	Überwasser: 974 t, getaucht: 1464 t
Maße:	78,25 m × 6,84 m × 5,10 m
Bewaffnung:	10 550-mm-Torpedorohre
Triebwerksanlage:	Zweiwellen-Diesel-antrieb, Elektro-motoren
Reichweite:	10 469 km (5650 sm) bei 10 kn
Geschwindigkeit:	15 kn bei Überwasserfahrt, 9 kn getaucht

1923 auf Kiel gelegt und drei Jahre später fertiggestellt, war die *Requin* (Hai) das Führungsschiff einer Klasse von neun Unterseebooten, die zwischen 1935 und 1937 komplett modernisiert wurden. Im Zweiten Weltkrieg haben sie ihr Glück allerdings wirklich herausgefordert. Die *Caiman* und die *Marsouin* konnten, als die Alliierten in Nordafrika landeten, im November 1942 aus Algier fliehen und sich nach Toulon durchschlagen, wo die *Caiman* eigenhändig versenkt wurde. Die *Requin*, die *Dauphin*, die *Phoque* und die *Espadon* wurden im Dezember 1942 bei Bizerta von deutschen Truppen festgesetzt, jedoch nicht in Dienst gestellt und später verschrottet. Die *Morse* lief auf eine Mine und sank am 10. Juni 1940 bei Sfax. Am 29. Juni 1941 wurde die *Souffleur* von dem britischen U-Boot *Parthian* (Kommandant Rimington) während des Syrisch-Libanesischen Feldzugs versenkt. Die *Narval* sank durch eine Mine am 15. Dezember 1940 auf dem Weg nach Malta, da der Kommandant nach der französischen Kapitulation die Rückkehr nach Toulon verweigerte.

Requin

Ursprungsland:	Frankreich
Stapellauf:	3. Dezember 1955
Besatzung:	63
Verdrängung:	Überwasser: 1661 t, getaucht: 1941 t
Maße:	78,4 m × 7,8 m × 5,2 m
Bewaffnung:	8 550-mm-Torpedorohre
Triebwerksanlage:	Zweiwellen-Diesel-antrieb, Elektro-motoren
Reichweite:	27795 km (15 000 sm) bei 8 kn
Geschwindigkeit:	16 kn bei Überwasserfahrt, 18 kn getaucht

Die *Requin* war eines von insgesamt sechs Booten der *Narval*-Klasse mit Diesel-/Elektro-Antrieb, die zwischen 1951 und 1956 auf Kiel gelegt wurden. Die Anforderungen waren 1219 Tonnen Verdrängung, 16 Knoten Überwasser-geschwindigkeit, 27795 km (15 000 sm) Reichweite und eine Ausrüstung mit Tauchschnorchel. Frankreich hatte zu jener Zeit noch große koloniale Interessen im Pazifik und in Indochina, was von den neuen Booten die Mög-lichkeit einer schnellen Verlegung über lange Distanzen mit einer Patrouillen-stehzeit von mindestens sieben Tagen bis hin zu zwei Wochen verlangte. Die *Narvals* waren in der Tat verbesserte Versionen des deutschen Typs *XXI*, von dem ein Exemplar nach dem Krieg als *Roland Morillot* eingehend erprobt wurde. Die anderen Boote dieser Klasse hießen *Dauphin* (Delphin), *Espadon* (Schwertfisch), *Marsouin* (Schweinswal), *Morse* (Walross) und *Narval* (Narwal). Die Namen entstammten einer vorhergehenden Klasse von U-Booten.

Resolution

Ursprungsland:	Großbritannien
Stapellauf:	September 1966
Besatzung:	154
Verdrängung:	Überwasser: 7620 t, getaucht: 8535 t
Maße:	129,5 m × 10,1 m × 9,1 m
Bewaffnung:	16 *Polaris* A3TK-Ra-keten, 6 533-mm-Torpedorohre
Triebwerksanlage:	Einwellen-Druck-wasserreaktor, Nuklearantrieb, 2 Dampfturbinen
Reichweite:	unbegrenzt
Geschwindigkeit:	20 kn bei Überwasserfahrt, 25 kn getaucht

Im Februar 1963 gab die britische Regierung ihre Absicht bekannt, vier Nuklearunterseeboote der *Resolution*-Klasse, ausgerüstet mit ballistischen Raketen des amerikanischen Typs *Polaris*, bauen zu lassen, um die Auf-gabe der nuklearen Abschreckung von der Royal Air Force im Jahre 1968 auf die Royal Navy zu übertragen. Das Führungsschiff, die Resolution, hatte ähnli-che Eigenschaften wie die Boote der amerikanischen Lafayette-Klasse und wurde im Oktober 1967 in Dienst gestellt. Die *HMS Repulse* folgte im Septem-ber 1968, die *HMS Renown* 1968 und die *HMS Revenge* 1969. Im Frühjahr 1968 wurden mit der *Resolution* Abschussversuche mit *Polaris* vor Florida gemacht. Vier Monate später ging sie auf ihren ersten Patrouilleneinsatz. In den 1990er-Jahren wurden die Boote sukzessive von Booten der neuen *Vanguard*-Klasse (SSBNs), bewaffnet mit *Trident-II*-Raketen, ersetzt. 1993 wurde das erste Boot dieser Klasse in Dienst gestellt.

Resurgam II

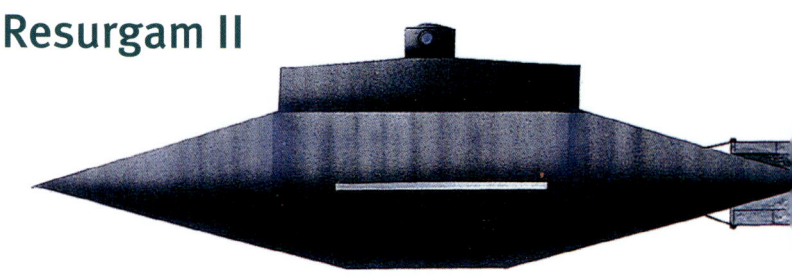

Ursprungsland:	Großbritannien
Stapellauf:	Dezember 1879
Besatzung:	2
Verdrängung:	Überwasser: 30 t, getaucht: nicht bekannt
Maße:	13,7 m × 2,1 m
Bewaffnung:	keine
Triebwerksanlage:	Einwellen-Dampf-antrieb, Lamm-Dampfantriebs-prinzip
Reichweite:	nicht bekannt
Geschwindigkeit:	3 kn bei Überwasserfahrt, getaucht: nicht bekannt

Die *Resurgam II* war ein Entwurf von George Garrett. Ihr Rumpf war zigarren-förmig ausgelegt, mit zwei spindelförmigen Abdeckungen vorne und hin-ten. Sie war für eine Druckbelastung von 32 kg pro Quadratzoll (2,54 cm²) ausgelegt, was eine Tauchtiefe von 45,5 m ermöglichte.

Der Antrieb wurde durch das Lamm-Dampfspeicher-Prinzip sichergestellt. Bei dieser Methode wird ein Dampfboiler durch ein Kohlenfeuer angeheizt. Schornstein und Feuertür, die die Hitze in eine tunnelartige Struktur inner-halb einer übergeordneten Struktur leiteten, wurden dann geschlossen. Die dabei gespeicherte Hitze entwickelte sofort Dampf, wenn die Wasser-ventile geöffnet wurden, was die Dampfmaschine mit Dampf versorgte. Die ersten Versuche waren vielversprechend und Garrett entschied sich, eine Basis an der walisischen Küste zu beziehen. Die *Resurgam II* wurde im Februar 1880 zu ihrem neuen Liegeplatz geschleppt. Leider sank sie bei einem Sturm. Sie liegt noch immer an ihrem Originalplatz. 2007 und 2012 wurden von Tauchern konservatorische Maßnahmen durchgeführt.

RO 100

Ursprungsland:	Japan
Stapellauf:	1942
Besatzung:	75
Verdrängung:	Überwasser: 611 t, getaucht: 795 t
Maße:	57,4 m × 6,1 m × 3,5 m
Bewaffnung:	4 533-mm-Torpedorohre, 1 76-mm-Kanone
Triebwerksanlage:	Zweiwellen-Diesel-antrieb, Elektro-motoren
Reichweite:	6485 km (3500 sm) bei 12 kn
Geschwindigkeit:	14 kn bei Überwasserfahrt, 8 kn getaucht

1940/41 im Rahmen des japanischen Marine-Programms bestellt, waren die Boote der *RO 100*-(Typ *KS*)-Klasse als Küstenunterseeboote konzipiert, die in der Lage sein sollten, die japanische Küstenlinie und die entlegenen Stützpunkte des japanischen Reiches zu überwachen. Ausgelegt für den küstennahen Einsatz, betrug die Einsatzdauer nur 21 Tage. Getaucht be-trug die Reichweite ca. 112 km (60 sm) bei drei Knoten Geschwindigkeit und einer Tauchtiefe von 75 m. Die Produktion wurde aufgeteilt zwischen der Marine-Werft in Kure und der Kawasaki-Werft in Kobe. Kein Boot die-ser Klasse überdauerte den Krieg. In ihrer Einsatzzeit versenkten oder beschädigten sie Handelsschiffsraum mit einem Volumen von 49 547 t. Zu-sätzlich versenkte die *RO106* (Lt. Nakamura) am 18. Juli 1943 das amerika-nische Panzerlandungsschiff *LST 342* in der Nähe von New Georgia. Die *RO108* versenkte am 3. Oktober 1943 den US-Zerstörer *Henley* nahe Finsch-hafen (Neuguinea).

Roland Morillot

Ursprungsland:
Frankreich

Stapellauf:
1944

Besatzung:
57

Verdrängung:
Überwasser: 1638 t,
getaucht: 1848 t

Maße:
76,5 m × 7 m × 6 m

Bewaffnung:
6 533-mm-
Torpedorohre

Triebwerksanlage:
Einwellen-Diesel-
antrieb, Elektromo-
toren

Reichweite:
17 933 km (9678 sm)
bei 12 kn

Geschwindigkeit:
15,5 kn bei
Überwasserfahrt,
16 kn getaucht

Bei diesem Boot handelt es sich um das deutsche U-Boot *U2518*, eines der auf Horten stationerten Typ-*XXI*-Boote, das sich im Mai 1945 den britischen Truppen ergab. 1946 wurde es an Frankreich übergeben und im darauffolgenden Jahr umbenannt. Der Typ *XXI* war ein hochseefähiges Boot, das Operationen getaucht mithilfe eines Schnorchels durchführen konnte. Als konventionelles Diesel-Elektro-Boot besaß es einen komplett geschweißten Rumpf. Um die Produktion zu beschleunigen, wurde das Boot in acht Sektionen gebaut. Der Typ *XXI* war mit Rumpfoberflächensonar ausgerüstet. Es konnte eine Waffenlast von 23 Torpedos oder 12 Torpedos und 12 Minen tragen. Frankreich führte sorgfältige Testreihen durch und die gewonnenen Erfahrungen flossen in den 1950er-Jahren in die *Requin*-Klasse ein. Die *Roland Morillot* wurde 1968 aus dem französischen Marineregister gestrichen.

Romeo

Ursprungsland:
China

Stapellauf:
1962

Besatzung:
60

Verdrängung:
Überwasser: 1351 t,
getaucht: 1727 t

Maße:
77 m × 6,7 m ×
4,9 m

Bewaffnung:
8 533-mm-
Torpedorohre

Triebwerksanlage:
Zweiwellen-Diesel-
antrieb, Elektromo-
toren

Reichweite:
29 632 km
(16 000 sm)
bei 10 kn

Geschwindigkeit:
16 kn bei
Überwasserfahrt,
13 kn getaucht

Das erste Boot der Romeo-Klasse wurde 1958 in Gorki in der Sowjetunion gebaut und war als Weiterentwicklung der Bootstypen der Whiskey-Klasse gedacht. Ungefähr zeitgleich wurden die Unterseeboote mit dem damals brandneuen Nuklearantrieb vorgestellt, weshalb sich die ursprünglich geplante Stückzahl von 560 auf nur 20 Stück reduzierte. Der Entwurf wurde an China weitergereicht und 1962 begann die Produktion auf der Jiangnan-Werft (Shanghai) unter der Bezeichnung Typ *003*. Drei weitere Werften wurden hinzugezogen und die Produktion in den frühen 1970er-Jahren auf neun Einheiten pro Jahr erhöht. Die Produktion endete 1984 mit insgesamt 98 für die chinesische Marine gebauten Einheiten. Vier Boote wurden nach Ägypten exportiert, sieben Boote gingen nach Nord-Korea, das zehn weitere Boote mit chinesischer Unterstützung baute. Im Februar 1985 ging ein Boot aus Nord-Korea im chinesischen Meer mit der gesamten Besatzung an Bord verloren.

Rubis

Ursprungsland:	Frankreich
Stapellauf:	30. September 1931
Besatzung:	42
Verdrängung:	Überwasser: 773 t, getaucht: 940 t
Maße:	65,9 m × 7,12 m × 4,3 m
Bewaffnung:	3 550-mm-und 2 400-mm-Torpedorohre, 1 75-mm-Kanone, 32 Minen
Triebwerksanlage:	Zweiwellen-Dieselantrieb, Elektromotoren
Reichweite:	12 971 km (7000 sm) bei 7,5 kn
Geschwindigkeit:	12 kn bei Überwasserfahrt, 9 kn getaucht

Die *Rubis* war eines von sechs Schiffen der *Saphir*-Klasse, einer speziellen Konstruktion für den Minenlegeeinsatz. Von allen französischen Einsatzbooten eignete sich diese Klasse für diese Aufgabenstellung am besten. Die Minen wurden in speziellen Behältern in den Ballasttanks gelagert, und waren mit eigenen Vorrichtungen versehen, durch die sie platziert werden konnten. Im März 1940 wurde die *Rubis* in der 10. Flotte der 2. U-Boot-Division in Harwich stationiert und startete ihre Minenlegetätigkeit in Norwegen am 10. Mai, wobei sie elf Frachter und einen U-Bootjäger, *UJD*, vernichtete. Den Zusammenbruch Frankreichs erlebte das Boot in Dundee und die Besatzung entschied, sich den freien französischen Truppen anzuschließen, was einen weiteren Einsatz in der Nordsee bedeutete. 1941 torpedierte es einen Frachter vor Norwegen. Minenlegeoperationen führten zum Versenken von weiteren vier Frachtern und zum Verlust der U-Bootjäger *UK1113*, *UJ1116* und *R402* am 21. Dezember 1944, wodurch das Boot zum erfolgreichsten Minenleger im Zweiten Weltkrieg wurde.

Rubis

Ursprungsland:	Frankreich
Stapellauf:	7. Juli 1979
Besatzung:	67
Verdrängung:	Überwasser: 2423 t, getaucht: 2713 t
Maße:	72,1 m × 7,6 m × 6,4 m
Bewaffnung:	4 533-mm-Torpedorohre, Exocet-Raketen
Triebwerksanlage:	Einwellen-Druckwasserreaktorantrieb, Hilfsdiesel-, Elektromotoren
Reichweite:	unbegrenzt
Geschwindigkeit:	25 kn bei Überwasserfahrt, getaucht: geheim

Die *Saphir*-Klasse von Nuklearangriffsunterseebooten (Sous-marins Nucléaires d'attaque, SNAs) besteht aus acht Booten, die auf zwei Staffeln aufgeteilt wurden. Eine Staffel war in Lorient zum Schutz der SSBN-Basis stationiert, die andere in Toulon. Acht Boote waren im Einsatz: die *Rubis* (S606), die *Saphir* (S602), die *Casabianca* (S603), die *Emeraude* (S604), die *Améthyste* (S605), die *Perle* (S606), die *Turquoise* (S607) und die *Diamant* (S608). Die letzten fünf Boote wurden etwas abgewandelt und erhielten einen neuen Bug, waren geräuschreduziert und mit neuen taktischen Systemen und Angriffssystemen sowie einer verbesserten Elektronik ausgestattet.

Die Tauchtiefe betrug 300 m. Unabhängig von dem 406-Tonnen-Versuchsboot *NR-1* der US Navy war die *Saphir* die kleinste Atom-U-Boot-Klasse, die jemals gebaut wurde, was auch eine Beleg für Frankreichs fortschrittliche nukleare Reaktortechnologie war. Die *Rubis* wurde im Februar 1983 als einsatzklar gemeldet, das letzte Boot, die *Diamant,* im Jahr 1999.

S1

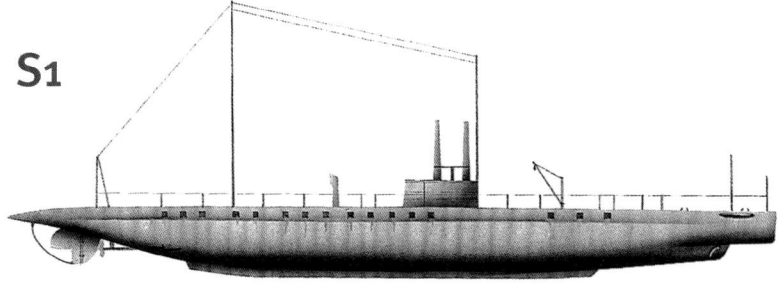

Ursprungsland:	Großbritannien
Stapellauf:	28. Februar 1914
Besatzung:	31
Verdrängung:	Überwasser: 270 t, getaucht: 330 t
Maße:	45 m × 4,4 m × 3,2 m
Bewaffnung:	2 457-mm-Torpedorohre, 1 12-Pfund-Kanone
Triebwerksanlage:	Zweiwellen-Dieselantrieb, Elektromotoren
Reichweite:	2963 km (1600 sm) bei 8,5 kn
Geschwindigkeit:	13 kn bei Überwasserfahrt, 8,5 kn getaucht

Die S1 basierte auf dem italienischen *Laurenti*-Typ, ausgerüstet in Teilen mit Doppelhüllenrumpf und zehn wasserdichten Kammern. Die Dieselmotoren leisteten 650 hp, die Elektromotoren 400 hp. Nur drei Boote der S-Klasse wurden fertiggestellt. Während des Ersten Weltkrieges waren bei der Royal Navy nicht weniger als 23 verschiedene Klassen im Einsatz, wobei die *E*-Klasse mit 58 Booten die zahlenmäßig größte war.

Als Nächste folgte die *C*-Klasse mit 38 Booten, gefolgt von der *H1*-Klasse mit 20 Fahrzeugen. Die *K*-Klasse umfasste 17 Boote, die *G*-Klasse 14, die *A*-Klasse 13, die *B*-Klasse 11 und die *H21*- und die *K*-Klasse 10 Boote. Einige Klassen wurden auch nach dem Ersten Weltkrieg weitergebaut. Nach 1919 gingen 14 weitere Boote vom Typ *H21* in Produktion. Auch die *L9*-Klasse wurde mit 11 weiteren Einheiten fortgeführt, die im Krieg mit acht Booten im Einsatz stand. Alle drei S-Boote, *S1*, *S2* und *S3,* wurden 1915 an die italienische Marine abgegeben und 1919 ausgemustert.

S28

Ursprungsland:	USA
Stapellauf:	20. September 1922
Besatzung:	42
Verdrängung:	Überwasser: 864 t, getaucht: 1107 t
Maße:	64,3 m × 6,25 m × 4,6 m
Bewaffnung:	4 533-mm-Torpedorohre, 1 120-mm-Kanone
Triebwerksanlage:	Zweiwellen-Dieselantrieb
Reichweite:	6333 km (3420 sm) bei 6,5 kn
Geschwindigkeit:	14,5 kn bei Überwasserfahrt, 11 kn getaucht

Im Dezember 1941 gehörte nahezu die Hälfte aller amerikanischen Boote den alten *O*-, *R*- und S-Klassen an, alles Relikte aus dem Ersten Weltkrieg. Die sogenannte alte S-Klasse setzte sich aus vier separaten Gruppen mit insgesamt 38 Booten zusammen. Im Oktober 1943 gelang der *S28* unter Lt. Kdr. Sislet die Versenkung eines japanischen Frachters im Pazifik. Ein weiterer Erfolg konnte nicht mehr verbucht werden, da das Boot im Juli 1944 vor Pearl Harbour verloren ging, nachdem das Auftauchen während einer Ausbildungsfahrt fehlschlug. Einige S-Klasse-Boote wurden 1942 an die Royal Navy abgegeben. *S1* erhielt die Registrierung *P552*, *S21 P553*, *S22 P554*, *S24 P555*, *S25 P551*, *S29 P556* und ein Boot für Polen wurde in *Jastrzab* umbenannt.

Kriegsverluste unter den verbliebenen Booten waren *S26* (sank nach einer Kollision am 24. Januar 1942), *S27* (lief am 19. Juni 1942 auf Grund), *S36* (lief am 20. Januar 1942 auf Grund), *S39* (lief am 14. August 1942 auf Grund) und *S44* (von einem japanischen Zerstörer am 7. Oktober 1943 versenkt).

San Francisco

Ursprungsland:
USA

Stapellauf:
27. Oktober 1979

Besatzung:
133

Verdrängung:
Überwasser: 6180 t,
getaucht: 7038 t

Maße:
110,3 m × 10,1 m ×
9,9 m

Bewaffnung:
4 533-mm-Torpedo-
rohre, Tomahawk-,
Harpoon-Raketen

Triebwerksanlage:
Einwellen-Druck-
wasserreaktor-
Antrieb, Turbinen

Reichweite:
unbegrenzt

Geschwindigkeit:
20 kn bei
Überwasserfahrt,
32 kn getaucht

Ursprünglich als Gegenstück zur sowjetischen *Victor*-Klasse gedacht, entwickelte sich diese Klasse mit ihren *Tomahawk*-Raketen für Landangriffe und *Harpoon*-Seezielflugkörpern zur Schiffsbekämpfung sowie den Mk48- und ADCAP-Torpedos (*Advanced Capability*) als vielseitige Waffe. Neun Boote dieser Klasse wurden 1991 im Golfkrieg eingesetzt, wobei zwei Boote *Tomahawk*-Raketen auf Ziele im Irak von Positionen im östlichen Mittelmeer abfeuerten.

Im Jahr 1991 waren 75 % aller Angriffs-U-Boote mit *Tomahawk*-Raketen ausgerüstet. Beginnend mit *SN719* (*USS Providence*) aufsteigend sind alle Boote mit dem Vertikalabschusssystem ausgerüstet, das aus 12 Abschussrohren außerhalb des Druckkörpers unmittelbar hinter der sphärischen BQQ5-Antenne besteht.

Sanguine

Ursprungsland:
Großbritannien

Stapellauf:
15. Februar 1945

Besatzung:
44

Verdrängung:
Überwasser: 726 t,
getaucht: 1006 t

Maße:
61,8 m × 7,25 m ×
3,2 m

Bewaffnung:
6 533-mm-
Torpedorohre,
1 76-mm-
Kanone

Triebwerksanlage:
Zweiwellen-Diesel-
antrieb, Elektro-
motoren

Reichweite:
15 750 km
(8500 sm)
bei 10 kn

Geschwindigkeit:
14,7 kn bei
Überwasserfahrt,
9 kn getaucht

Bei diesem Boot handelte es sich um ein Exemplar der letzten Serie von S-Klasse-Booten, die zwischen 1944 und 1945 auf Kiel gelegt wurden. Es war nicht mehr geplant, diese Boote nach dem Krieg auf den neuesten Stand zu bringen. Einige wurden jedoch noch für Erprobungsaufgaben ausgerüstet. 1958 erwarb Israel zwei Boote, die *Sanguine* und die *Springer*. Sie wurden in *Rahav* und *Tanin* umbenannt. Letztere wurde 1968 als verschlissen außer Dienst gestellt und diente als Ersatzteilspender, um die *Rahav* länger für Ausbildungszwecke in Dienst halten zu können. Beide Boote wurden durch die ehemals britischen Boote *Turpin* und *Truncheon* ersetzt, die als *Leviathan* und *Dolphin* in Dienst gestellt wurden.

Drei S-Klasse Boote, die *Spur*, die *Saga* und die *Spearhead,* gingen 1948–49 an Portugal, wohingegen das Quartett *Styr, Spiteful, Sportsman* und *Statesman* 1951-52 an Frankreich ging.

Santa Cruz

Ursprungsland:	Argentinien
Stapellauf:	28. September 1982
Besatzung:	29
Verdrängung:	Überwasser: 2150 t, getaucht: 2300 t
Maße:	66 m × 7,3 m × 6,5 m
Bewaffnung:	6 533-mm-Torpedorohre
Triebwerksanlage:	Einwellen-Dieselantrieb, Elektromotoren
Reichweite:	22 224 km (12 000 sm) bei 8 kn
Geschwindigkeit:	15 kn bei Überwasserfahrt, 25 kn getaucht

Das Langstreckenboot *HY80 Santa Cruz*, auch *TR1700 SSK* genannt, entstammt der deutschen Thyssen-Nordseewerft und versuchte, mit einer Stahlhülle ausgestattet, die Anforderungen der argentinischen Marine zu erfüllen. Im Jahre 1977 bestellt, wurden die beiden Boote *Santa Cruz* und *San Juan*, die in Emden gebaut wurden, 1984 und 1985 in Dienst gestellt. Der Auftrag umfasste vier weitere Boote, die in Argentinien unter deutscher Anleitung gebaut werden sollten. Zwei Boote, die *S43* (*Santiago del Esturo*) und die *S44,* wurden auf Kiel gelegt, jedoch bis Mitte der 1990er-Jahre nur teilweise fertiggestellt. Wahrscheinlich wurden sie verschrottet, wobei die Ausrüstung der zwei weiteren geplanten Boote als Ersatzteile für die im Dienst befindlichen Boote verwendet wird. Die *Santa Cruz* und die *San Juan* waren bis 1999 aktiv und in Mar del Plata stationiert. Die *TR1700*-Boote haben sich tatsächlich als Exporterfolg erwiesen.

Scire

Ursprungsland:	Italien
Stapellauf:	15. November 1936
Besatzung:	45
Verdrängung:	Überwasser: 691 t, getaucht: 880 t
Maße:	60,2 m × 6,5 m × 4,6 m
Bewaffnung:	6 533-mm-Torpedorohre, 1 100-mm-Kanone
Triebwerksanlage:	2 Dieselmotoren, 2 Elektromotoren
Reichweite:	9260 km (5000 sm) bei 8 kn
Geschwindigkeit:	14 kn bei Überwasserfahrt, 7 kn getaucht

Die *Scire* war eines von 17 Kurzstreckenbooten der *Adua*-Klasse. Diese waren mit einer Doppelhülle und Schwalbennestern ausgerüstet und galten als eine Wiederholung der *Perla*-Klasse. Sie haben sich im Zweiten Weltkrieg bewährt und waren, trotz der geringen Geschwindigkeit, sehr robust und manövrierfähig. Außer einem Boot (der *Macalle*, die im Roten Meer patrouillierte) waren alle anderen im Mittelmeer eingesetzt. Nur ein Boot, die *Alagi*, übedauerte den Zweiten Weltkrieg. Die *Scire* und die *Gondar* wurden 1940 – 41 für den Einsatz von bemannte Torpedos umgerüstet. Sie wurden SLCs (siluro a lente corsa – langsamer Torpedo), mit Spitznamen auch maiale (Schwein), genannt. Gebaut und aufgerüstet im San-Bartolomeo-Torpedo-Werk, bestand die Besatzung dieser Torpedos aus zwei Personen, einem Offizier und einem Unteroffizier oder Matrosen. Sie waren bei einer Vielzahl von Einsätzen sehr erfolgreich. Die *Scire* wurde am 10. August 1942 vor Haifa, Palästina, von dem bewaffneten britischen Trawler *Islay* versenkt.

Sentinel

Ursprungsland:	Großbritannien
Stapellauf:	27. Juli 1945
Besatzung:	44
Verdrängung:	Überwasser: 726 t, getaucht: 1006 t
Maße:	61,8 m × 7,25 m × 3,2 m
Bewaffnung:	6 533-mm-Torpedorohre, 1 76-mm-Kanone
Triebwerksanlage:	Zweiwellen-Dieselantrieb, Elektromotoren
Reichweite:	15 750 km (8500 sm) bei 10 kn
Geschwindigkeit:	14,7 kn bei Überwasserfahrt, 9 kn getaucht

Die *Sentinel*, wie auch die *Sanguine*, war ein Boot der späteren *S*-Klasse. Sie lief am 27. Juli 1945 vom Stapel und kam damit zu spät, um im Zweiten Weltkrieg eingesetzt zu werden. Diese erfolgreiche Konstruktion hatte eine Tauchtiefe von 91,5 m, im Gegensatz zu den anderen Booten mit 106,75 m, die einen mit geschweißten Stahlblechen beplankten Druckkörper besaßen. Die *Sturdy*, die *Stygian* und die *Subtle* hatten ein externes Torpedorohr im Heck und konnten 13 Torpedos oder alternativ 12 M2-Minen mitführen. Eine 20-mm-Kanone wurde später nachgerüstet. Die *Selene*, die *Solent* und die *Sleuth* wurden später als Zielschiffe umgerüstet. Die *Sidon* wurde am 16. Juni 1955 durch eine interne Explosion beschädigt. Die offizielle Erklärung war die Explosion einer Gasflasche, inoffiziell wurde die Explosion jedoch durch austretendes Wasserstoffperoxid, das in Versuchstorpedos verwendet wurde, verursacht.

Seraph

Ursprungsland:	Großbritannien
Stapellauf:	25. Oktober 1941
Besatzung:	44
Verdrängung:	Überwasser: 886 t, getaucht: 1005 t
Maße:	66,1 m × 7,2 m × 3,4 m
Bewaffnung:	6 533-mm-Torpedorohre, 1 76-mm-Kanone
Triebwerksanlage:	Zweiwellen-Dieselantrieb, Elektromotoren
Reichweite:	11 400 km (6144 sm) bei 10 kn
Geschwindigkeit:	14,7 kn bei Überwasserfahrt, 9 kn getaucht

Die *Seraph* war ein Markierungsschiff für die Landung der Alliierten auf Sizilien im Juli 1943. Der erwartete massive U-Boot-Angriff auf die Invasionsflotte blieb jedoch aus, obwohl die italienische *Dandolo* den Kreuzer *Cleopatra* am 16. Juli erfolgreich torpedierte. Im weiteren Verlauf der Operation erlitten die Gegner schwere U-Boot-Verluste. Sechs italienische U-Boote gingen verloren, zusammen mit den deutschen Booten *U375*, *U409* und *U561*. Das italienische U-Boot *Bronzo* wurde durch eine Haftladung auf Grund gesetzt und am 12. Juli intakt erbeutet. Am 23. Juli wurde der Kreuzer *Newfoundland* bei einem Torpedoangriff von *U407* beschädigt. Seit der Landung der Alliierten am 6. Juni 1944 und Ende Juli hatten die gegnerischen U-Boote lediglich vier britische Handelsschiffe versenkt. Eines davon wurde im Hafen von Syrakus von *U81* torpediert, ebenso zwei amerikanische Landungsschiffe. Die *Seraph* wurde im Dezember 1965 verschrottet.

Shark

Ursprungsland:
USA

Stapellauf:
16. März 1960

Besatzung:
106 – 114

Verdrängung:
Überwasser: 3124 t,
getaucht: 3556 t

Maße:
76,7 m × 9,6 m ×
8,5 m

Bewaffnung:
6 533-mm-
Torpedorohre

Triebwerksanlage:
Einwellen-Druck-
wasserreaktor-
Antrieb, 2 Dampf-
turbinen

Reichweite:
unbegrenzt

Geschwindigkeit:
18 kn bei
Überwasserfahrt,
30 kn getaucht

Die *USS Shark* (*SSN 591*) gehörte zu einem der insgesamt fünf *Skipjack*-Klasse-SSN-Booten, gebaut in den späten 1950er-Jahren. Bis zur Ankunft der *Los-Angeles*-Klasse waren sie die schnellsten U-Boote, die der US Navy zur Verfügung standen, und stellten einen wesentlichen Faktor in dem tödlichen Katz-und-Maus-Spiel dar, das zwischen den U-Booten der NATO und des Warschauer Paktes für nahezu 30 Jahre gespielt wurde. Die Entwicklung nuklearer Angriffsunterseeboote fand in den USA und der Sowjetunion nahezu gleichzeitig statt, folgte aber unterschiedlichen Zielsetzungen. Die Amerikaner legten mehr Wert auf die U-Boot-Bekämpfung (ASW, Anti submarine warfare = Anti-U-Boot-Kriegsführung), wohingegen die Russen ein Mehrzweck-U-Boot befürworteten, das in der Lage sein sollte, sowohl U-Boot-Abwehr-Kampf als auch Landangriffe und die Bekämpfung von Schiffen mit großen Schiff-Abwehr-Marschflugkörper durchführen zu können. Die USA fanden erst später den Weg zu einer Mehrzweckfähigkeit mit der Einführung von U-Boot-abschussfähigen Raketen wie der U-Boot-Abwehr-*Harpoon* und -*Tomahawk* für den Schiff-Abwehr-Kampf.

Sierra-Klasse

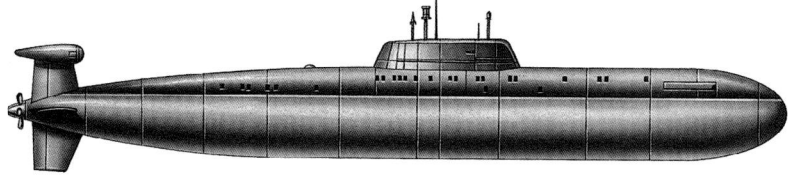

Ursprungsland:
Russland

Stapellauf:
Juli 1986 (*Tula*,
Sierra-I-Klasse)

Besatzung:
61

Verdrängung:
Überwasser: 7112 t,
getaucht: 8230 t

Maße:
107 m × 12,5 m ×
8,8 m

Bewaffnung:
4 650-mm- und
4 533-mm-Torpedo-
rohre, SS-N-15 *Star-
fish*- und SS-N-21
Samson-Raketen

Triebwerksanlage:
Einwellen-Druck-
wasserreaktor-
Antrieb, 1 Turbine

Reichweite:
unbegrenzt

Geschwindigkeit:
10 kn bei
Überwasserfahrt,
32 kn getaucht

Zwei SSNs der *Sierra*-Klasse wurden 1983 in den Werften von Gorki und Severodvinsk auf Kiel gelegt, liefen 1986 vom Stapel und wurden im September 1987 in Dienst gestellt. Das erste Boot, die *Tula* (ehemals *Karp*), war in den späten 1990er-Jahren noch im Dienst, wohingegen das Schwesterschiff bereits 1997 außer Dienst gestellt wurde. Die *Tula* war innerhalb der Nordflotte in Ara Guba stationiert. Die *Sierra* I, in Russland besser unter *Barracuda* bekannt, wurde aus den zwei Booten der *Sierra II*-Klasse, der *Pskow* (ehemals *Zubatka*) und der *Nizhni-Novgorod* (ehemals *Okun*), entwickelt. Die *Pskow* lief 1988 vom Stapel, die *Nizhni-Novgorod* 1992. Die *Sierra-II*-Boote (*Typ 9456A Kondor*-Klasse) hatten eine Tauchtiefe von 750 m. Ein bezeichnendes Merkmal der *Sierra*-Boote war der große Zwischenraum zwischen den zwei Rumpfsektionen, was offensichtlich zur Geräuschreduktion und zur Beschädigungsresistenz beitrug.

Siroco

Ursprungsland:	Spanien
Stapellauf:	13. November 1982
Besatzung:	54
Verdrängung:	Überwasser: 1514 t, getaucht: 1768 t
Maße:	67,6 m × 6,8 m × 5,4 m
Bewaffnung:	4 550-mm-Torpedorohre, 40 Minen
Triebwerksanlage:	2 Dieselmotoren, 1 Elektromotor
Reichweite:	nicht bekannt
Geschwindigkeit:	12,5 kn bei Überwasserfahrt, 17,5 kn getaucht

Die spanische Marine bestellte ihre ersten zwei Boote der *Agosta*-Klasse (die *Galerna* und die *Siroco*) im Mai 1975 und ein zweites Paar (die *Mistral* und die *Tramontana*) im Juni 1977. Vom französischen Büro für Marine-Konstruktionen als sehr geräuscharmes, hochseefähiges U-Boot-Jagd-schiff mit Diesel-/Elektroantrieb entwickelt, waren die *Agosta*-Klasse-Boote mit vier Torpedorohren im Bug, einem pneumatischen Schnellnach-lade- und Abschusssystem, das Torpedos ohne große Geräuschentwick-lung abschießen konnte, ausgerüstet. Bei Einführung der *Agosta*-Klasse Mitte der 1970er-Jahre waren die Torpedorohre eine absolut neuartige Konstruktion, die den Abschuss unter allen Geschwindigkeiten und in allen Tauchtiefen bis zu 350 m erlaubten. Die spanischen *Agosta*-Boote wurden mit Unterstützung Frankreichs gebaut und Mitte der 1990er-Jahre technisch modernisiert.

Sjoormen

Ursprungsland:	Schweden
Stapellauf:	25. Januar 1967
Besatzung:	18
Verdrängung:	Überwasser: 1143 t, getaucht: 1422 t
Maße:	51 m × 6,1 m × 5,8 m
Bewaffnung:	4 550-mm-und 2 400-mm-Torpedorohre
Triebwerksanlage:	Einwellenantrieb, 4 Dieselmotoren, 1 Elektromotor
Reichweite:	nicht bekannt
Geschwindigkeit:	15 kn bei Überwasserfahrt, 20 kn getaucht

Die sechs Boote der *Sjoormen*-Klasse waren die ersten modernen U-Boote, die in den Dienst der königlich-schwedischen Marine gestellt wurden. Sie wurden in den früheren 1960er-Jahren entwickelt und der Bau wurde zwischen den Werften Kockums, Malmö (Entwicklungswerft) und Karls-krona Varvet aufgeteilt. Mit dem *Albacore*-Rumpf für hohe Geschwindig-keiten und der Doppeldeckanordnung war der Typ hervorragend für den Einsatz in den flachen Gewässern des Baltikums geeignet und wies dabei noch exzellente Manövrier-und geräuscharme Betriebseigenschaften auf, was die Fähigkeiten der schwedischen Marine auf dem Gebiet der U-Boot-Bekämpfung wesentlich verbesserte. Alle sechs Boote wurden zwi-schen 1984 und 1986 auf den neuesten Stand gebracht, was den Einbau eines Ericsson *IBS-A17*-Feuerleitsystems beinhaltete. In den 1990er-Jah-ren wurden die Boote dieser Klasse sukzessive durch Boote der neuen *A19*-Klasse ersetzt, die ein völlig neues integriertes Kampfsystem, weitere externe Sensoren und eine leisere Maschinenanlage besaßen, was ihren Einsatz als offensive U-Boot-Jäger (ASW = *Anti submarine warfare*, Anti-U-Boot-Kriegsführung) erlaubte.

Skate

Ursprungsland:	USA
Stapellauf:	16. Mai 1957
Besatzung:	95
Verdrängung:	Überwasser: 2611 t, getaucht: 2907 t
Maße:	81,5 m × 7,6 m × 6,4 m
Bewaffnung:	6 533-mm-Torpedorohre
Triebwerksanlage:	Zweiwellen-Druckwasserreaktor, Turbinen
Reichweite:	unbegrenzt
Geschwindigkeit:	20 kn bei Überwasserfahrt, 25 kn getaucht

Im Juli 1955 auf Kiel gelegt, war die *USS Skate* das erste Serienmodell eines nuklearen Unterseebootes, gefolgt von drei weiteren Booten mit den Namen *Swordfish, Sargo* und *Seadragon*. Der *Skate* gelang die erste Unterwasser-überquerung des Atlantik. 1958 stellte sie einen neuen Rekord auf, indem sie mit abgedichteter Atmosphäre 31 Tage getaucht blieb. Am 11. August 1958 unterquerte sie den Nordpol und am 17. März 1959 tauchte sie genau auf dem Nordpol. Auch andere Boote dieser Klasse erreichten einige Erstrekorde. Die *Seadragon* machte eine Atlantik-/Pazifikverlegung unter Nutzung der Nordwestpassage (Lancaster-Sund, Barrow und McClurstraße). Im August 1962 hatten die *Skate* von New London, Connecticut, und die *Seadragon* von Pearl Harbour aus ein Rendezvous unter dem Nordpol.

Skipjack

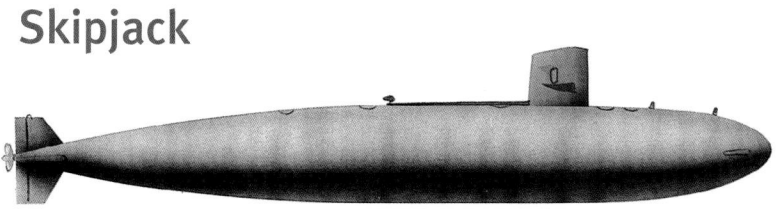

Ursprungsland:	USA
Stapellauf:	26. Mai 1958
Besatzung:	106–114
Verdrängung:	Überwasser: 3124 t, getaucht: 3556 t
Maße:	76,7 m × 9,6 m × 8,5 m
Bewaffnung:	6 533-mm-Torpedorohre
Triebwerksanlage:	Einwellen-Druckwasserreaktor, 2 Dampfturbinen
Reichweite:	unbegrenzt
Geschwindigkeit:	18 kn bei Überwasserfahrt, 30 kn getaucht

Die *USS Skipjack* (SSN 585) war das Führungsschiff einer neuen Klasse, bestehend aus sechs weiteren nuklearen Angriffsunterseebooten, die Ende der 1950er-Jahre gebaut wurden. Die anderen Boote dieser Klasse waren die *Scamp* (SSN 588), die *Scorpion* (SSN 589), die *Sculpin* (SSN 590), die *Shark* (SSN 591) und die *Snook* (SSN 592). Im Mai 1968 ging die *Scorpion* mit 99 Besatzungsmitgliedern an Bord ca. 740 km (400 sm) südwestlich der Azoren auf dem Weg vom Mittelmeer zur Heimatbasis Norfolk, Virginia, verloren.

Die ursprüngliche *Scorpion* wurde umregistriert in SSBN 598, als Nuklear-Ballistik-Unterseeboot umgebaut und in *George Washington* umbenannt. Bis zur Ankunft der *Los-Angeles*-Klasse waren die *Skipjacks* die schnellsten Unterseeboote der US Navy und spielten eine bedeutende Rolle im Aufspüren, Angreifen und Zerstören gegnerischer Raketenunterseeboote.

Storm

Ursprungsland:
Großbritannien

Stapellauf:
18. Mai 1943

Besatzung:
44

Verdrängung:
Überwasser: 726 t,
getaucht: 1006 t

Maße:
61,8 m × 7,25 m ×
3,2 m

Bewaffnung:
6 533-mm-
Torpedorohre,
1 76-mm-
Kanone

Triebwerksanlage:
Zweiwellen-Diesel-
antrieb, Elektro-
motoren

Reichweite:
15 750 km (8500 sm)
bei 10 kn

Geschwindigkeit:
14,75 kn bei
Überwasserfahrt,
9 kn getaucht

Die *Storm* gehörte zur zweiten Serie der *S*-Klasse, die zwischen 1942 und 1943 auf Kiel gelegt wurde. Von den 50 gebauten Booten gingen im Zweiten Weltkrieg neun verloren. Die *Sahib* wurde am 24. April 1943 von der italienischen Korvette *Gabbiano* versenkt. Die *Saracen* wurde am 18. August 1943 von der italienischen Korvette *Minerva* vor Bastia versenkt. Die *P222* (ohne Namen) wurde von dem italienischen Torpedoboot *Fortunale* am 12. Dezember 1942 vor Neapel versenkt. Die *Sickle* lief im östlichen Mittelmeer, ungefähr am 18. Juni 1944, auf eine Mine. Die *Simoom* wurde wahrscheinlich von *U565* am 15. November 1943 im Dodekanes versenkt. Die *Splendid* wurde am 21. April 1943 von dem deutschen Zerstörer *Hermes* vor Korsika versenkt. Die *Stonehenge* verschwand am 22. März 1944 vor den Nikobaren spurlos. Die *Stratagem* wurde von einer japanischen Patrouille am 22. November 1944 in der Malakkastraße versenkt. Die *Syrtis* lief am 28. März 1944 vor Bodø, Norwegen, auf eine Mine. Die *Storm* wurde 1949 verschrottet.

Sturgeon

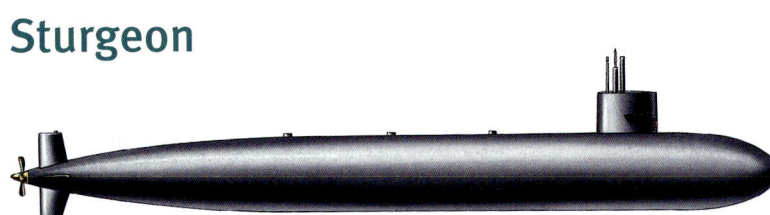

Ursprungsland:
USA

Stapellauf:
26. Februar 1966

Besatzung:
121–141

Verdrängung:
Überwasser: 4335 t,
getaucht: 4854 t

Maße:
89 m × 9,65 m ×
8,9 m

Bewaffnung:
4 533-mm-Torpedo-
rohre, *Tomahawk*-
und *Harpoon*-
Raketen

Triebwerksanlage:
Einwellen-Druck-
wasserreaktor-
Antrieb, Turbinen

Reichweite:
unbegrenzt

Geschwindigkeit:
18 kn bei
Überwasserfahrt,
26 kn getaucht

Als vergrößerte und weiterentwickelte Thresher-/Permit-Konstruktion mit zusätzlicher Geräuschminderung und elektronischen Systemen wurden die *Sturgeon*-Klasse-SSNs zwischen 1965 und 1974 gebaut. Sie gehörten zu den größten Nuklearunterseebooten vor der Einführung der *Los Angeles*-Klasse. Die *Sturgeons* wurden auch oft für Spionagezwecke (elektronische Aufklärung) genutzt, wobei sie eine spezielle Ausrüstung und NSA-Personal (National Security Agency) mitführten. Alle 37 *Sturgeon*-Klasse-Boote waren noch in den 1990er-Jahren im Einsatz. 1982 wurde die *Cavalla* in Pearl Harbour als amphibisches Angriffsboot zur Mitführung eines speziellen Fahrzeuges für Kampfschwimmer (SDV, Swimmer delivery vehicle) umgebaut. Die *Archerfish*, die *Silversides*, die *Tunny* und die *L. Mendel Rivers* wurden ähnlich ausgerüstet. Die *William H. Bates*, die *Hawkbill*, die *Pintado*, die *Richard B. Russell* und andere wurden modifiziert, um ein Navy-Tieftauch- und Rettungsfahrzeug aufnehmen und betreiben zu können.

Surcouf

Ursprungsland:	Frankreich
Stapellauf:	18. Oktober 1929
Besatzung:	118
Verdrängung:	Überwasser: 3302 t, getaucht: 4373 t
Maße:	110 m × 9,1 m × 9,07 m
Bewaffnung:	2 203-mm-Kanonen, 8 551-mm- und 4 400-mm-Torpedorohre
Triebwerksanlage:	Zweiwellen-Dieselantrieb, Elektromotoren
Reichweite:	18 530 km (10 000 sm) bei 10 kn
Geschwindigkeit:	18 kn bei Überwasserfahrt, 8,5 kn getaucht

Im Grunde war die *Surcouf* ein Einzelstück und Versuchsboot, das von der französischen Marine als Piratenboot bezeichnet wurde. Bestückt mit den schwersten Kanonen, die der Washingtoner Vertrag gerade noch zuließ, war es bei Ausbruch des Krieges das größte und schwerste Unterseeboot der Welt. Das sollte es auch bleiben bis zum Auftauchen der japanischen 400er-Serie im Zweiten Weltkrieg. Im Juni 1940 gelang der *Surcouf* die Flucht von Brest aus, wo sie überholt wurde, nach Plymouth, wo sie von britischen Truppen festgesetzt wurde (die Besatzung widersetzte sich mit Verlusten auf beiden Seiten). Später wurde sie den freien französischen Streitkräften übergeben. Es wurden Patrouillenfahrten im Atlantik durchgeführt und das Boot war an der Übernahme der Inseln St. Pierre und Miquelon vor Neufundland beteiligt. Am 18. Februar 1942 ging das Boot durch Kollision mit einem amerikanischen Frachter im Golf von Mexiko verloren.

Swiftsure

Ursprungsland:	Großbritannien
Stapellauf:	7. September 1971
Besatzung:	116
Verdrängung:	Überwasser: 4471 t, getaucht: 4979 t
Maße:	82,9 m × 9,8 m × 8,5 m
Bewaffnung:	5 533-mm-Torpedorohre, *Tomahawk*- und U-Boot-Abwehr *Harpoon*-Raketen
Triebwerksanlage:	Einwellen-Druckwasserreaktor-Antrieb, Turbinen
Reichweite:	unbegrenzt
Geschwindigkeit:	20 kn bei Überwasserfahrt, 30+ kn getaucht

Insgesamt gab es sechs Boote in dieser SSN-Klasse, gebaut zwischen Juli 1974 und März 1981, mit den Namen *Swiftsure*, *Sovereign*, *Superb*, *Sceptre*, *Spartan* und *Splendid*. Die taktischen Waffensysteme dieser Boote wurden in den späten 1970er- und frühen 1990er-Jahren grundlegend modernisiert. Jedes Boot wurde mit dem PWR-1-Core-Z-System ausgestattet, das im Gegensatz zu den vorher installierten Systemen nicht alle 8 Jahre, sondern nur alle 12 Jahre gewartet werden musste. Aus Gründen der allgemeinen Budgetkürzung wurde die *Swiftsure* 1992 außer Dienst gestellt. Die anderen Boote waren 1999 noch im operationellen Einsatz. Zwei Boote befanden sich grundsätzlich in der Überholung. Die *Splendid* war das erste britische Boot, das mit *Tomahawk*-Marschflugkörpern ausgerüstet wurde. Diese wurden 1999 bei den NATO-Angriffen auf Serbien eingesetzt. Die Sonarausrüstung setzt sich zusammen aus dem Typ 2074 (aktive/passive Such- und Angriffsfähigkeit), Typ 2007 (passiv), Typ 2046 (Schleppsensor), Typ 2019 (Abfangmodus und Entfernungsbestimmung) und Typ 2077 (Kurzstreckenbestimmung).

Swordfish

Ursprungsland:	Großbritannien
Stapellauf:	18. März 1916
Besatzung:	25
Verdrängung:	Überwasser: 947 t, getaucht: 1123 t
Maße:	70,5 m × 7 m × 4,5 m
Bewaffnung:	2 533-mm- und 4 457-mm-Torpedorohre
Triebwerksanlage:	Zweiwellen-Impuls-Dampfantrieb
Reichweite:	5556 km (3000 sm) bei 8,5 kn
Geschwindigkeit:	18 kn bei Überwasserfahrt, 10 kn getaucht

Kurz vor Ausbruch des Ersten Weltkrieges veröffentlichte die britische Admiralität eine Ausschreibung für ein Unterseeboot, das in der Lage sein sollte, bei Überwasserfahrt 20 kn zu erreichen. Das Resultat war die dieselangetriebene *Nautilus*, die 1914 vom Stapel lief und über enttäuschende Leistungen verfügte. Trotz dieses Rückschlages bestanden die Briten weiterhin auf einem Boot mit einer Geschwindigkeitskapazität von 20 kn. Ein Vorschlag aus dem Jahre 1912 von dem bekannten Ingenieur Laurenti wurde eingehend untersucht und von Scotts weiterentwickelt. Das kleine Abgasrohr der *Swordfish* konnte elektrisch eingefahren und im Innenraum mit einer Abdeckplatte abgedeckt werden. Der Einfahrvorgang dauerte 1,5 Minuten. Die Temperatur im Innenraum war erträglich. Die *Swordfish* war auch das erste Unterseeboot, das mit einer Notfall-Telefonboje ausgerüstet war. 1917 wurde die *Swordfish* nach einigen Monaten der Erprobung als Patrouillenfahrzeug eingesetzt und 1922 abgewrackt.

Swordfish

Ursprungsland:	Großbritannien
Stapellauf:	10. November 1931
Besatzung:	38
Verdrängung:	Überwasser: 650 t, getaucht: 942 t
Maße:	58,8 m × 7,3 m × 3,2 m
Bewaffnung:	6 533-mm-Torpedorohre, 1 76-mm-Kanone
Triebwerksanlage:	Zweiwellen-Dieselantrieb, Elektromotoren
Reichweite:	7412 km (4000 sm) bei 10 kn
Geschwindigkeit:	15 kn bei Überwasserfahrt, 10 kn getaucht

Hierbei handelte es sich um das zweite Boot der ersten Serie der S-Klasse-Unterseeboote. Von den insgesamt 12 Booten der Gruppe überlebten nur vier den Zweiten Weltkrieg. Die *Swordfish* verschwand spurlos um den 10. November 1940 bei Ushant, vermutlich durch Auflaufen auf eine Mine. Von den anderen Booten wurden die *Seahorse* und die *Starfish* von deutschen Minensuchern in der Helgoländer Bucht versenkt. Die *Shark* wurde von einem deutschen Minensucher bei Skudenes, Norwegen, versenkt. Die *Salmon* lief südwestlich Norwegens auf eine Mine. Die *Snapper* ging in der Biskaya verloren, wobei die Ursache ungeklärt blieb. Die *Spearfish* wurde von einem *U34* vor Norwegen torpediert. Die *Sunfish* wurde irrtümlich von britischen Flugzeugen bei der Passage nach Nordrussland bombardiert (sie sollte der sowjetischen Marine als *B1* zugeteilt werden). *Sterlet* wurde von einem deutschen Fischtrawler im Skagerrak versenkt. Das Führungsschiff, die *Sturgeon*, diente in der holländischen Marine (1943–45) als *Zeehond*.

Tang

Ursprungsland:	USA
Stapellauf:	19. Juni 1951
Besatzung:	83
Verdrängung:	Überwasser: 1585 t, getaucht: 2296 t
Maße:	82 m × 8,3 m × 5,2 m
Bewaffnung:	8 533-mm-Torpedorohre
Triebwerksanlage:	Zweiwellen-Dieselantrieb, Elektromotoren
Reichweite:	18 530 km (10 000 sm) bei 10 kn
Geschwindigkeit:	15,5 kn bei Überwasserfahrt, 18,3 kn getaucht

Die US-Navy-Unterseeboote der *Tang*-Klasse waren Diesel-/Elektroboote, die ein Äquivalent zur sowjetischen *Whiskey*-Klasse darstellten und sehr viele technische Einzelheiten des deutschen Typs *XXI* enthielten. Die ersten vier Boote waren mit einem neuartigen Dieselsternmotor ausgerüstet, der im Einsatz zu ständigen Problemen führte, was eine Umrüstung auf konventionelle Triebwerke notwendig machte. Die Klasse war eigentlich als Versuchsklasse gedacht. Die US-Navy war geradezu erpicht darauf zu ergründen, welche positiven Erfahrungen im Lichte der gewonnenen Erkenntnisse aus dem Zweiten Weltkrieg und der technischen Entwicklungen der Nachkriegszeit in eine neue Klasse von Unterseebooten eingebracht werden könnten. Die sechs Boote dieser Klasse waren die *Trigger* (1974 nach Italien als *Livio Piomarto* verkauft), die *Wahoo*, die *Trout*, die *Gudgeon* und die *Harder* (1973 nach Italien als *Romeo Romei* verkauft). Die *Tang* wurde 1980 an die Türkei als *Piri Reis* verkauft.

Tango

Ursprungsland:	Russland
Stapellauf:	1971
Besatzung:	60
Verdrängung:	Überwasser: 3251 t, getaucht: 3962 t
Maße:	92 m × 9 m × 7 m
Bewaffnung:	6 533-mm-Torpedorohre
Triebwerksanlage:	Zweiwellen-Dieselantrieb, Elektromotoren
Reichweite:	22 236 km (12 000 sm) bei 10 kn
Geschwindigkeit:	20 kn bei Überwasserfahrt, 16 kn getaucht

Die *Tango*-Klasse von insgesamt 18 Diesel-/Elektro-Unterseebooten war als Zwischenlösung gedacht, die die Lücke zwischen der *Foxtrot*-Klasse-DE-Boote und den nuklearangetriebenen *Viktor*-Klasse-SSN ausfüllen sollte. Die erste Einheit wurde 1972 in Gorki aufgestellt und in den darauffolgenden zehn Jahren wurden weitere 17 Einheiten in teilweise unterschiedlichen Versionen gebaut. Die spätere Version war um einige Meter länger als die Vorgängerin, um das Feuerleitsystem für das aus Rohren abgeschossene Projektil SS-N-15 (Schiff-Abwehrrakete), dem Gegenstück zur *Subroc* der US Navy, aufnehmen zu können. Das im Bug untergebrachte Sonarsystem war identisch mit dem der späteren Versionen von SSNs. Das Triebwerk war mit den Antrieben der späteren *Foxtrot*-Klasse identisch. Die Fertigung der *Tango*-Klasse wurde nach Fertigstellung der 18. Einheit eingestellt. Im Frühjahr 1999 waren noch sechs Boote im aktiven Dienst. Die restlichen Boote waren außer Dienst gestellt.

Le Terrible

Ursprungsland:	Frankreich
Stapellauf:	12. Dezember 1969
Besatzung:	114
Verdrängung:	Überwasser: 7620 t, getaucht: 9144 t
Maße:	128 m × 10,6 m × 10 m
Bewaffnung:	16 unterwasserstartfähige MRBMs
Triebwerksanlage:	1 Druckwasserreaktor, Turbinen
Reichweite:	unbegrenzt
Geschwindigkeit:	20 kn bei Überwasserfahrt, 28 kn getaucht

Am 24. Juni 1967 auf der Cherbourg-Marinewerft auf Kiel gelegt, war die *Le Terrible* die dritte Einheit der französischen *Redoutable*-Klasse von ballistischen Nuklearunterseebooten. Diese Klasse stellte die seegestützte Abschreckungskomponente Frankreichs dar und bestand aus Booten, die mit MSBS (Missile mer-sol balistique stretégique, englisch MRBM) bestückt waren. Die *Redoutable* war ab Dezember 1971 einsatzbereit. Die *Le Terrible* folgte 1973, *Le Foudroyant* 1974, die *Indomptable* 1977 und *Le Tonnant* 1979. Der erste Abschuss einer *M4*-Rakete, die vergleichsweise schnell nachgeladen werden konnte, wurde von der *Le Tonnant* am 15. September 1987 im Atlantik durchgeführt. Die *Redoutable* wurde 1991 zurückgezogen. Zwei andere Boote, die *Indomptable* und die *Le Tonnant*, wurden technisch modernisiert und der *Inflexible*-Klasse zugeordnet.

Thames

Ursprungsland:	Großbritannien
Stapellauf:	26. Januar 1932
Besatzung:	61
Verdrängung:	Überwasser: 1834 t, getaucht: 2680 t
Maße:	99,1 m × 8,5 m × 4,1 m
Bewaffnung:	8 533-mm-Torpedorohre, 1 100-mm-Kanone
Triebwerksanlage:	Zweiwellen-Dieselantrieb, Elektromotoren
Reichweite:	9265 km (5000 sm) bei 10 kn
Geschwindigkeit:	21,75 kn bei Überwasserfahrt, 10 kn getaucht

Entworfen für eine hohe Geschwindigkeit innerhalb der Flottenarbeit, wurden die *Thames* und ihre Schwesterschiffe *Severn* und *Clyde* von der Vickers-Armstrong-Werft in Barrow-in-Furness gebaut. Bei Ausbruch des Zweiten Weltkrieges stand die *Thames* bei der 2. U-Boot-Flottille im Dienst und im Winter 1939–40 wurde sie anderen Booten dieser Einheit zugeteilt (*Oberon*, *Triton*, *Triumph*, *Thristle*, *Triad*, *Trident* und *Truant*), um den Kampf gegen die feindliche Schifffahrt vor Norwegen zu führen. Die *Severn* und die *Clyde* waren bis 1941 in Heimatgewässern im Einsatz und wurden danach in das Mittelmeer verlegt. Am 20. Juni 1940 gelang der *Clyde* unter Lt.Cdr. Ingram ein Torpedotreffer am Bug des deutschen Schlachtkreuzers *Gneisenau* vor Trondheim. Beide Boote versenkten eine stattliche Anzahl an feindlicher Schiffstonnage. 1944 wurden sie der Ostflotte zugeteilt. Die *Severn* wurde 1946 in Bombay verschrottet, die *Clyde* im selben Jahr in Durban.

Thistle

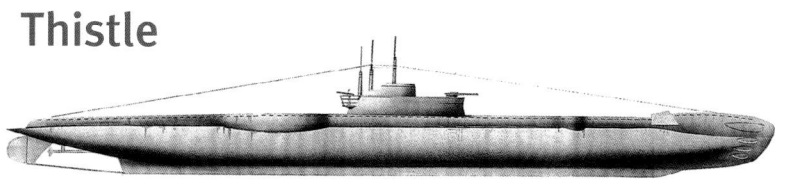

Ursprungsland:
Großbritannien

Stapellauf:
25. Oktober 1938

Besatzung:
59

Verdrängung:
Überwasser: 1107 t,
getaucht: 1600 t

Maße:
80,8 m × 8 m × 4,5 m

Bewaffnung:
10 533-mm-
Torpedorohre,
1 100-mm-
Kanone

Triebwerksanlage:
Zweiwellen-Diesel-
antrieb, Elektromo-
toren

Reichweite:
7041 km (3800 sm)
bei 10 kn

Geschwindigkeit:
15,25 kn bei
Überwasserfahrt,
9 kn getaucht

Die *Thistle* war eines von insgesamt 22 Unterseebooten der *T*-Klasse. Das erste Boot, die *Triton*, lief im Oktober 1937 vom Stapel und das letzte, die *Trooper*, im März 1942. Die meisten Boote standen im Mittelmeer im aktiven Einsatz. Nicht weniger als 14 Boote dieser Gruppe gingen von September 1939 bis Oktober 1943 verloren. Die *Thistle* wurde am 10. April 1940 vor Norwegen durch ein *U4* versenkt. Die verbliebenen ereilte folgendes Schicksal: Die *Triton* wurde von dem italienischen Torpedoboot *Clio* in der Adria versenkt. Die *Thunderbolt* (vormals *Thetis*) wurde von der Korvette *Cicogna* vor Sizilien versenkt. Die *Tarpon* wurde in der Nordsee von dem deutschen Minensucher *M6* versenkt. Die *Triumph*, die *Tigris*, die *Triad*, die *Talisman*, die *Tetrarch*, die *Traveller* und die *Trooper* gingen alle im Mittelmeer verloren. Die Ursachen blieben ungeklärt. Die *Tempest* wurde von dem Torpedoboot *Circe* im Golf von Taranto versenkt, die *Thorn* vom Torpedoboot *Pegaso* vor *Tobruk* und die *Turbolent* von italienischen Minensuchern vor Sardinien.

Thresher-/Permit-Klasse

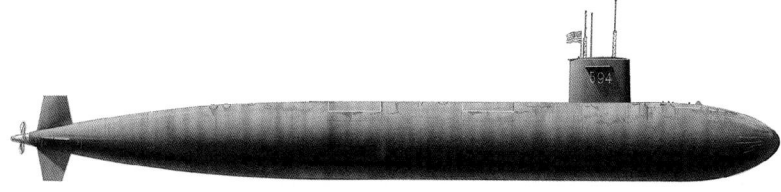

Ursprungsland:
USA

Stapellauf:
9. Juli 1960
(*Thresher*)

Besatzung:
134 – 141

Verdrängung:
Überwasser: 3810 t,
getaucht: 4380 t

Maße:
84,9 m × 9,6 m ×
8,8 m

Bewaffnung:
4 533-mm-
Torpedorohre

Triebwerksanlage:
Einwellen-Druck-
wasserreaktor-
Antrieb, Dampf-
turbinen

Reichweite:
unbegrenzt

Geschwindigkeit:
18 kn bei
Überwasserfahrt,
27 kn getaucht

Als erste SSN der US Navy mit Tieftaucheigenschaften, fortschrittlichem Sonar in einer optimalen Position im Bug, mittschiffs im schrägen Winkel angordneten Torpedorohren mit der U-Boot-Abwehrrakete *Subroc* sowie einem hohen Grad an Geräuschdämmung bildete die *Thresher*-Klasse einen wichtigen Bestandteil der amerikanischen Unterwasserangriffsmarine. Das Führungsschiff der Klasse, die *Thresher,* ging am 10. April 1963 vor New England verloren, und das mitten in der Produktionszeit der Serie zwischen 1960 und 1966. Die Klasse wurde danach in *Permit*-Klasse umbenannt, unmittelbar nach der Fertigstellung des zweiten Schiffs. Als Resultat der Untersuchung des *Thresher*-Unglücks wurden die letzten drei Schiffe noch während der Bauphase nach dem Qualitätssicherungsprogramm SUBSAFE zertifiziert. Die Boote dieser Klasse waren die *Permit*, die *Plunger*, die *Barb*, die *Pollack*, die *Haddo*, die *Guardfish*, die *Flasher* und die *Haddock* (Pazifik-Flotte) sowie die *Jack*, die *Tinosa*, die *Dace*, die *Greenling* und die *Gato* (Atlantik-Flotte).

Torbay

Ursprungsland:
Großbritannien

Stapellauf:
8. März 1985

Besatzung:
130

Verdrängung:
Überwasser: 4877 t,
getaucht: 5384 t

Maße:
85,4 m × 10 m ×
8,2 m

Bewaffnung:
5 533-mm-Torpedo-
rohre, *Tomahawk*-
und U-Boot-Ab-
wehr *Harpoon*-
Raketen

Triebwerksanlage:
Jetantrieb, 1 nukle-
arer Druckwasser-
reaktor, Turbinen

Reichweite:
unbegrenzt

Geschwindigkeit:
20 kn bei
Überwasserfahrt,
32 kn getaucht

Das Unterseeboot *HMS Torbay* war das vierte Boot der *Trafalgar*-Klasse-SSNs. Das Führungsschiff dieser Klasse wurde am 7. April 1977 in Auftrag gegeben und lief am 1. Juli 1981 vom Stapel. Die anderen Schiffe dieser Klasse hießen *Turbolent* (Stapellauf 1. Dezember 1982), *Tireless* (17. März 1984), *Trenchant* (3. November 1986), *Talent* (15. April 1988) und *Triumph* (16. Februar 1991). Die *HMS Trafalgar* fungierte als Erprobungsschiff für den *Spearfish*-Torpedo, der 1992 in Produktion ging und erstmals auf der *Trenchant* mitgeführt wurde. Der Rumpfdruckkörper war mit einer gleichmäßigen Schicht einer schallreflektierenden Farbe überzogen, um die Geräuschentwicklung zu vermindern. Als weitere Geräuschdämpfungsmaßnahme wurden die Antriebsanlage und die Hilfsaggregate durch querlaufende Druckschotten separiert. Alle Schiffe sind bei der 2. U-Boot-Staffel in Devonport stationiert. Zwei Schiffe sind ständig in Überholung.

Trafalgar

Ursprungsland:
Großbritannien

Stapellauf:
1. Juli 1981

Besatzung:
130

Verdrängung:
Überwasser: 4877 t,
getaucht: 5384 t

Maße:
85,4 m × 10 m ×
8,2 m

Bewaffnung:
5 533-mm-Torpedo-
rohre, *Tomahawk*-
und Anti-U-Boot-
Harpoon-Raketen

Triebwerksanlage:
Jetantrieb, 1 nukle-
arer Druckwasser-
reaktor, Turbinen

Reichweite:
unbegrenzt

Geschwindigkeit:
20 kn bei
Überwasserfahrt,
32 kn getaucht

Im Grunde genommen als verbesserte Versionen der *Swiftsure*, waren die *HMS Trafalgar* und ihre Schwesterschiffe die Grundlage für eine Klasse von SSNs, die man als Dritte Generation, gebaut auf der Schiffbau- und Konstruktionswerft Vickers Ltd. (VSEL) in Barrow-in-Furness, bezeichnen konnte. Die wesentlichen Verbesserungen umfassten einen Jetantrieb, der eine konventionelle Schraube ersetzte. Die *Trafalgar* war das erste Boot, das mit einem Sonar des Typs 202 ausgerüstet war und als Testplattform für dieses System diente. Der Einsatz der *Trafalgar*-Klasse mit insgesamt 12 Booten steigerte die Flotte der Royal Navy in der Mitte der 1990er-Jahre zu einer kleinen, aber sehr effektiven Streitmacht. Das Ende des Kalten Krieges und die darauffolgende weltweite Instabilität führten zu einer weitreichenden Stationierung der britischen SSNs nach Guam, Singapur, Hongkong, Diego Garcia und Südkorea.

Le Triomphant

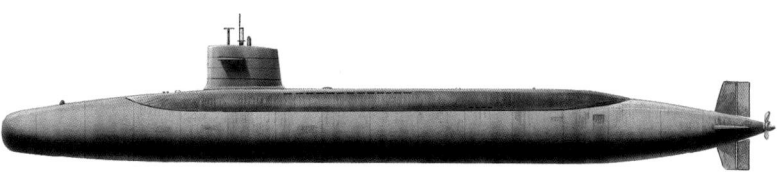

Ursprungsland:	Frankreich
Stapellauf:	13. Juli 1993
Besatzung:	111
Verdrängung:	Überwasser: 12 842 t, getaucht: 14 335 t
Maße:	138 m × 17 m × 12,5 m
Bewaffnung:	4 533-mm-Torpedorohre, 16 M45/TN75 SLBMs
Triebwerksanlage:	Jetantrieb, 1 nuklearer Druckwasserreaktor, 2 Dieselmotoren
Reichweite:	unbegrenzt
Geschwindigkeit:	20 kn bei Überwasserfahrt, 25 kn getaucht

Die *Le Triomphant* ist das Führungsschiff der letzten Klasse französischer nuklearangetriebener U-Boote mit ballistischer Raketenbewaffnung, gebaut auf der DCN-Werft, Cherbourg. Sie wurde am 10. März 1986 in Auftrag gegeben und im November 1993 wurde das Baudock geflutet. Die zweite, *Le Téméraire*, wurde am 18. Oktober 1989 in Auftrag gegeben und am 8. August 1997 vom Stapel gelassen, während das dritte Boot, die *Le Vigilant*, am 27. Mai 1993 in Auftrag gegeben wurde und im Mai 2002 vom Stapel lief. Ein viertes Boot war für 2005 geplant. Alle vier Boote sollten 2007 im Einsatz stehen. Die *Le Triomphant* begann die Seeerprobung im April 1994 und die erste Seefahrt fand zwischen dem 16. Juli und dem 22. August 1995 statt. Der erste Unterwasserabschuss eines *M45*-SLBMs (Reichweite 8000 km/4300 sm, 6 Mehrfachsprengköpfe) fand am 14. Februar 1995 statt. Die Boote dieser Klasse sollen die *L'Inflexible*-Klasse ersetzen.

Triton

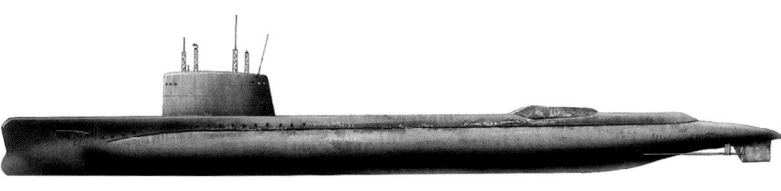

Ursprungsland:	USA
Stapellauf:	19. August 1958
Besatzung:	172
Verdrängung:	Überwasser: 6035 t, getaucht: 7905 t
Maße:	136,3 m × 11,3 m × 7,3 m
Bewaffnung:	6 533-mm-Torpedorohre
Triebwerksanlage:	Zweiwellenantrieb, 1 Druckwasserreaktor, Turbinen
Reichweite:	unbegrenzt
Geschwindigkeit:	27 kn bei Überwasserfahrt, 20 kn getaucht

Die *USS Triton* war als Radarüberwachungsboot für den Überwassereinsatz zusammen mit einem Trägerverband geplant. Ein Tauchvorgang war nur bei einem gegnerischen Angriff vorgesehen. Für diese Aufgabe war sie mit einem aufwändigen Kampfinformationssystem ausgestattet. Die Radarantenne war im Heck des Schiffes platziert und einziehbar. Zu jener Zeit war sie das längste je gebaute U-Boot, ihre Verdrängung wurde erst durch die späteren *Polaris*-SSBNs übertroffen. 1960 umrundete die *Triton* den Globus unterwasser. Sie musste nur einmal auftauchen, um einen kranken Seemann nahe der Falklandinseln aufnehmen zu können. Für die 66 749 km (36 022 sm) wurden 83 Tage benötigt, mit einer Durchschnittsgeschwindigkeit von 18 kn. Am 1. März 1961 wurde die *Triton* als Angriffsunterseeboot neu klassifiziert. Am 3. Mai 1969 wurde sie außer Dienst gestellt.

Turtle

Ursprungsland:	USA
Stapellauf:	1776
Besatzung:	1
Verdrängung:	Überwasser: 2 t, getaucht: 2 t
Maße:	1,8 m × 1,3 m
Bewaffnung:	1 68 kg Sprengladung
Triebwerksanlage:	Einwellen-handantrieb
Reichweite:	nicht bekannt
Geschwindigkeit:	nicht bekannt

Nahezu alle Bereiche der Turtle, mit Ausnahme des Turmes, befanden sich während des Einsatzes unter Wasser, weshalb sie als U-Boot zu bezeichnen ist. Der Turm war mit einer Glasluke versehen, mit deren Hilfe die Besatzung den Weg zum Ziel finden musste. Ein vollständiges Abtauchen war also nicht möglich. Sie wurde von David Bushnell gebaut, der während des amerikanischen Unabhängigkeitskrieges mit gezeitengetriebenen Minen experimentierte. Er entschied sich für den Bau eines bemannten, halb getauchten Fahrzeuges, das eine Sprengladung zu dem Rumpf eines gegnerischen Schiffes transportieren sollte. Die Ladung wurde außerhalb des Fahrzeuges mitgeführt und am gegnerischen Schiff mithilfe eines Bohrers, der in den Rumpf eindringen sollte, befestigt. Ein Zeitzünder ermöglichte es der *Turtle*, sich in Sicherheit zu bringen. Im September 1776 versuchte der amerikanische Soldat Ezra Lee eine Sprengladung an einem gegnerischen Schiff anzubringen, aber der Bohrer brach. Es handelte sich hierbei um den ersten jemals durchgeführten Unterwassereinsatz.

Typ 640

Ursprungsland:	Israel
Stapellauf:	2. Dezember 1975 (Führungsschiff)
Besatzung:	22
Verdrängung:	Überwasser: 427 t, getaucht: 610 t
Maße:	45 m × 4,7 m × 3,7 m
Bewaffnung:	8 533-mm-Torpedorohre
Triebwerksanlage:	Einwellen-Diesel-antrieb, 2 Dieselmotoren, 1 Elektromotor
Reichweite:	7038 km (3800 sm) bei 10 kn
Geschwindigkeit:	11 kn bei Überwasserfahrt, 17 kn getaucht

Der *Typ 640* ist eine der vielen Varianten des bestens bewährten deutschen *Typs 205/206* SSK. Er wurde von der britischen Vickers Ltd. Werft in Barrow-in-Furness Mitte der 1970er-Jahre für die israelische Marine (Hel Yam) gebaut, im Anschluss an einen Auftrag vom April 1972. Das Boot war speziell für den Einsatz in Küstennähe konzipiert. Der Auftrag umfasste drei Boote. Das erste mit dem Namen *Gal* wurde 1973 auf Kiel gelegt und im Dezember 1976 in Dienst gestellt. Die anderen zwei Boote, die *Tanin* und die *Rahav*, wurden im Juni und Dezember 1977 in Dienst gestellt. Die Boote wurden in israelischen Diensten modifiziert und in *Typ 540* umbenannt. Die Boote sind aus hochfestem und antimagnetischem Stahl gebaut. Sie waren von vornherein für den Export konzipiert und jede Nation konnte sich ihre spezielle Ausrüstung aussuchen, abhängig von den verfügbaren finanziellen Mitteln. Das Boot ist besonders geeignet für den Einsatz in den flachen Gewässern der Levante.

Typhoon

Ursprungsland:	Russland
Stapellauf:	23. September 1980
Besatzung:	175
Verdrängung:	Überwasser: 18 797 t, getaucht: 26 925 t
Maße:	171,5 m × 24,6 m × 13 m
Bewaffnung:	20 SLBMs, 4 630-mm- und 2 533-mm-Torpedorohre
Triebwerksanlage:	Zweiwellenantrieb, 2 nukleare Druckwasserreaktoren, Turbinen
Reichweite:	unbegrenzt
Geschwindigkeit:	12 kn bei Überwasserfahrt, 25 kn getaucht

Mit ihren *SS-N-20-Sturgeon*-Dreistufenfeststoffraketen, die mit ihren 10 200-kT-Atomsprengköpfen pro Projektil und einer Reichweite von 8300 km (4500 sm) strategische Ziele an jenem Ort dieser Welt angreifen können, ist die *Typhoon* das größte Unterseeboot, das jemals gebaut wurde. Die Abschussrohre sind vorne in der Bugsektion untergebracht, was den Raum im hinteren Teil des Schiffes für die zwei Nuklearreaktoren frei lässt. Das Heckleitwerk kann Eis mit einer Stärke von drei Metern durchbrechen und die Tauchtiefe beträgt ungefähr 300 m. Sechs Boote dieser Klasse wurden zwischen 1980 und 1989 in Dienst gestellt. Ihre Zulassung erfolgte in folgender Reihenfolge: *TK208, TK202, TK12, TK13, TK17* und *TK20*. Zwei weitere Einheiten wurden 1999 als Reserveschiffe auf Kiel gelegt. Zwei Schiffe warteten auf eine Überholung und waren nicht in der Lage, in See zu stechen. Die *TK17* wurde 1992 bei einem Feuer während eines Raketennachladevorgangs beschädigt, wurde aber wieder instand gesetzt. Die Boote der *Typhoon*-Klasse sind bei der Nordflotte in Litsauba stationiert.

U1

Ursprungsland:	Deutschland
Stapellauf:	4. August 1906
Besatzung:	22
Verdrängung:	Überwasser: 241 t, getaucht: 287 t
Maße:	42,4 m × 3,8 m × 3,2 m
Bewaffnung:	1 450-mm-Torpedorohr
Triebwerksanlage:	Zweiwellenantrieb, Kerosinmotoren, Elektromotoren
Reichweite:	2850 km (1536 sm) bei 10 kn
Geschwindigkeit:	10,8 kn bei Überwasserfahrt, 8,7 kn getaucht

Interessanterweise hatte der deutsche Marinestab während der Jahrhundertwende das Potenzial des U-Bootes nicht erkannt und die ersten in Deutschland gebauten U-Boote waren drei Boote der *Karp*-Klasse, die 1904 von der russischen Marine bestellt wurden. Deutschlands erstes einsatzfähiges U-Boot, die *U1*, wurde nicht vor 1906 fertiggestellt. Dennoch war sie eine der erfolgreichsten Konstruktionen ihrer Zeit. Die zwei Kerosinmotoren leisteten 400 hp; die gleiche Leistung erbrachten die Elektromotoren. Die Unterwasserreichweite betrug 80 km (43 sm). Im Dezember 1906 wurde das Boot in Dienst gestellt und nur für Erprobungs- und Ausbildungsfahrten eingesetzt. Im Februar 1919 wurde sie außer Dienst gestellt, verkauft und als Museumsstück von der Germania-Werft in Kiel, wo sie gebaut wurde, restauriert. Im zweiten Weltkrieg wurde sie bei einem Bombenangriff beschädigt, aber wieder repariert. Doppelschraubenantrieb und Doppelhüllen wurden erstmals in deutschen U-Booten genutzt.

U2

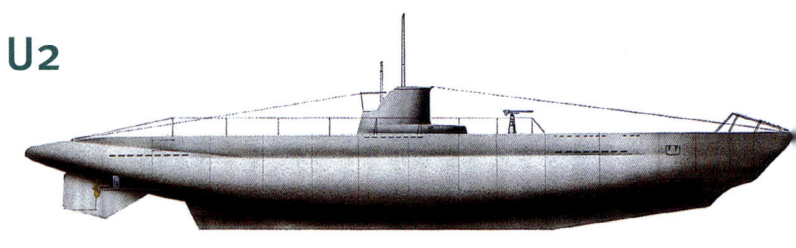

Ursprungsland:
Deutschland

Stapellauf:
Juli 1935

Besatzung:
25

Verdrängung:
Überwasser: 254 t,
getaucht: 302 t

Maße:
40,9 m × 4,1 m ×
3,8 m

Bewaffnung:
3 533-mm-
Torpedorohre,
1 20-mm-
Kanone

Triebwerksanlage:
Zweiwellen-Diesel-
antrieb, Elektro-
motoren

Reichweite:
1688 km (912 sm)
bei 10 kn

Geschwindigkeit:
13 kn bei
Überwasserfahrt,
7 kn getaucht

Nach Abschluss des Versailler Vertrages war es Deutschland in den 1920er-Jahren verboten, Unterseeboote zu bauen. Dennoch stellte Deutschland in dieser Zeit im Geheimen Entwicklungsteams in Spanien, Holland und Russland zusammen. Das erste Boot wurde 1927 in Finnland gebaut und war gleichzeitig der Prototyp für die U2, einem U-Boot für den Einsatz in küstennahen Gewässern. Die Dieselmotoren leisteten 350 hp und die Elektromotoren steuerten weitere 180 hp bei. Die frühen Typ-II-Boote wurden für die Ausbildung genutzt und einige hervorragende und später erfolgreiche Kommandanten lernten ihr Fach auf diesen Booten. Im März 1940 wurde die U2 einem Verband deutscher U-Boote in einer recht erfolglosen U-Boot-Jagdoperation gegen britische und französische Unterseeboote in der Nordsee zugeteilt. Am 8. April 1944 ging die U2 durch eine Kollision innerhalb einer Ausbildungsfahrt im Baltikum westlich von Pillau verloren.

U3

Ursprungsland:
Deutschland

Stapellauf:
1936

Besatzung:
25

Verdrängung:
Überwasser: 254 t,
getaucht: 302 t

Maße:
40,9 m × 4,1 m ×
3,8 m

Bewaffnung:
3 533-mm-
Torpedorohre,
1 20-mm-
Kanone

Triebwerksanlage:
Zweiwellen-Diesel-
antrieb, Elektro-
motoren

Reichweite:
1688 km (912 sm)
bei 10 kn

Geschwindigkeit:
13 kn bei
Überwasserfahrt,
7 kn getaucht

Im Frühjahr 1922 gründete Deutschland ein Konstruktionsbüro in Den Haag in Holland unter dem Decknamen einer holländischen Firma. Hier sollten U-Boote für fremde Marinen konstruiert werden, die gleichzeitig als Prototypen für die neu gegründete Reichsmarine dienen sollten, da sich die Konstrukteure auch nach dem verlorenen Krieg bemühten, ständig auf dem Laufenden zu bleiben. Das letzte von insgesamt fünf Booten für Finnland, die Vessiko, wurde bereits von der deutschen Firma Chrichton-Vulcan AB in Turku, an der Südwestspitze Finnlands, gebaut und mit der Kennzeichnung U-Boot 707 versehen, obwohl es sich dabei schon um den Prototyp für den Typ IIA handelte. Die U3 war bereits ein Typ IIA. Aufgrund der beschränkten Reichweite wurde das Boot nur für Ausbildungszwecke verwendet. Es wurde im Juli 1944 stillgelegt und im Frühjahr 1945 zur Ersatzteilgewinnung ausgeschlachtet.

U12

Die *U12* war das letzte der bundesrepublikanischen Küsten-U-Boote des Typs *205*, die insgesamt vierte Klasse, die in den Einsatz gebracht wurde, seit Deutschland als Partner der NATO in den 1950er-Jahren wiederbewaffnet wurde. Die erste war die *Hai*-Klasse, zusammen mit dem *Hecht*. Beide Boote waren eigentlich rekonstruierte Weltkriegsboote des Typs *XXIII*. Danach kamen *201* und *202*. Mit Ausnahme von zwei Booten waren alle dem Typ *201* nachempfunden. Sie litten unter erheblichen Korrosionsproblemen, da das nichtmagnetische Material doch sehr zu wünschen übrig ließ. Als Zwischenlösung wurden die Rümpfe von *U4* bis *U8* mit einer Schicht Zinn überzogen, was den Einsatzwert der Schiffe doch erheblich beeinträchtigte. Der Bau von *U9* bis *U12* wurde verschoben, bis ein geeigneter Stahl entwickelt worden war.

Ursprungsland:
Deutschland

Stapellauf:
10. September 1968

Besatzung:
21

Verdrängung:
Überwasser: 425 t, getaucht: 457 t

Maße:
43,9 m × 4,6 m × 4,3 m

Bewaffnung:
8 533-mm-Torpedorohre

Triebwerksanlage:
Einwellen-Dieselantrieb, Elektromotoren

Reichweite:
7041 km (3800 sm) bei 10 kn

Geschwindigkeit:
10 kn bei Überwasserfahrt, 17,5 kn getaucht

U21

Das Boot mit der Bezeichnung *U21* war eines von vier Booten, die auf der Danziger Werft im Jahre 1913 gebaut wurden. Obwohl Deutschland einen langsamen Start bei der Entwicklung von U-Booten hatte, waren die ersten Konstruktionen mit Doppelhüllenrümpfen und Doppelschraubenantrieb doch hervorragend gelungen. Die deutschen Konstrukteure weigerten sich Benzinmotoren einzubauen und neigten eher zu den stärker riechenden, aber auch spritsparenden Kerosinmotoren. 1908 waren die ersten brauchbaren Dieselmotoren verfügbar und wurden umgehend in die *U19*-Klasse (zu der die *U21* zählte) eingebaut. Auch später gehörten diese Motoren zur Standardausrüstung. Von den vier Booten dieser Klasse kapitulierten im November 1918 die *U19* und die *U22*. Sie wurden in Blyth, Northumberland, verschrottet. Die *U20* wurde von der Besatzung versenkt, nachdem sie 1916 vor der dänischen Küste gestrandet war, und 1925 verschrottet. Die *U21* ging am 22. Februar 1919 in der Nordsee verloren, als sie auf dem Weg war, sich zu ergeben.

Ursprungsland:
Deutschland

Stapellauf:
8. Februar 1913

Besatzung:
35

Verdrängung:
Überwasser: 660 t, getaucht: 850 t

Maße:
64,2 m × 6,1 m × 3,5 m

Bewaffnung:
4 508-mm-Torpedorohre, 1 86-mm-Kanone

Triebwerksanlage:
Zweiwellen-Dieselantrieb, Elektromotoren

Reichweite:
9265 km (5500 sm) bei 10 kn

Geschwindigkeit:
15,4 kn bei Überwasserfahrt, 9,5 kn getaucht

Ursprungsland:	Deutschland
Stapellauf:	22. Januar 1974
Besatzung:	21
Verdrängung:	Überwasser: 457 t, getaucht: 508 t
Maße:	48,6 m × 4,6 m × 4,5 m
Bewaffnung:	8 533-mm-Torpedorohre
Triebwerksanlage:	Einwellen-Dieselantrieb, Elektromotoren
Reichweite:	7041 km (3800 sm) bei 10 kn
Geschwindigkeit:	10 kn bei Überwasserfahrt, 17 kn getaucht

U28

Studien, die zur Ablösung der *Typ-205*-Klasse führen sollten, wurden 1962 in Angriff genommen. Das Resultat war die neue *Typ-206*-Klasse, die aus hochfestem, nichtmagnetischem Stahl für den Einsatz in küstennahen Gewässern ausgelegt war, da Deutschland in seinen Vertragsbedingungen eine gewisse Tonnage nicht überschreiten durfte. Das Boot verfügte über neue Sicherheitseinrichtungen und konnte drahtgesteuerte Torpedos verschießen. Nach der Abnahme des Entwurfs begannen die Konstruktionsarbeiten in den Jahren 1966–68. Der erste Auftrag für eine eventuelle Stückzahl von bis zu 18 Einheiten wurde im darauffolgenden Jahr erteilt. Bis 1975 waren alle Boote (*U13*-*U30*) in Dienst gestellt. Die Boote wurden später modifiziert und erhielten zwei externe Behälter zur Mitnahme von 24 Grundminen anstatt der Torpedos.

U32

Ursprungsland:	Deutschland
Stapellauf:	1937
Besatzung:	44
Verdrängung:	Überwasser: 636 t, getaucht: 757 t
Maße:	64,5 m × 5,8 m × 4,4 m
Bewaffnung:	5 533-mm-Torpedorohre, 1 88-mm-Kanone, 1 20-mm-Luftabwehrkanone
Triebwerksanlage:	Zweiwellen-Dieselantrieb, Elektromotoren
Reichweite:	6916 km (3732 sm) bei 12 kn
Geschwindigkeit:	16 kn bei Überwasserfahrt, 8 kn getaucht

Im September 1939 hatte die deutsche Marine lediglich 56 Unterseeboote im Dienst, wovon nur 22 hochseetüchtig, also für den Einsatz im Atlantik geeignet waren. Alle gehörten zur Klasse Typ *VII*, wozu auch die *U32* gehörte. Mit einer Turmhöhe von nur 5,2 m über Wasser waren sie schon bei Tag extrem schwer zu entdecken. In der Nacht war dies nahezu unmöglich. Sie konnten in weniger als einer halben Minute tauchen und erreichten eine Tiefe von bis zu 100 m im Normalfall, konnten aber auch auf 200 m gehen, wenn die Gefahrensituation es erforderte. Ihre Unterwassergeschwindigkeit von 7,6 kn konnte für zwei Stunden aufrechterhalten werden. Bei zwei Knoten waren 130 Stunden Fahrt möglich. Mit ihrer Reichweite und Unterwassergeschwindigkeit konnten andere zeitgenössische Unterseeboote nicht mithalten. Die *U32* wurde am 30. Oktober 1940 von den britischen Zerstörern *Harvester* und *Highlander* versenkt.

U47

Ursprungsland:
Deutschland

Stapellauf:
1938

Besatzung:
44

Verdrängung:
Überwasser: 765 t, getaucht: 871 t

Maße:
66,5 m × 6,2 m × 4,7 m

Bewaffnung:
5 533-mm-Torpedorohre, 1 88-mm-Kanone, 1 20-mm-Luftabwehrkanone

Triebwerksanlage:
Zweiwellen-Dieselantrieb, Elektromotoren

Reichweite:
10 454 km (5642 sm) bei 12 kn

Geschwindigkeit:
17,2 kn bei Überwasserfahrt, 8 kn getaucht

Der Typ *VIIB* war geringfügig größer als der Vorgänger-Typ *VIIA* und besaß eine etwas größere Reichweite und Überwassergeschwindigkeit. Das wohl berühmteste Boot dieser Klasse war ohne Zweifel die *U47* unter dem Kommandanten Kapitänleutnant Günther Prien, der in der Nacht vom 13. auf den 14. Oktober 1939 die Absperrungen des britischen Kriegshafens Scapa Flow durchdrang und das 27 940-Tonnen-Schlachtschiff *Royal Oak*, einen Kriegsveteran aus dem Ersten Weltkrieg, mit drei Torpedotreffern versenkte. Der Angriff, bei dem 833 Menschenleben zu beklagen waren, wurde mit einer ungeheuren Kaltblütigkeit und Tapferkeit und einem hohen Maß an seemännischen Fähigkeiten durchgeführt. Großbritannien stand danach unter Schock. Prien kehrte in den Heimathafen zurück, wo man ihn als Helden feierte. Er hatte bereits drei kleinere Frachtschiffe am ersten Tag des Zweiten Weltkrieges versenkt und konnte seine Bilanz noch auf weitere 27 Schiffe verbessern. Am 7. März 1941 wurde die *U47* von den britischen Korvetten *Arbutus* und *Carmellia* im Nordatlantik versenkt.

U106

Ursprungsland:
Deutschland

Stapellauf:
1939

Besatzung:
48

Verdrängung:
Überwasser: 1068 t, getaucht: 2183 t

Maße:
76,5 m × 6,8 m × 4,6 m

Bewaffnung:
6 533-mm-Torpedorohre, 1 102-mm-Kanone, 1 20-mm-Luftabwehrkanone

Triebwerksanlage:
Zweiwellen-Dieselantrieb, Elektromotoren

Reichweite:
13 993 km (7552 sm) bei 10 kn

Geschwindigkeit:
18,2 kn bei Überwasserfahrt, 7,2 kn getaucht

Die Typ-*IXB*-Klasse-Unterseeboote, zu denen auch die *U106* gehörte, waren verbesserte, hochseefähige Boote des Typs *IXA* mit erhöhter Reichweite. Einige der Boote vom Typ *IXB* wurden für den Einsatz im Fernen Osten modifiziert, was eine Erhöhung der Reichweite auf 16 100 km (8700 sm) bei einer Geschwindigkeit von 12 kn bedeutete.

Das Jagdgebiet sollte der Indische Ozean sein unter Nutzung von Basen in Malaysia und Singapur, die vorher von japanischen Truppen erobert wurden. Im März 1941 torpedierte die *U106* unter Kapitänleutnant Oesten, nachdem er vorher schon einige Frachtschiffe im Atlantik versenkt hatte, das Schlachtschiff *Malaya*, das einen Konvoi eskortierte. Das Schlachtschiff wurde zwar in New York repariert, spielte aber im Zweiten Weltkrieg keine Rolle mehr. Der *U106* gelangen unter Kapitän Rasch noch weitere Versenkungen im Atlantik, bevor es am 2. August 1943 bei einem Luftangriff vor Kap Ortegal in der Biskaya zerstört wurde. Die hohe Überwassergeschwindigkeit machte die Typ-*IX*-Boote besonders geeignet für Überwasserangriffe bei Nacht.

U112

Ursprungsland:	Deutschland
Stapellauf:	Projektstadium
Besatzung:	110
Verdrängung:	Überwasser: 3190 t, getaucht: 3688 t
Maße:	115 m × 9,5 m × 6 m
Bewaffnung:	8 533-mm-Torpedorohre, 4 127-mm-Kanonen, 2 30-mm- und 2 20-mm-Luftabwehrkanonen
Triebwerksanlage:	Zweiwellen-Dieselantrieb, Elektromotoren
Reichweite:	25 266 km (13 635 sm) bei 12 kn
Geschwindigkeit:	23 kn bei Überwasserfahrt, 7 kn getaucht

Im Ersten Weltkrieg, wo ihr Hauptziel die Versenkung von Handelsschiffen war, wurden deutsche Unterseeboote mit immer schwererer Bewaffnung ausgerüstet bis zur Bewaffnung neuer Konstruktionen mit 150-mm-Kanonen. Ältere Boote wurden entsprechend nachgerüstet. Die Reichweite dieser Geschütze war erheblich größer als die der auf Handelsschiffen postierten kleineren Kanonen, die nur der Selbstverteidigung dienen sollten. So war es möglich, Handelschiffe über Wasser mit Kanonen zu bekämpfen und die wertvollen Torpedos für den Einsatz gegen gefährlichere, hochwertige Kriegsschiffe aufzusparen. Man konstruierte eine spezielle Klasse von Unterseebootkreuzern großer Reichweite. Dieses Konzept kam dann aber erst im Zweiten Weltkrieg mit der Typ-XI-Klasse zur Anwendung. Mit der Bezeichnung U112 bis U115 sollten diese Boote jeweils ein Beobachtungsflugzeug an Bord haben, um den Aufklärungsradius zu erweitern. Diese Klasse kam aber über das Projektstadium nicht hinaus.

U139

Ursprungsland:	Deutschland
Stapellauf:	3. Dezember 1917
Besatzung:	62
Verdrängung:	Überwasser: 1961 t, getaucht: 2523 t
Maße:	94,8 m × 9 m × 5,2 m
Bewaffnung:	6 508-mm-Torpedorohre, 2 150-mm-Kanonen
Triebwerksanlage:	Zweiwellen-Dieselantrieb, Elektromotoren
Reichweite:	23 390 km (12 630 sm) bei 8 kn
Geschwindigkeit:	15,8 kn bei Überwasserfahrt, 7,6 kn getaucht

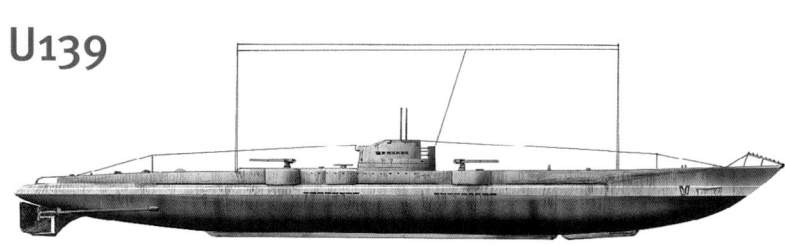

1917 wurden zwei deutsche U151-Klasse-U-Boote (U151 und U155) umgebaut, um als Langstreckentransportschiffe eingesetzt zu werden. Ein Boot, die *Deutschland*, machte zwei kommerzielle Fahrten in die USA, bevor der Eintritt Amerikas in den Krieg die Unternehmungen beendete. Das Boot wurde danach wieder für den normalen Einsatz mit seinem Schwesterschiff *Oldenburg* zurückgerüstet. Als Unterseebootkreuzer wurden noch weitere Boote dieser Art umgebaut, darunter die U139, U140 und U141. Den ersten beiden wurden ausnahmsweise Namen gegeben, wahrscheinlich weil sie für den vorwiegenden Einsatz über Wasser gedacht waren. Die U139 wurde *Kapitänleutnant Schweiger* genannt, die U140 *Kapitänleutnant Weddingen*. Nach dem Krieg ging die U139 an Frankreich als *Halbronn*, die U140 wurde als Kanonenziel für amerikanische Zerstörer genutzt und entsprechend zerstört. Die U141 wurde 1923 verschrottet.

U140

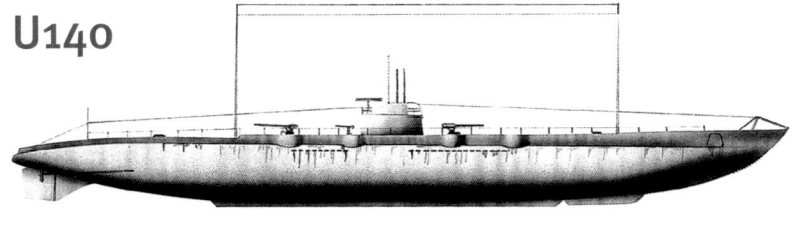

Ursprungsland:
Deutschland

Stapellauf:
4. November 1917

Besatzung:
62

Verdrängung:
Überwasser: 1961 t,
getaucht: 2523 t

Maße:
94,8 m × 9 m × 5,2 m

Bewaffnung:
6 508-mm-
Torpedorohre,
2 150-mm-
Kanonen

Triebwerksanlage:
Zweiwellen-Diesel-
antrieb, Elektromo-
toren

Reichweite:
32 873 km
(17 750 sm) bei 8 kn

Geschwindigkeit:
15,8 kn bei
Überwasserfahrt,
7,6 kn getaucht

Die *U140*, bereits vorher erwähnt, war einer der Unterseebootkreuzer der *U139*-Klasse, von denen zwei einen Namen erhielten. Auch bei der nachfolgenden Klasse wurden vier Boote mit Namen versehen: *U145: Kapitänleutnant Wegener*, *U146: Oberleutnant zur See Saltzwedel*, *U147: Kapitänleutnant Hansen*, *U148: Oberleutnant zur See Pustkuchen*, *U149: Kapitänleutnant Freiherr von Berkheim*, *U150: Kapitänleutnant Schneider*. Die ersten drei Boote wurden bei der Hamburger Vulkan-Werft AG auf Kiel gelegt, die anderen bei der Weser AG, Bremen. Alle sechs Boote wurden noch vor der Fertigstellung verschrottet. Die Boote *U145* bis *U147* wurden zwischen Juni und September 1918 vom Stapel gelassen, als der Krieg jedoch so gut wie zu Ende war.

U151

Ursprungsland:
Deutschland

Stapellauf:
4. April 1917

Besatzung:
56

Verdrängung:
Überwasser: 1536 t,
getaucht: 1905 t

Maße:
65 m × 8,9 m × 5,3 m

Bewaffnung:
2 509-mm-
Torpedorohre,
2 150-mm- und
2 86-mm-
Kanonen

Triebwerksanlage:
Zweiwellen-Diesel-
antrieb, Elektromo-
toren

Reichweite:
20 909 km
(11 284 sm)
bei 10 kn

Geschwindigkeit:
12,4 kn bei
Überwasserfahrt,
5,2 kn getaucht

Vor dem Eintritt der USA in den Ersten Weltkrieg 1917 hatte die deutsche Marine das Potenzial von frachttragenden U-Booten, die die Blockade Deutschlands durch die Royal Navy umgehen konnten, erkannt. Zwei *U151*-Klasse-Boote wurden als Frachtunterseeboote umgerüstet und erhielten die Namen *Oldenburg* und *Deutschland*. Nach dem Eintritt der USA in den Krieg wurden die Boote wieder als schwer bewaffnete Kreuzer zurückgerüstet und bildeten somit zwei einer Serie von insgesamt sieben Schiffen (*U151* bis *U157*). Am 24. November 1918 wurde die *U151* an Frankreich übergeben und am 7. Juni 1921 vor Cherbourg als Zielschiff versenkt. Die *U155*, die ehemalige *Deutschland*, wurde 1922 in Morecambe, England, verschrottet. Der dritte Frachtumbau, die *Bremen*, ging 1917 bei ihrer ersten Reise vor den Orkneys verloren. Vermutlich lief sie auf eine Mine.

U160

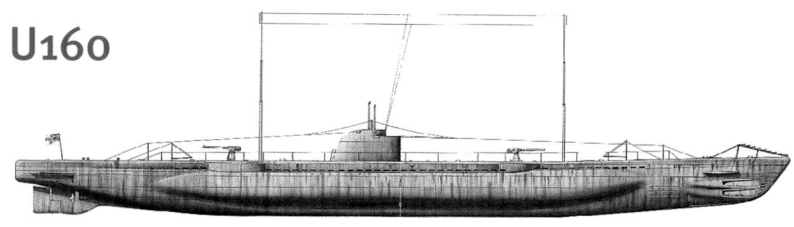

Ursprungsland:	Deutschland
Stapellauf:	27. Februar 1918
Besatzung:	39
Verdrängung:	Überwasser: 834 t, getaucht: 1016 t
Maße:	71,8 m × 6,2 m × 4,1 m
Bewaffnung:	6 509-mm-Torpedorohre, 2 104-mm-Kanonen
Triebwerksanlage:	Zweiwellendieselantrieb, Elektromotoren
Reichweite:	15 372 km (8300 sm) bei 8 kn
Geschwindigkeit:	16,2 kn bei Überwasserfahrt, 8,2 kn getaucht

Die *U160* war das Führungsschiff einer Klasse von 13 schnellen U-Booten, die noch in den letzten Monaten des Ersten Weltkrieges auf Kiel gelegt wurde. Gebaut bei der Bremer Vulkan-Werft in Kiel, wurden fünf Boote (*U168* bis *U172*) noch vor der Fertigstellung verschrottet. Von den übriggebliebenen wurde die *U160* nach der Kapitulation an Frankreich übergeben und 1922 in Cherbourg verschrottet. Die *U161* lief auf dem Weg zur Verschrottung auf Grund. Die *U162* wurde auch an Frankreich übereignet und diente als *Pierre Marast* bis zur Verschrottung im Jahre 1937. Die *U163* wurde an Italien übergeben und 1919 verschrottet. Die *U164* wurde 1922 in Swansea verschrottet. Die *U165* sank durch einen Unfall in der Weser. Die *U166* wurde nach dem Waffenstillstand fertiggestellt und an Frankreich übergeben, wo sie als *Jean Roulier* in Dienst gestellt wurde und bis zur Verschrottung im Jahre 1935 ihren Dienst versah. Die *U167* wurde 1921 verschrottet. Wegen der hohen Geschwindigkeit dieser Boote wurden Angriffe meist überwasser durchgeführt.

U1081

Ursprungsland:	Deutschland
Stapellauf:	Projekt 1945 eingestellt
Besatzung:	19
Verdrängung:	Überwasser: 319 t, getaucht: 363 t
Maße:	40,5 m × 3,3 m × 4,3 m
Bewaffnung:	2 533-mm-Torpedorohre
Triebwerksanlage:	Einwellen-Walter-Turbine, Diesel-/Elektromotoren
Reichweite:	nicht bekannt
Geschwindigkeit:	23 kn geschätzt bei Überwasserfahrt, 8,5 kn getaucht

Die *U1081* war das Führungsschiff einer geplanten Klasse von zehn Unterseebooten des Typs *XVIIG*, angetrieben von der revolutionären Walter-Turbine, jedoch zusätzlich mit Diesel- und Elektromotoren ausgestattet, um die Reichweite zu erhöhen. Der Typ *XVIIG* war der Typ-*XVIIB*-Klasse sehr ähnlich, obwohl er 1,5 m kürzer war. Eine weitere Versuchsklasse war die Typ-*XVIIK*-Klasse, welche Dieselmotoren mit geschlossenem Kreislauf gegenüber der Walter-Turbine testen sollte. Wie auch die *XVIIG*-Boote kam dieses Projekt nicht über das Planungsstadium hinaus. Drei *XVIIB*s wurden gebaut. Alle wurden im Mai 1945 von den Besatzungen versenkt. Ein Boot, die *U1407*, wurde gehoben, instand gesetzt und der Royal Navy als *Meteorite* zugeteilt. Es wurde für die eingehende Erprobung des Walter-Antriebsverfahrens genutzt und 1950 verschrottet. Wären diese Boote früher verfügbar gewesen, hätten sie sicher eine wesentliche Rolle auf dem Kriegsschauplatz gespielt.

U2326

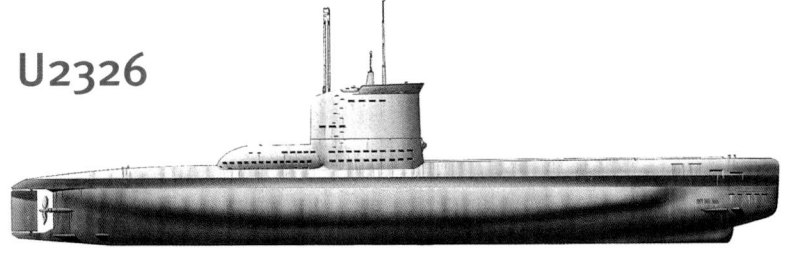

Ursprungsland:	Deutschland
Stapellauf:	nicht bekannt
Besatzung:	14
Verdrängung:	Überwasser: 236 t, getaucht: 260 t
Maße:	34 m × 2,9 m × 3,7 m
Bewaffnung:	2 533-mm-Torpedorohre
Triebwerksanlage:	Einwellen-Dieselantrieb, Elektromotoren, Elektro-Schleichfahrt-Motor
Reichweite:	2171 km (1172 sm) bei 7 kn
Geschwindigkeit:	9,75 kn bei Überwasserfahrt, 12,5 kn getaucht

In den letzten Kriegsmonaten des Zweiten Weltkriegs verabschiedete Deutschland ein massives U-Boot Bauprogramm mit dem Ziel, zwei Bootstypen, den Typ *XXI* und den Typ *XXIII*, so schnell als möglich in den Einsatz zu bekommen. Beide Typen waren mit der klassischen Diesel-/Elektromotoren-Kombination ausgerüstet, besaßen jedoch zusätzlich einen Elektromotor für die Schleichfahrt, was die Boote nur schwer ortbar machte.

Die *U2326* war ein Boot des Typs *XXIII*, eines von 57, die entweder auf See, in den unterschiedlichsten Fertigungsstufen oder nur in verschiedenen Projektstufen am Ende des Krieges in Europa vorhanden waren. Das Bauprogramm wurde ständig durch alliierte Bombenangriffe unterbrochen und nur wenige erreichten gegen Ende des Krieges Einsatzstatus. Nach der Kapitulation ging die *U2326* nach England, wo sie für Erprobungszwecke als *N25* genutzt wurde. 1946 wurde sie an Frankreich übergeben und ging im Dezember desselben Jahres vor Toulon durch einen Unfall verloren.

U2501

Ursprungsland:	Deutschland
Stapellauf:	1944
Besatzung:	57
Verdrängung:	Überwasser: 1647 t, getaucht: 2100 t
Maße:	77 m × 8 m × 6,2 m
Bewaffnung:	6 533-mm-Torpedorohre, 4 30-mm-Luftabwehrkanonen
Triebwerksanlage:	Zweiwellen-Dieselantrieb, Elektromotoren, Elektro-Schleichfahrt-Motoren
Reichweite:	17 934 km (9678 sm) bei 10 kn
Geschwindigkeit:	15,5 kn bei Überwasserfahrt, 16 kn getaucht

Die *U2501*, das erste hochseefähige Boot vom Typ *XXI*, bildete einen Meilenstein in der Entwicklung von U-Booten. Es beendete die herkömmliche Entwicklungslinie und führte geradezu in die Entwicklung nuklearer Boote der Gegenwart. Es handelte sich bei diesem Boot um ein Doppelhüllenboot mit hoher Unterwassergeschwindigkeit und der Fähigkeit, mit einem Elektro-Schleichfahrt-Motor 3,5 kn absolut geräuscharm zu erreichen. Die äußere Rumpfhülle war vergleichsweise dünn ausgeführt, wohingegen die innere Hülle aus 28 bis 37 mm Kohlenstoffstahl bestand. Die neuen superleichten Batterien erlaubten eine Unterwassergeschwindigkeit von 16 kn und eine Tauchzeit von drei Tagen bei vier Knoten mit nur einer Ladung. Ungefähr 55 Typ-*XXI*-Boote waren im Dienst, als Deutschland 1945 kapitulierte. Eine große Anzahl ging noch während der Bauphase durch Bombenangriffe verloren – ein Glück für die Alliierten, da diese Konstruktion eine sehr gefährliche Kriegswaffe darstellte.

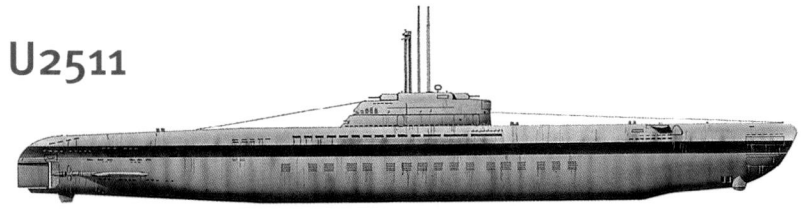

U2511

Ursprungsland:	Deutschland
Stapellauf:	Ende 1944
Besatzung:	57
Verdrängung:	Überwasser: 1647 t, getaucht: 2100 t
Maße:	77 m × 8 m × 6,2 m
Bewaffnung:	6 533-mm-Torpedorohre, 4 30-mm-Flugabwehrkanonen
Triebwerksanlage:	Zweiwellen-Dieselantrieb, Elektromotoren, Elektro-Schleichfahrt-Motoren
Reichweite:	17 934 km (9678 sm) bei 10 kn
Geschwindigkeit:	15,5 kn bei Überwasserfahrt, 16 kn getaucht

Sobald die hochseefähigen Boote des Typs *XXI* und Küstenboote vom Typ *XXII* im aktiven Dienst auftauchten, wurden sie nach Norwegen verlegt. Man nahm an, dass die deutschen Truppen dort einen letzten Verteidigungsversuch starten würden. Während der deutschen Kapitulation am 8. Mai 1945 befand sich die *U2511*, ein Boot vom Typ *XXI*, in dem norwegischen Hafen Bergen, wo sie gerade von einer Patrouillenfahrt zurückkam, bei der am 4. Mai ein britischer Kreuzer gesichtet wurde. Der deutsche Kommandant, sich der baldigen Kapitulation bewusst, beließ es bei einem Angriff mit Übungsmunition, rettete somit die gegnerische Besatzung und möglicherweise auch die eigene. Die Royal Navy wusste um das Vorhandensein des Typs *XXI* und war diesbezüglich äußerst besorgt. Dieser Typ konnte jedoch vor der Kapitulation nicht mehr schnell genug eingeführt werden.

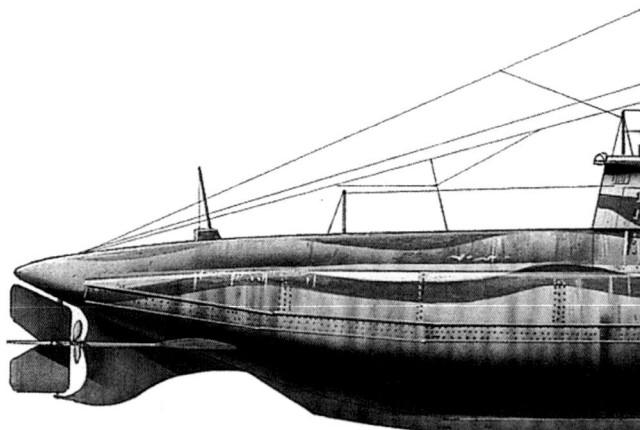

Ursprungsland: Deutschland	**Bewaffnung:** 2 457-mm-Torpedorohre	Im Jahre 1914 begann Deutschland eine neue Serie von kleinen Küsten-U-Booten zu konstruieren, die *UB*-Klasse genannt wurde. Die Mehrzahl der Boote wurde in Sektionen per Eisenbahn nach Antwerpen in Belgien transportiert, das sich zu jener Zeit in deutscher Hand befand, oder Pola, dem österreichisch-ungarischen Hafen
Stapellauf: April 1915		
Besatzung: 14	**Triebwerksanlage:** Einwellen-Dieselmotoren, Elektromotoren	
Verdrängung: Überwasser: 129 t, getaucht: 144 t	**Reichweite:** 2778 km (1599 sm) bei 5 kn	
Maße: 28 m × 2,9 m × 3 m	**Geschwindigkeit:** 6,5 kn bei Überwasserfahrt, 5,5 kn getaucht	

U-Klasse

Ursprungsland:
Großbritannien

Stapellauf:
5. Oktober 1937
(*HMS Undine*,
Führungsschiff)

Besatzung:
31

Verdrängung:
Überwasser: 554 t,
getaucht: 752 t

Maße:
54,9 m × 4,8 m ×
3,8 m

Bewaffnung:
4 533-mm-
Torpedorohre,
1 76-mm-
Kanone

Triebwerksanlage:
Zweiwellen-Diesel-
antrieb, Elektromo-
toren

Reichweite:
7041 km (3800 sm)
bei 10 kn

Geschwindigkeit:
11,2 kn bei
Überwasserfahrt,
10 kn getaucht

Die *U*-Klasse Unterseeboote, insgesamt 51 Einheiten, wurden in zwei Gruppen bei Vickers-Armstrong, sowohl in Barrow-in-Furness, als auch in Tyne
gebaut. Alle Boote waren in Heimatgewässern eingesetzt, außer fünf
Booten, die in die Ostindischen Kolonien gingen um dort Ausbildung zu
betreiben. Vier Boote wurden für diesen Zweck auch an die kanadische
Marine ausgeliehen. Da die Boote klein und sehr manövrierfähig waren,
eigneten sie sich besonders für die Gewässer des Mittelmeeres und der
Ägäis. Die Verluste im Zweiten Weltkrieg waren aber sehr hoch. *Undine*,
Unity, *Umpire* und *Uredd* (*Rnn*) gingen in heimatlichen Gewässern verloren,
Unbeaten in der *Biskaya* und *Undaunted*, *Union*, *Unique*, *Upholder*, *Urge*,
Usurper und *Utmost* im Mittelmeer, zusammen mit den Booten der *U*-Klasse
P32, *P33*, *P38* und *P48*. Ein weiteres Boot, die *Untamed*, ging bei einer
Erprobungsfahrt verloren.

UB4

in der Adria, wo sie endgefertigt und für den Einsatz ausgerüstet wurden.
Es gab nicht weniger als 25 verschiedene Klassen an *UB*-Booten, da die Entwürfe im weiteren Verlauf des Krieges immer größer gerieten. Die *UB4*-Klasse
bestand aus acht Booten, von denen die *UB1* in der Adria zum Wrack wurde,
was die spätere Verschrottung verursachte. Die *UB2* wurde 1919 außer
Dienst gestellt, die *UB3* verschwand spurlos in der Ägäis. Die *UB4* wurde
von dem bewaffneten Trawler der Royal Navy, *Inverlyon*, im August 1915
in der Nordsee versenkt. Auch die *UB5* wurde 1919 außer Dienst gestellt.
Die *UB6* ergab sich Frankreich. Die *UB7* wurde im Schwarzen Meer versenkt
und die *UB9* wurde an Frankreich ausgeliefert.

UC74

Ursprungsland: Deutschland	**Bewaffnung:** 3 508-mm-Torpedorohre, 1 86-mm-Kanone, 18 Minen
Stapellauf: 19. Oktober 1916	
Besatzung: 26	**Triebwerksanlage:** Zweiwellen-Dieselmotoren, Elektromotoren
Verdrängung: Überwasser: 416 t, getaucht: 500 t	**Reichweite:** 18 520 km (10 000 sm) bei 10 kn
Maße: 50,6 m × 5,1 m × 3,6 m	**Geschwindigkeit:** 11,8 kn bei Überwasserfahrt, 7,3 kn getaucht

Die *UC74* war eines von sechs Booten einer Klasse von Minenlegern, gebaut bei der Bremer Vulkan AG und im Dezember 1917 vom Stapel gelassen. Die Boote waren mit sechs vertikalen Minenröhren ausgestattet. Die *UC74* diente kurzfristig in der österreichischen Marine als *U93*, jedoch mit deutscher Besatzung. Am Ende des Krieges

Uebi Scebeli

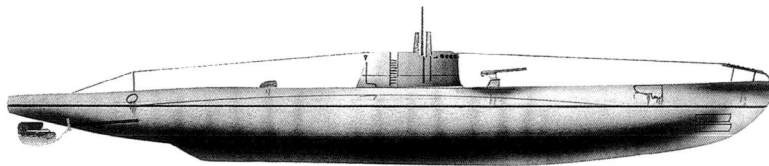

Ursprungsland: Italien	
Stapellauf: 12. Januar 1937	
Besatzung: 45	
Verdrängung: Überwasser: 691 t, getaucht: 880 t	
Maße: 60,2 m × 6,5 m × 4,6 m	
Bewaffnung: 6 533-mm-Torpedorohre, 1 100-mm-Kanone	
Triebwerksanlage: 2 Dieselmotoren, 2 Elektromotoren	
Reichweite: 9260 km (5000 sm) bei 8 kn	
Geschwindigkeit: 14 kn bei Überwasserfahrt, 7 kn getaucht	

Die *Uebi Scebeli* gehörte zu der aus 17 Booten bestehenden *Adua*-Klasse, von der nur die *Alagi* den Krieg überlebte. Die *Uebi Scebeli* gehörte zu den ersten Opfern. Am 29. Juni 1940 wurde sie von einem britischen Zerstörer angegriffen und mit Wasserbomben auf Tiefe gezwungen, wobei sie danach nochmals von fünf weiteren Kriegsschiffen mit Wasserbomben belegt wurde, was dazu führte, dass die eigene Besatzung das Schiff versenkte. Die *Adua*-Klasse gehörte zu den besten italienischen U-Booten des Zweiten Weltkrieges. Sie waren für eine ganze Palette von Aufgaben geeignet, und obwohl ihre Geschwindigkeit vergleichsweise gering war, waren sie sehr stabil und manövrierfähig. Die ersten Boote dieses Typs nahmen am Spanischen Bürgerkrieg teil—mit Ausnahme der *Macalle*, die sich im Roten Meer befand—und waren alle im Mittelmeer stationiert. Zwei *Adua*-Boote wurden 1940/41 zur Aufnahme humaner Torpedos modifiziert. Diese Boote können zweifelsfrei als die vielseitigsten Boote der italienischen Marine bezeichnet werden.

wurde sie in Barcelona interniert, nachdem sie gezwungen war, aufgrund von Treibstoffmangel den Hafen anzulaufen, was eine Kapitulation im Jahre 1919 gegenüber Frankreich zur Folge hatte. Das Boot wurde 1921 in Toulon verschrottet. Von den anderen Booten wurde die *UC75* in der Nordsee von dem britischen Zerstörer *HMS Fairy* versenkt. Die *UC76* ging unglücklicherweise vor Helgoland verloren, als die Minenladung explodierte. Das Boot wurde aber geborgen und wieder instand gesetzt, letztendlich aber in Karlskrona, Schweden, interniert. Die *UC77* und die *UC78* fielen britischen Treibminen zum Opfer, wohingegen die *UC79* in derselben Gegend auf eine Mine lief.

Upholder

Die *Upholder*-Klasse, bestehend aus vier U-Boot-Jagdschiffen, entstand gemäß einer Anforderung der britischen Admiralität aus den 1970er-Jahren nach einer neuen Klasse von Diesel-Angriffs-U-Booten. Das Resultat war der Typ 2400, der 1979 beschlossen wurde. Das erste Boot, die *HMS Upholder*, wurde bei Vickers Ltd. am 2. November 1983 in Auftrag gegeben und Aufträge für drei weitere Boote mit den Namen *Unseen*, *Ursula* und *Unicorn* ergingen kurz danach. Pläne für weitere Boote wurden aufgrund der Haushaltslage gestrichen. Die Struktur besteht aus einem Einhüllenrumpf aus hochfestem Stahl mit einem abgeschlossenen Fünfmannabteil in der Rumpffinne. Die Boote haben eine Einsatzdauer von 49 Tagen und können, bei einer Geschwindigkeit von drei Knoten, 90 Stunden unter Wasser bleiben. Alle Einheiten waren als Teil der 2. U-Boot Staffel in Devonport stationiert. Mitte der 1990er-Jahre wurden die Boote auf einen Reservestatus gesetzt und warteten auf ihre Ablösung. Seit 2002 ersetzen sie die *Oberon*-Klasse in den kanadischen Streitkräften.

Ursprungsland:
Großbritannien

Stapellauf:
Dezember 1986

Besatzung:
47

Verdrängung:
Überwasser: 2203 t,
Getaucht: 2494 t

Maße:
70,3 m × 7,6 m ×
5,5 m

Bewaffnung:
6 533-mm-
Torpedorohre,
Harpoon-
Raketen

Triebwerksanlage:
Einwellen-Diesel-
antrieb, Elektromo-
toren

Reichweite:
14 816 km
(8000 sm) bei 8 kn

Geschwindigkeit:
12 kn bei
Überwasserfahrt,
20 kn getaucht

V-Klasse

Ursprungsland:	Großbritannien
Stapellauf:	19. September 1944 (HMS Vagabond)
Besatzung:	37
Verdrängung:	Überwasser: 554 t, getaucht: 752 t
Maße:	61 m × 4,8 m × 3,8 m
Bewaffnung:	4 533-mm-Torpedorohre, 1 6-mm-Kanone
Triebwerksanlage:	Zweiwellen-Diesel-antrieb, Elektro-motoren
Reichweite:	7041 km (3800 sm) bei 8 kn
Geschwindigkeit:	11,25 kn bei Überwasserfahrt, 9 kn getaucht

In den Jahren 1943–44 vom Stapel gelassen, waren die Royal-Navy-Unterseeboote der V-Klasse denen der U-Klasse ähnlich, mit Ausnahme der Länge, die aufgrund des lang gezogenen Hecks etwas größer war. Fakt ist, dass die ersten sieben Boote tatsächlich U-Klasse-Boote waren. Von den geplanten Booten wurden nur die Upshot und die Urtica tatsächlich gebaut. Die anderen Schiffe wurden gestrichen. Von den insgesamt 27 Booten dieser Klasse gingen 12 Boote am Ende des Krieges an andere Marinen. Die Variance, die Venturer, die Viking und die Votary gingen an die Königlich-Norwegische Marine als Utsira, Utstein, Utvaer und Uthaug. Die Vineyard und die Vortex gingen als Doris und Morse nach Frankreich. Die Veldt, die Vengeful, die Virulent und die Volatile gingen an Griechenland als Pipinos, Delfin, Argonaftis und Triaina, wohingegen die Vulpine der dänischen Marine als Storen zugeteilt wurde. Die Morse, vormals Vortex, ging nach ihrer Dienstzeit in Frankreich auch nach Dänemark.

Valiant

Ursprungsland:	Großbritannien
Stapellauf:	3. Dezember 1963
Besatzung:	116
Verdrängung:	Überwasser: 4470 t, getaucht: 4979 t
Maße:	86,9 m × 10,1 m × 8,2 m
Bewaffnung:	6 533-mm-Torpedorohre
Triebwerksanlage:	Nuklearantrieb, 1 Druckwasser-reaktor
Reichweite:	unbegrenzt
Geschwindigkeit:	20 kn bei Überwasserfahrt, 29 kn getaucht

Die Valiant, das zweite Nuklearunterseeboot Großbritanniens, war geringfügig größer als das erste, die Dreadnought, obwohl es sich dabei um nahezu dieselbe Konstruktion handelte. Wie die Dreadnought wurde auch sie auf der Vickers-Armstrong-Werft gebaut. Die Fertigstellung war ursprünglich für den September 1965 geplant, der Bau verzögerte sich jedoch durch die Prioritätensetzung gegenüber den Polaris-Raketen-U-Booten der Resolution-Klasse. Somit konnte die Indienststellung erst am 18. Juli 1966 erfolgen. Der Valiant folgten noch ein Schwesterschiff, die Warspite, die im April 1967 in Dienst gestellt wurde, und drei Churchill-Klasse-Boote, die modifizierte Valiant-Klasse-SSNs darstellten. Sie waren geräuschärmer im Betrieb und profitierten von den Erfahrungen, die mit den vorhergehenden Booten gemacht wurden. Die Valiant und die Warspite, zusammen mit den Churchill-Booten, wurden Ende 1980 außer Dienst gestellt, nachdem die Trafalgar-Klasse voll einsatzbereit war.

Vanguard

Ursprungsland:	Großbritannien
Stapellauf:	4. März 1992
Besatzung:	135
Verdrängung:	Überwasser: keine Angaben, getaucht: 16155 t
Maße:	149,9 m × 12,8 m × 12 m
Bewaffnung:	4 533-mm-Torpedorohre, 16 Trident-D5-Raketen
Triebwerksanlage:	1 Druckwasserreaktor, 2 Turbinen
Reichweite:	unbegrenzt
Geschwindigkeit:	Überwasserfahrt: nicht bekannt, 25 kn getaucht

Die Entscheidung, das ballistische Raketen-System *US Trident I* zu kaufen, fällte die britische Regierung am 15. Juli 1980. Knapp zwei Jahre später gab sie bekannt, dass sie sich für das verbesserte *Trident-II*-System mit der verbesserten *D5*-Rakete, die auf den SSBN-Booten stationiert werden sollte, ausgesprochen hat. Die vier britischen *Trident* tragenden *Vanguard*-Boote besitzen einen Abschussbereich, der dem der *Ohio*-Klasse entspricht, jedoch nur mit 16 anstatt der üblichen 24 Abschusssilos. *Trident II D5* ist in der Lage, 14 Mehrfachsprengköpfe mitzuführen, die eine Sprengkraft von jeweils 100–120 kT besitzen. Ihre Präzision erlaubt den Beschuss von Untergrundraketensilos und Kommandobunkern. Es können auch Sprengköpfe verminderter Stärke mitgeführt werden, für Ziele von geringerer Bedeutung. Die *Vanguards* werden ständig überholt und alle acht bis neun Jahre mit neuem Nuklearkraftstoff versehen.

Västergotland

Ursprungsland:	Schweden
Stapellauf:	17. September 1986
Besatzung:	28
Verdrängung:	Überwasser: 1087 t, getaucht: 1161 t
Maße:	48,5 m × 6,1 m × 5,6 m
Bewaffnung:	6 533-mm-und 3 400-mm-Torpedorohre
Triebwerksanlage:	Einwellen-Dieselantrieb, Elektromotoren
Reichweite:	unbekannt
Geschwindigkeit:	11 kn bei Überwasserfahrt, 20 kn getaucht

Die *Västergotland* ist das Führungsschiff einer Klasse von vier U-Boot-Jagdschiffen, die alle nach schwedischen Provinzen benannt wurden. Die anderen Namen waren *Hälsingland*, *Södermanland* und *Ostergotland*. Der Entwicklungsauftrag wurde der Kockums-Werft in Malmö am 17. April 1978 erteilt. Der Bauauftrag folgte im Dezember 1981. Die Boote sind für den Einsatz im Baltikum optimiert, speziell für die flachen Küstengewässer. Die Torpedobeladung umfasst 12 *FFV Typ 613* drahtgesteuerte Torpedos, für eine Reichweite von 20 km (10,8 sm) ausgelegt, und das bei einer Geschwindigkeit von 45 Knoten sowie sechs weitere *FFV Typ 431/450*-Torpedos, auch drahtgesteuert, mit ungefähr der gleichen Reichweite und Geschwindigkeit. Angeblich waren auch Boden-Boden-Raketen (SSMs = *Surface-to-surface-missiles*) geplant, jedoch wurden sie für das Baltikum als unrentabel eingestuft, da jeder maritime Angriff aus kurzer Entfernung stattfinden kann.

Velella

Ursprungsland:
Italien

Stapellauf:
12. Dezember 1936

Besatzung:
46

Verdrängung:
Überwasser: 807 t,
getaucht: 1034 t

Maße:
63 m × 6,9 m × 4,5 m

Bewaffnung:
6 533-mm-
Torpedorohre,
1 100-mm-
Kanone

Triebwerksanlage:
Zweischrauben-
Dieselmotoren,
Elektromotoren

Reichweite:
9260 km (5000 sm)
bei 8 kn

Geschwindigkeit:
14 kn bei
Überwasserfahrt,
8 kn getaucht

1931 bestellte Portugal zwei Unterseeboote bei der italienischen CRDA-Werft, stornierte diesen Auftrag später aber wieder aus finanziellen Gründen. Die Boote wurden letztendlich für die italienische Marine fertiggestellt und als *Argo* und *Velella* in Dienst gestellt. Dies erklärte den großen Abstand zwischen Kiellegung im Oktober 1931 und dem Stapellauf im November und Dezember 1936. Die *Argo* wurde am 31. August 1937 und die *Valella* am darauffolgenden Tag fertiggestellt. Die *Valella* sah eine große Anzahl operativer Einsätze und versenkte zwei Frachtschiffe, bevor sie selber von dem britischen Unterseeboot *Shakespear* (Lt. Ainslie) im Golf von Salerno versenkt wurde. Das Schwesterschiff *Argo* wurde in der CRDA-Werf in Monfalcone am 11. September 1943 eigenhändig versenkt, um einer Erbeutung durch deutsche Truppen, nach dem Waffenstillstand Italiens, zuvorzukommen. Auf diese Weise wurde den deutschen Truppen die Nutzung vieler wertvoller Kriegsschiffe in jenen Tagen verwehrt.

Victor III

Ursprungsland:
Russland

Stapellauf:
1978

Besatzung:
100

Verdrängung:
Überwasser:
nicht bekannt,
getaucht: 6400 t

Maße:
104 m × 10 m × 7 m

Bewaffnung:
6 533-mm-Torpedo-
rohre, SS-N-15/16/21
SSMs

Triebwerksanlage:
Einschraubenan-
trieb, Druckwasser-
reaktor, Turbinen

Reichweite:
unbegrenzt

Geschwindigkeit:
24 kn bei
Überwasserfahrt,
30 kn getaucht

Als verbesserte Version der *Victor-II*-Klasse wurde das erste *Victor-III*-Klasse-SSN 1978 in Komsomolsk fertiggestellt. Die Serienproduktion erfolgte in schneller Rate, zusätzlich auf der Leningrader Werft, bis zum Ende des Jahres 1984, wo sie dann langsam auslief. Die *Victor-III*-Klasse besaß erhebliche Vorteile in Form einer geringen Geräuschentwicklung und kam auf diesem Gebiet den amerikanischen Booten der *Los-Angeles*-Klasse nach. Unabhängig von Schiff-Abwehr-Torpedos und U-Boot-Abwehr-Waffen verfügten die *Victor-III*-Boote über SS-N-21-Samson-Marschflugkörper mit einer Reichweite von 3000 km (1620 sm), die mit einer Geschwindigkeit von 0,7 Mach fliegen konnten und einen nuklearen Sprengkopf von 200 kT trugen. Insgesamt wurden 25 *Victor-III*-Boote produziert. Alle, außer einem, waren 1990 noch aktiv. Die Nachfolgeklasse war die *Akula*-Klasse, deren erstes Boot 1984 vom Stapel lief.

Volframio

Ursprungsland:	Italien
Stapellauf:	9. November 1941
Besatzung:	46–50
Verdrängung:	Überwasser: 726 t, getaucht: 884 t
Maße:	60 m × 6,5 m × 4,5 m
Bewaffnung:	4 533-mm-Torpedorohre, 1 100-mm-Kanone
Triebwerksanlage:	2 Dieselmotoren, 2 Elektromotoren
Reichweite:	7042 km (3800 sm) bei 10 kn
Geschwindigkeit:	15 kn bei Überwasserfahrt, 7,7 kn getaucht

Die *Volframio* war eines von 13 Booten der *Acciaio*-Klasse, die allesamt nach metallischen Elementen oder Legierungen benannt wurden. Neun gingen im Zweiten Weltkrieg verloren. Darunter auch die *Volframio*, die in La Spezia am 8. September 1943 eigenhändig versenkt wurde, infolge des Waffenstillstandes. Das Boot wurde jedoch von deutschen Truppen gehoben, bekam aber keinen neuen Namen. 1944 wurde sie letztendlich durch Fliegerbomben in La Spezia zerstört. 1944 waren die meisten italienischen U-Boote in einem sehr schlechten Zustand und auch veraltet, sodass nur wenige Boote für eine Überholung ins Auge gefasst wurden. Das Boot mit der längsten Lebensdauer war die *Giada*, welche im Februar 1948, um die Bedingungen des Friedensvertrages zu erfüllen, aus dem Register gestrichen wurde. Sie diente am Ende als Hülle zum Aufladen von Batterien. Allerdings erschien sie im März 1951 wieder im Register, wurde modifiziert und besaß danach vier 533-mm-Torpedorohre im Bug.

W2

Ursprungsland:	Italien
Stapellauf:	Februar 1915
Besatzung:	19
Verdrängung:	Überwasser: 336 t, getaucht: 507 t
Maße:	52,4 m × 4,7 m × 2,7 m
Bewaffnung:	2 457-mm-Torpedorohre
Triebwerksanlage:	Zweiwellen-Dieselantrieb, Elektromotoren
Reichweite:	4630 km (2500 sm) bei 9 kn
Geschwindigkeit:	13 kn bei Überwasserfahrt, 8,5 kn getaucht

Ein Besuch der Fiat-San Giorgio-Werft im Jahre 1911, der der britischen Admiralität neue Erkenntnisse im Bereich des U-Boot-Baus vermitteln sollte, führte weiter zur Schneider-Werft in Toulon, wo die damals revolutionäre Doppelhüllenkonstruktion und abwerfbare Außenbefestigungen für Torpedos untersucht werden sollten. Im Anschluss daran beauftragte die Admiralität die Armstrong-Whitworth-Werft mit dem Bau von vier neuen Booten mit diesen Eigenschaften, die damals als *W*-Klasse bezeichnet wurden. Die Kiellegung des ersten Bootes erfolgte 1913. 1916 jedoch besaß die Royal Navy einen Überschuss an nicht standardisierten, mittelgroßen U-Booten, sodass man sich entschloss, die *W1* und die *W2* an die italienische Marine abzugeben. Sie hatten schlechte Manövriereigenschaften und die Maschinenanlage mit den Dieselmotoren war extrem störungsanfällig. Beide Boote zeigten nur wenige Kriegseinsätze und wurden vorwiegend für die Ausbildung verwendet. Die *W2* wurde 1919 stillgelegt und abgewrackt.

Ursprungsland:
USA

Stapellauf:
März 1914

Besatzung:
31

Verdrängung:
Überwasser: 398 t,
getaucht: 530 t

Maße:
47 m × 5 m × 4 m

Bewaffnung:
4 457-mm-
Torpedorohre

Triebwerksanlage:
Zweiwellen-Diesel-
antrieb, Elektro-
motoren

Reichweite:
8334 km (4500 sm)
bei 10 kn

Geschwindigkeit:
14 kn bei
Überwasserfahrt,
10,5 kn getaucht

Walrus

Die *Walrus* gehörte zu einer Klasse von amerikanischen U-Booten, die aus acht Booten bestand. Sie waren mit NSLE-Dieselmotoren ausgestattet, die immer wieder Probleme bereiteten. Trotz kontinuierlicher Überarbeitung der Motoren war ihre Funktionalität bei drei Exemplaren der Klasse nie zufriedenstellend. Die Dieselmotoren erbrachten eine Leistung von 950 hp und die Elektromotoren 680 hp. Die Tauchtiefe betrug 61 m. Die *Walrus*, das letzte amerikanische U-Boot, das noch einen richtigen Namen erhielt, wurde später in *K4* umregistriert. Die *K4* diente in den Azoren während des Ersten Weltkrieges und wurde 1931 verschrottet. Die meisten amerikanischen U-Boote, die während des Ersten Weltkrieges gebaut wurden, dienten rein defensiven Zwecken und waren keineswegs für einen Hochseeeinsatz geeignet. Interessanterweise waren immer noch viele dieser Boote im Register, als Amerika in den nächsten Krieg eintrat.

Ursprungsland:
Großbritannien

Stapellauf:
22. September 1959

Besatzung:
71

Verdrängung:
Überwasser: 2062 t,
Getaucht: 2444 t

Maße:
73,5 m × 8,1 m ×
5,5 m

Bewaffnung:
8 533-mm-
Torpedorohre

Triebwerksanlage:
Zweiwellen-Diesel-
antrieb, Elektro-
motoren

Reichweite:
16 677 km
(9000 sm)
bei 10 kn

Geschwindigkeit:
12 kn bei
Überwasserfahrt,
17 kn getaucht

Walrus

Dieses Boot gehörte zu der aus acht Einheiten bestehenden *Porpoise*-Klasse. Es handelte sich dabei um die ersten Boote, die nach dem Zweiten Weltkrieg produziert und in Dienst gestellt wurden. Die Boote hatten eine beträchtliche Größe und konnten kontinuierliche Unterwasserpatrouillenfahrten in jedem Teil dieser Welt unternehmen. Das Konstruktionsziel war aber eindeutig eine größere Reichweite, sowohl aufgetaucht als auch unter Wasser, mit Batteriebetrieb oder unter Schnorchelfahrt. Die Schnorchelfahrt erlaubte maximale Aufladebedingungen, auch bei rauer See. Das Luftraumüberwachungs- und das Oberflächenwarnradar konnten bei Periskoptiefe und aufgetaucht genutzt werden. Die Boote dieser Klasse waren die *Cachalot*, die *Finwhale*, die *Grampus*, die *Narwhal*, die *Porpoise*, die *Rorqual*, die *Sealion* und die *Walrus*. Die *Walrus* blieb bis in die frühern 1990er-Jahre hinein im Dienst.

Walrus

Ursprungsland:	Niederlande
Stapellauf:	Oktober 1985
Besatzung:	49
Verdrängung:	Überwasser: 2490 t, getaucht: 2800 t
Maße:	67,5 m × 8,4 m × 6,6 m
Bewaffnung:	4 533-mm-Torpedorohre
Triebwerksanlage:	Einwellen-Dieselantrieb, Elektromotoren
Reichweite:	18 520 km (10 000 sm) bei 9 kn
Geschwindigkeit:	13 kn bei Überwasserfahrt, 20 kn getaucht

1972 ermittelte die holländische Marine einen Bedarf für eine neue Klasse an Unterseebooten, die die älteren Boote der *Dolfijn*- und *Potvis*-Klassen ersetzen sollten. Die neue Konstruktion kam als *Walrus*-Klasse heraus und basierte auf dem *Zwaardvis*-Rumpf mit ähnlichen Abmessungen und einer ähnlichen Silhouette, hatte aber eine neue Ausrüstung, eine kleinere Crew, moderne elektronische Einrichtungen, X-Konfiguration, Steuerflächen und bestand aus dem neuen französischen hoch belastbaren Stahl des Typs MAREI, der eine Verdoppelung der Tauchtiefe auf 300 m erlaubte. Die erste Einheit, die *Walrus*, wurde 1979 auf Kiel gelegt und 1986 in Dienst gestellt. Im August desselben Jahres brach ein Feuer aus, das die Rumpfhülle rotweiß erglühen ließ, und das kurz vor Bauabschluss. Somit verzögerte sich die Fertigstellung bis 1991. Trotz der großen Hitze blieb der Rumpf unbeeinträchtigt.

Warspite

Ursprungsland:	Großbritannien
Stapellauf:	25. September 1965
Besatzung:	116
Verdrängung:	Überwasser: 4470 t, getaucht: 4979 t
Maße:	86,9 m × 10,1 m × 8,2 m
Bewaffnung:	6 533-mm-Torpedorohre
Triebwerksanlage:	Nuklearer Druckwasserreaktor
Reichweite:	unbegrenzt
Geschwindigkeit:	20 kn bei Überwasserfahrt, 29 kn getaucht

Die Trägerin des berühmten Namens der britischen Marinegeschichte, die *HMS Warspite*, war das dritte nukleare Angriffsunterseeboot der Royal Navy. Sie und ihre Vorgängerin, die *Valiant*, waren etwas größer als die *Dreadnought*. Die Arbeiten an beiden SSNs wurden gestoppt, um möglichst schnell die *Polaris*-Raketen-Unterseeboote der *Resolution*-Klasse in den operativen Dienst stellen zu können, da diese Boote die V-Bomber der Royal Air Force in der nuklearen QRA-Rolle (Quick Reaction Alert) ablösen sollten. Somit konnte die *Warspite* nicht vor April 1967 fertiggestellt werden. Ihr folgten drei *Churchill*-Klasse-Boote. Die modifizierten *Valiant*-Klasse-SSNs waren etwas leiser im Betrieb und aufgrund der Erfahrungen mit vorhergehenden Booten verbessert. Die *Valiant* und die *Warspite*, zusammen mit den *Churchills*, wurden in den späten 1980er-Jahren außer Dienst gestellt. Sie wurden durch die neue *Trafalgar*-Klasse ersetzt.

Ursprungsland: Russland	

Whiskey

Stapellauf:
1949 (erste Einheit)

Besatzung:
50

Verdrängung:
Überwasser: 1066 t,
getaucht: 1371 t

Maße:
76 m × 6,5 m × 5 m

Bewaffnung:
4 533-mm- und
2 406-mm-
Torpedorohre

Triebwerksanlage:
Zweiwellen-Diesel-
antrieb, Elektro-
motoren

Reichweite:
15 890 km
(8580 sm)
bei 10 kn

Geschwindigkeit:
18 kn bei
Überwasserfahrt,
14 kn getaucht

Die *Whiskey*-Klasse war das erste moderne Nachkriegs-U-Boot. Es handelte sich um eine verbesserte Version des deutschen U-Boot-Typs *XXI*. In der Sowjetunion wurden 236 *Whiskey*-Klasse-Dieselunterseeboote gebaut, wobei man bei der Serienproduktion auf vorgefertigte Sektionen zurückgriff. Alle frühen Versionen (*Whiskey I–IV*) wurden auf den *Whiskey-V*-Stand gebracht, was das Entfernen der Kanonenbewaffnung und eine verbesserte Aquadynamik des Rumpfes beinhaltete. Einige wurden für Spezialeinsätze modifiziert, was zum Beispiel einen ausklinkbaren Spezialbehälter für Kampfschwimmer umfasste. Ein Boot dieser Klasse (Nr. 137) lief am 27. Oktober 1981 in Schweden auf Grund, ausgerechnet in der Nähe der schwedischen Marinebasis Karlskrona. Dies bewies, dass die *Whiskey*-Boote auch für zweifelhafte Spezialeinsätze genutzt wurden. Ungefähr 45 *Whiskey*-Boote wurden an befreundete Nationen abgegeben.

Ursprungsland:
Großbritannien

X1

Stapellauf:
1925

Besatzung:
75

Verdrängung:
Überwasser: 3098 t,
getaucht: 3657 t

Maße:
110,8 m × 9 m ×
4,8 m

Bewaffnung:
6 533-mm-
Torpedorohre,
4 132-mm-
Kanonen

Triebwerksanlage:
Zweiwellen-Diesel-
antrieb, Elektro-
motoren

Reichweite:
nicht bekannt

Geschwindigkeit:
20 kn bei
Überwasserfahrt,
9 kn getaucht

Die *X1* diente der Untersuchung des Verhaltens eines besonders großen U-Bootes unter Wasser. Es wäre vermutlich nie gebaut worden, hätte es nicht die großen deutschen Unterwasserkreuzer real gegeben, von denen zwar nur wenige eingesetzt wurden, dabei aber einen überbordenden Eindruck hinterließen. Hier schien sich das Konzept zu bestätigen, dass große Unterwasserfahrzeuge, ausgerüstet mit schwerer Bewaffnung, im aufgetauchten Zustand den Kampf mit Zerstörern und bewaffneten Handelsschiffen aufnehmen könnten. Die *X1*, anders als andere Prototypen, zeigte hervorragende Manövriereigenschaften und erwies sich als stabile Kanonenplattform. Außerdem gehörte sie zu den ersten Unterseebooten, die das ASDIC-Suchsystem (für U-Boote) an Bord hatten. Die *X1* war das erste Boot, das nach dem Ersten Weltkrieg auf Kiel gelegt wurde. 1936 wurde es verschrottet und hatte somit keine Gelegenheit mehr, am nächsten Krieg teilzunehmen.

X1

Ursprungsland:
USA

Stapellauf:
7. September 1955

Besatzung:
4–6

Verdrängung:
Überwasser: 31 t,
getaucht: 36 t

Maße:
15 m × 2 m × 2 m

Bewaffnung:
keine

Triebwerksanlage:
Einwellen-Diesel-
antrieb, Elektromo-
toren

Reichweite:
925 km (über
500 sm)

Geschwindigkeit:
15 kn bei
Überwasserfahrt,
12 kn getaucht

Das Versuchsboot *X1* war als Klein-U-Boot konzipiert, das in der Lage sein sollte, in gegnerische Häfen einzudringen. Der Entwurf basierte auf dem britischen *X5*-Boot. Die *X1* besaß normalerweise eine Viermann-Crew, bei besonderen Einsätzen konnte diese jedoch auf sechs Mann aufgestockt werden. Als Kraftstoff diente Wasserstoffperoxid, der es ermöglichte, die Dieselmotoren auch unter Wasser zu betreiben. Ein Elektromotor erlaubte die Schleichfahrt unter Wasser. 1960 sprengte eine Wasserstoffperoxid-Explosion den gesamten Bug weg. Der Rest des Bootes blieb intakt. 1960 wurde sie kurz nach der Reparatur außer Dienst gestellt. Später kam sie noch einmal für Forschungszwecke bis 1973 zum Einsatz. Die *X1* war das einzige Kleinunterseeboot der US Navy, für das es niemals eine offizielle Anforderung gegeben hatte.

X2

Ursprungsland:
Italien

Stapellauf:
25. April 1917

Besatzung:
14

Verdrängung:
Überwasser: 409 t,
getaucht: 475 t

Maße:
42,6 m × 5,5 m ×
3 m

Bewaffnung:
2 450-mm-
Torpedorohre,
1 76-mm-
Kanone

Triebwerksanlage:
Zweiwellen-Diesel-
antrieb, Elektromo-
toren

Reichweite:
2280 km (1229 sm)
bei 16 kn

Geschwindigkeit:
8,2 kn bei
Überwasserfahrt,
6,2 kn getaucht

Die *X2* war ein Einhüllenunterseeboot für Minenlegeaufgaben, ausgerüstet mit einem Satteltank, basierend auf dem österreichischen Boot *U23* (dem ehemaligen deutschen Boot *UC12*), das vor Taranto auf eine eigene Mine gelaufen und gesunken war. Später wurde sie von der italienischen Marine gehoben und als *X1* in Dienst gestellt, im Mai 1919 jedoch bereits verschrottet. Die *X2* wurde am 22. August 1916 auf Kiel gelegt und am 1. Februar 1918 fertiggestellt. Die maximale Tauchtiefe betrug 40 m, die Reichweite unter Wasser lag bei drei Knoten Fahrt bei 112 km (60 sm). Auch ein drittes Minen-legeboot wurde gebaut und als *X3* zugelassen. Es lief am 29. Dezember 1917 vom Stapel und wurde am 27. August 1918 als fertiggestellt gemeldet. Beide Schiffe besaßen neun Rohre für insgesamt 18 Minen. Die Boote waren lang-sam und hatten schlechte Manövriereigenschaften. Sie wurden am 16. Sep-tember 1940 außer Dienst gestellt. Minenlegen galt als Schlüsselfähigkeit der italienischen Marine.

X2

Ursprungsland:	Großbritannien
Stapellauf:	19. März 1934
Besatzung:	49
Verdrängung:	Überwasser: 1000 t, getaucht: 1280 t.
Maße:	70,5 m × 6,8 m × 4 m
Bewaffnung:	8 533-mm-Torpedorohre, 2 100-mm-Kanonen
Triebwerksanlage:	Zweiwellen-Dieselantrieb, Elektromotoren
Reichweite:	6270 km (3379 sm) bei 16 kn
Geschwindigkeit:	17 kn bei Überwasserfahrt, 8,5 kn getaucht

Die *X2* war ein Unterseeboot der *Archimede*-Klasse, das vormals als *Galileo Galilei* im Einsatz war. Als Italien in den Zweiten Weltkrieg eintrat, war das Boot im Roten Meer stationiert. Am 19. Oktober 1940 wurde das Boot nach einer furchterregenden Schlacht mit dem bewaffneten britischen Trawler *Moonstone* erbeutet, wobei alle Offiziere an Bord umkamen und die Besatzung aufgrund einer Vergiftung durch die Klimaanlage ausgeschaltet wurde. In britischen Diensten trug die *X2* die Bezeichnung *P711*. Sie kam zwischen 1941 und 1944 in Ostindien als Ausbildungsboot zum Einsatz, bevor sie 1944 zurück in das Mittelmeer verlegt wurde. 1946 wurde sie verschrottet. Zwei andere italienische Boote, die während eines Einsatzes erbeutet wurden, waren die *Perla* und die *Tosi* (*P712* und *P714*). Auch sie wurden zu Ausbildungszwecken genutzt. Die *P714* wurde später in der griechischen Marine als *Matrozos* eingesetzt.

X5

Ursprungsland:	Großbritannien
Stapellauf:	1942
Besatzung:	4
Verdrängung:	Überwasser: 27 t, getaucht: 30 t
Maße:	15,7 m × 1,8 m × 2,6 m
Bewaffnung:	Haftladungen
Triebwerksanlage:	Einwellen-Dieselantrieb, Elektromotoren
Reichweite:	nicht bekannt
Geschwindigkeit:	6,5 kn bei Überwasserfahrt, 5 kn getaucht

Vor dem Zweiten Weltkrieg gab es bei der Royal Navy keinerlei Absichten, sich mit Kleinunterseebooten zu befassen. Das plötzliche Interesse war dem Krieg geschuldet. Zwei Prototypen wurden gebaut (*X3* und *X4*) und ein einsatzfähiger *X*-Typ, einschließlich der *X5*, ging in die Entwicklung. Das bemerkenswerteste Ereignis in dieser Klasse war der wenig erfolgreiche Versuch, das deutsche Schlachtschiff *Tirpitz* zu versenken. Eine Anzahl von *X*-Booten wurde in den Altenfjord, Nordnorwegen, geschleppt, wo deutsche Bodentruppen auf Truppentransportern vor Anker lagen. Nachdem die Minenfelder, die die deutschen Schiffe schützen sollten, erfolgreich überwunden waren, gelang es der *X6* und der *X7* Haftladungen an der *Tirpitz* anzubringen, die das Schlachtschiff auch außer Gefecht setzten. Die *X5* verschwand bei diesem Einsatz spurlos. *X*-Boote kamen 1945 in Singapur auch gegen japanische Schiffe erfolgreich zum Einsatz.

Xia-Klasse

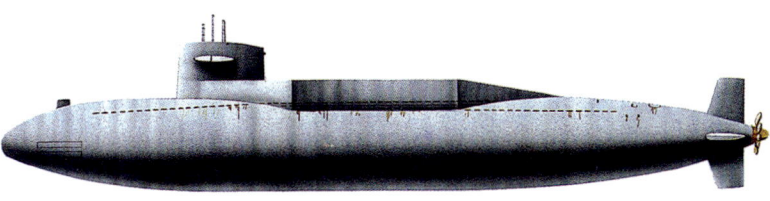

Ursprungsland:	China
Stapellauf:	30. April 1981
Besatzung:	140
Verdrängung:	Überwasser: nicht bekannt, getaucht: 6604 t
Maße:	120 m × 10 m × 8 m
Bewaffnung:	6 533-mm-Torpedorohre, 12 JL-1-SLBMs
Triebwerksanlage:	Einwellen-Druckwasserreaktor-Antrieb, Turboelektromotoren
Reichweite:	unbegrenzt
Geschwindigkeit:	Überwasserfahrt: unbekannt, 22 kn getaucht

Das erste Unterseeboot der Volksrepublik China mit ballistischer Raketenbewaffnung, die *Xia*, ist ungefähr identisch mit einem Boot der sowjetischen *Yankee-II*-Klasse. Der erste Abschuss einer JL-1-Rakete (SLBM) erfolgte am 30. April 1982, aus getauchter Position, in der Nähe Hulodaos im Gelben Meer, der zweite Abschuss am 12. Oktober 1982 von einem speziell modifizierten *Golf*-Klasse-Erprobungsboot und der erste Abschuss von der *Xia* fand 1985 statt, war jedoch nicht erfolgreich. Das hatte eine Verspätung der Einsatzreife des Bootes zur Folge, da Modifikationen durchgeführt werden mussten. Am 27. September 1988 gelang endlich ein erfolgreicher Abschuss. Die JL-1-Rakete hatte eine Reichweite von 1800 km (972 sm) und trug einen Sprengkopf von 350 kT. Ein zweites *Xia*-Klasse-Boot lief 1982 vom Stapel. Es gibt unbestätigte Berichte, dass eines der beiden Boote infolge eines Unfalles verloren ging.

Yankee-Klasse

Ursprungsland:	Russland
Stapellauf:	1967
Besatzung:	120
Verdrängung:	Überwasser: 7925 t, getaucht: 9450 t
Maße:	129,5 m × 11,6 m × 7,8 m
Bewaffnung:	6 533-mm-Torpedorohre, 16 SS-N-6-Raketen
Triebwerksanlage:	Zweiwellenantrieb, 2 Druckwasserreaktoren, Turbinen
Reichweite:	unbegrenzt
Geschwindigkeit:	20 kn bei Überwasserfahrt, 30 kn getaucht

Während des Kalten Krieges waren stets vier Unterseeboote der *Yankee*-Klasse vor der Ostküste der USA stationiert, mit jeweils einer weiteren Einheit auf dem Weg vom und zum Einsatzgebiet. Der Einsatzauftrag war sowohl die Zerstörung der amerikanischen SAC-Basen (Strategic Air Command) und der amerikanischen U-Boote mit ballistischen Raketen im Hafen als auch der Kommunikationseinrichtungen und höheren Stäbe, um die darauffolgenden Schläge mit eigenen ballistischen Raketen leichter durchführen zu können. Nachdem die Bedeutung dieser Boote als SSBNs, also als Abschusseinrichtungen für Nuklearraketen, abgenommen hatte, wurden einige von ihnen umgerüstet, um Marschflugkörper und Schiff-Abwehr-Raketen lediglich zu transportieren. Dabei wurden die Boote um 12 m länger. Mit dem Einbau einer Zentralstation mit Lukenabdeckung, die jeweils drei Röhren rechts und links enthält, kann eine Ladung von bis zu 35 SS-N-21-Marschflugkörpern und zusätzlichen Torpedos und Minen mitgeführt werden.

Yuushio-Klasse

Ursprungsland:	Japan
Stapellauf:	29. März 1979
Besatzung:	75
Verdrängung:	Überwasser: 2235 t, getaucht: 2774 t
Maße:	76 m × 9,9 m × 7,5 m
Bewaffnung:	6 533-mm-Torpedorohre
Triebwerksanlage:	Einwellen-Dieselantrieb, Elektromotoren
Reichweite:	17 603 km (9500 sm) bei 10 kn
Geschwindigkeit:	12 kn bei Überwasserfahrt, 20 kn getaucht

Im Grunde genommen eine Weiterentwicklung der vorhergehenden *Uzushio*-Klasse mit erhöhter Tauchtiefenkapazität, wurde das erste Boot der diesel-/elektroangetriebenen Boote der *Yuushio*-Klasse im Dezember 1976 auf Kiel gelegt und 1980 fertiggestellt. Als Doppelhüllenkonstruktion waren sie den Booten des US-Navy-Systems ähnlich und hatten den Sonarsensor im Bug und die Torpedorohre in der Mitte des Schiffes angeordnet, mit leichtem Winkel nach außen. Die Namen der Boote dieser Klasse lauteten: *Yuushio, Mochishio, Setoshio, Okishio, Nadashio, Hamashio, Akishio, Takeshio, Yukishio* und *Sachishio*. Diese Klasse ist für den Abschuss der U-Boot-Abwehr-Rakete *Harpoon* geeignet und verfügt über U-Boot- und Schiff-Abwehr-Torpedos. Alle Boote der Klasse waren noch Ende der 1990er-Jahre im Einsatz. Die japanischen Streitkräfte halten stets 18 Überwachungsunterseeboote auf ihren jeweiligen Stationen zu jeder Zeit im Einsatz.

Zeeleeuw

Ursprungsland:	Niederlande
Stapellauf:	20. Juni 1987
Besatzung:	49
Verdrängung:	Überwasser: 2490 t, getaucht: 2800 t
Maße:	67,5 m × 8,4 m × 6,6 m
Bewaffnung:	4 533-mm-Torpedorohre
Triebwerksanlage:	Einwellen-Dieselantrieb, Elektromotoren
Reichweite:	18 520 km (10 000 sm) bei 9 kn
Geschwindigkeit:	13 kn bei Überwasserfahrt, 20 kn getaucht

Die *Zeeleeuw* (Seelöwe) ist ein U-Boot-Jagdschiff der *Walrus*-Klasse. Die Konstruktion basiert auf dem Rumpf der *Zwaardvis* mit ähnlichen Abmessungen und der gleichen Silhouette, aber mit modernerer Ausrüstung und Automation, was eine kleinere Besatzung erlaubt, hochmoderner Elektronik, X-förmiger Anordnung der Steuerflächen und einem Rumpf aus französischem MAREI-Edelstahl, der eine um 50 % gesteigerte Tauchtiefe von bis zu 300 m erlaubt. Die erste Einheit, die *Walrus*, wurde 1979 auf Kiel gelegt und sollte 1986 in Dienst gestellt werden. Während der Endfertigung zerstörte ein Feuer die elektronische Ausrüstung, weshalb sich die Indienststellung bis zum März 1992 verzögerte und somit erst zwei Jahre nach dem ersten Einsatz der *Zeeleeuv* erfolgte. Die anderen Boote dieser Klasse waren die *Dolfijn* und die *Bruinvis*. Zwei Boote befinden sich in Diensten der Royal Taiwan Navy. Sie waren die ersten Boote, die von den Niederlanden exportiert wurden.

Zoea

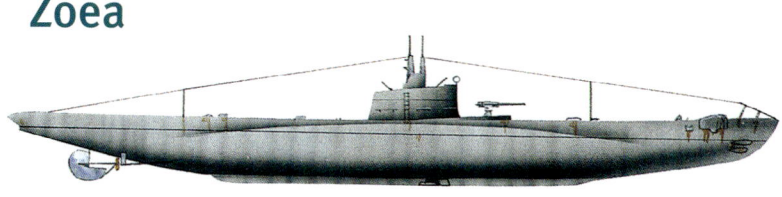

Ursprungsland:	Italien
Stapellauf:	3. Februar 1936
Besatzung:	60
Verdrängung:	Überwasser: 1354 t, getaucht: 1685 t
Maße:	82,8 m × 7,2 m × 5,3 m
Bewaffnung:	6 533-mm-Torpedorohre, 1 100-mm-Kanone
Triebwerksanlage:	Zweiwellen-Dieselantrieb, Elektromotoren
Reichweite:	15 742 km (8500 sm) bei 8 kn
Geschwindigkeit:	15,2 kn bei Überwasserfahrt, 7,4 kn getaucht

Zoea war eines von drei Minenlegeunterseebooten, die für die italienische Marine gebaut wurden. Die Namen der anderen Boote waren *Atropo* und *Foca*. Als erste fertiggestellt, besaß sie eine 100-mm-Übungsgkanone, unmittelbar hinter der Brücke im Turm. Die Kanone wurde später entfernt und auf die traditionelle Decksposition verrückt. Das Führungsschiff, die *Foca*, ging am 15. Oktober 1940 während eines Minenlegeeinsatzes vor Haifa, Israel, verloren. Man nimmt an, dass sie bei diesem Einsatz in eine britische Minensperre lief. Die *Atropo* und die *Zoea* überdauerten den Krieg und wurden 1947 aus dem Register gestrichen. Wie viele andere italienische U-Boote jener Zeit waren auch sie in einem desolaten Zustand.

Ende 1943 wurde die *Zoea* von den Alliierten zur Versorgung britischer Truppen auf den Ägäischen Inseln Samos und Leros eingesetzt.

Torpedos und Raketen

DTCN L5

Waffentyp:
ASW/Schiff-
Abwehr-Torpedo

Ursprungsland:
Frankreich

Hersteller:
Direction Technique
des Constructions
Navales

Gewicht:
930 kg

Maße:
Durchmesser:
533 mm,
Länge: 4,4 m

Reichweite:
9,25 km (5 sm)

Gefechtskopf:
150 kg HE

Leistung:
35 kn

Hauptnutzer:
Frankreich,
Belgien, Spanien

Der elektrisch angetriebene *L5*-Torpedo wird in verschiedenen Versionen angeboten. Die mehrfachfähige Version des Torpedos *L5* Mod. 1 wird von Überwasserschiffen mitgeführt, wohingegen die schwerere Version *L5* Mod. 3 von Unterseebooten genutzt wird. Eine einfache Version *L5* Mod. 4 ist eine vereinfachte Ausführung von Modell 1 und wird nur von Überwasserschiffen genutzt. Eine weitere Version ist das *L5* Mod. 4P mit Mehrfachfähigkeit, speziell für den Exportmarkt entwickelt. Alle Modelle sind mit dem Thomson-CSF-Aktiv/Passiv-Leitsystem ausgerüstet und besitzen die Fähigkeit, unterschiedliche Angriffsverfahren durchzuführen. Dazu gehören direkte oder auch programmierte Suchverfahren, die sich das akustische Homingverfahren zunutze machen. Eine frühere Version, die *L4*, wird von Flugzeugen und Hubschraubern genutzt. Die *L5*- und *L4*-Modelle sind auf der Grundlage der vorhergehenden *L3*-Modelle entwickelt, die für den Schiffs- oder U-Boot-Einsatz als selbstsuchende, schwere ASW-Torpedos im Einsatz waren.

DCTN F17

Waffentyp:
Schiff-Abwehr-
Torpedo

Ursprungsland:
Frankreich

Hersteller:
Direction Technique
des Constructions
Navales

Gewicht:
1410 kg

Maße:
Durchmesser:
533 mm,
Länge: 5,9 m

Reichweite:
18 km (9,7 sm)

Gefechtskopf:
250 kg HE

Leistung:
35 kn

Hauptnutzer:
Frankreich,
Spanien,
Saudi-Arabien

Der *F17* war der erste drahtgesteuerte Torpedo der französischen Marine. Konstruiert für den Einsatz von Unterseebooten und Überwasserschiffen aus konnte er sowohl im drahtgesteuerten Modus als auch im Eigensuchverfahren eingesetzt werden. Die schnelle Auswahl des entsprechenden Modus konnte an einem Bedienpult oberhalb der Abschussplattform eingestellt werden. Die Endphase des Angriffs wird normalerweise im passiven Akustikverfahren unter der Eigenkontrolle des Torpedos durchgeführt. Eine Version mit Zweifachfähigkeit, der *F17P*, wurde speziell für den Export entwickelt und wird von Saudi-Arabien in ihren *Madina*-Klasse-Fregatten und von Spanien in ihren *Agosta*-Klasse- und modernisierten *Daphne*-Klasse-U-Booten genutzt. Der *F17P* unterscheidet sich vom *F17* durch den Aktiv/Passiv-Akustik-Suchkopf, der den autonomen Einsatz – bei Bedarf – erlaubt.

FFV-Tp42-Serie

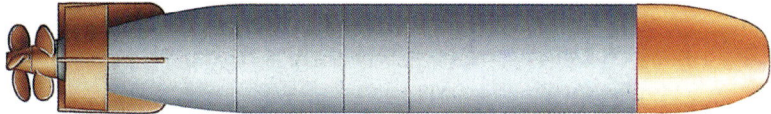

Waffentyp:	Schiff-Abwehr-Torpedo
Ursprungsland:	Schweden
Hersteller:	FFV
Gewicht:	298 kg
Maße:	Durchmesser: 400 mm, Länge: 2,44 m
Reichweite:	20 km (10,8 sm)
Gefechtskopf:	50 kg HE
Leistung:	15/25 kn
Hauptnutzer:	Schweden

Der schwedische *Tp42* ist das Basismodell für einen leichten Torpedo, gebaut bei FFV (Försvarets Fabrikwerk, Eskilstuna) für den eigenen Bedarf und für den Export. Das Grundmodell, der *Tp422*, wurde Mitte 1983 in Dienst gestellt und wird vorwiegend für Schiff-Abwehr-Operationen in der kleinen Hubschrauberflotte der schwedischen Marine genutzt. Es handelt sich hierbei um den ersten westlichen Torpedo, der nach einem Luftabwurf drahtgesteuert geführt wird. Der Vortrieb wird durch eine Elektrobatterie des Zink-Silber-Typs erzeugt und der Sprengkopf arbeitet sowohl mit einem Annäherungs- als auch einem Kontaktzünder. Der Torpedo kann mit zwei verschiedenen Geschwindigkeiten fahren, die auch noch nach dem Abschuss eingestellt werden können, entweder durch die Drahtsteuerung oder auch durch eine vorherige Programmierung im Suchkopf. Spätere Varianten erhielten eine durch digitale Mikroprozessoren gesteuerte Zielführung und sind für den Angriff auf leise, konventionelle U-Boote (SSKs) optimiert, die sich speziell in flachen Gewässern bewegen.

FFV-Tp61-Serie

Waffentyp:	Schiff-Abwehr-Torpedo
Ursprungsland:	Schweden
Hersteller:	FFV
Gewicht:	1796 kg
Maße:	Durchmesser: 533 mm, Länge: 7 m
Reichweite:	20 km (10,8 sm)
Gefechtskopf:	250 kg HE
Leistung:	45 kn
Hauptnutzer:	Schweden, Norwegen

Von *FFV* (Försvarets Fabrikwerk, Eskilstuna) für den Einsatz gegen Überwasserziele entworfen, wurde der *Tp61* als drahtgesteuerter, nicht selbstsuchender Torpedo für Überwasserschiffe, U-Boote und Küstenverteidigungsbatterien im Jahre 1967 eingeführt. 1984 wurde er durch den *Tp613* mit ähnlichem Antrieb, größerer Reichweite und einem selbstsuchenden System ersetzt. Mit dem bordeigenen Computer ist es möglich, den Angriff zu überwachen und bei Bedarf in einen Suchmodus nach dem Ziel überzugehen. Das Antriebssystem besteht aus einem 12-Zylinder-Dampfmotor, der mit Wasserstoffperoxid und Methanol angetrieben wird und dadurch ein kaum wahrnehmbares Signal erzeugt. Verglichen mit anderen modernen elektrisch angetriebenen Typen ist die erreichbare Reichweite, bei gleicher Geschwindigkeit, drei- bis fünfmal höher.

Harpoon

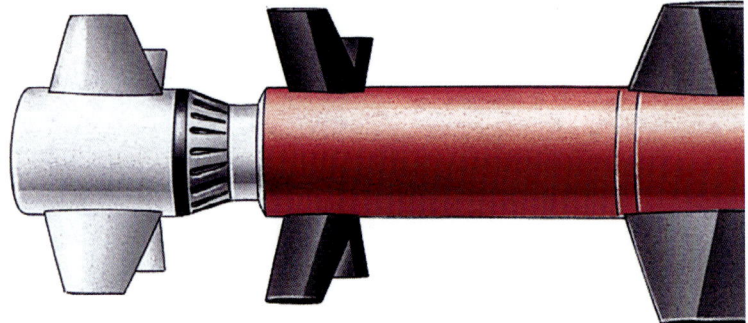

Waffentyp: Schiff-Abwehr-Rakete	**Reichweite:** 160 km
Ursprungsland: USA	
Hersteller: McDonnell Douglas	**Gefechtskopf:** 227 kg , hochexplosiver Splittersprengkopf
Gewicht: 681 kg mit Booster	**Leistung:** 0,85 Mach
Maße: Durchmesser: 343 mm, Länge: 4,62 m	**Hauptnutzer:** Alle NATO- und alliierten Marinen

Nach der Versenkung der israelischen *Eilat* durch eine aus Russland stammende *Styx*-Schiff-Abwehr-Rakete im Jahr 1967 begann die US Navy, großes Interesse an einer vergleichbaren Waffe dieser Art zu zeigen. Das Resultat war eine offizielle Vorschlagsliste, die letztendlich zur *Harpoon* von

M4

Waffentyp: Ballistische U-Boot-Rakete
Ursprungsland: Frankreich
Hersteller: Aérospatiale
Gewicht: 35 073 kg
Maße: Durchmesser: 1,92 m, Länge: 11 m
Reichweite: 4000 km (2156 sm)
Gefechtskopf: 6 MIRVs mit TN70 150 kT Nuklear- sprengköpfen
Leistung: Feststoff- raketenantrieb
Hauptnutzer: Frankreich

Doppelt so schwer wie die *M20*, kann die *M4* mit einer höheren Geschwindigkeit und aus einer größeren Tiefe abgefeuert werden. Die Rakete wurde erstmals 1985 an Bord des sechsten U-Boots mit ballistischen Raketen, der *L'Inflexible*, in Dienst gestellt und verlieh Frankreichs Marine damit die Fähigkeit, zu jeder Zeit drei strategische U-Boote auf Patrouillenfahrt zu halten. Die Konstruktion der Rakete begann 1976 und der erste Probeschuss erfolgte 1980. In der Ursprungsversion besaß die *M4* eine Reichweite von 4500 km (2425 sm). Eine verbesserte Version mit einer Reichweite von 5000 km (2695 sm) nahm erstmals 1987 ihren Dienst auf der *Le Tonnant* auf, als diese im Rahmen einer Überholung fertiggestellt wurde. Die Zusatzreichweite konnte durch den Einbau eines leichteren *TN71*-Nuklearsprengkopfes erzielt werden. Eine verbesserte Version der *M4* war die Aérospatiale *M45/TN75*, mit der die *Le Triomphant*-Klasse ausgerüstet wurde. Bis 2010 sollten alle U-Boote mit der neuesten Version *M51*, mit einer Reichweite von 8000 km (4300 sm), ausgerüstet sein.

McDonnell Douglas führte. Die Waffe wurde über die Jahre ständig modifiziert und modernisiert, um sich den geänderten Gegebenheiten anzupassen. Die *Harpoon*, abschießbar von Überwasserfahrzeugen, Flugzeugen oder Unterseebooten (Sub-*Harpoon*-Version), ist eine hervorragende Waffe. Die Steuerung erfolgt über kreuzförmig angeordnete Stabilisatoren am Rumpfheck. Ein Geschoss kann ein raketentragendes Schnellboot ausschalten, zwei Geschosse eine Fregatte, vier einen Lenkwaffenzerstörer und fünf ein *Kirov*-Klasse-Schlachtschiff oder einen *Kiew*-Klasse-Flugzeugträger. Die *Harpoon* wurde zu einem Exporterfolg in Europa und dem Nahen Osten.

Mk37

Der original *Mk37* Mod. 0 Schwersttorpedo wurde im Jahre 1956 als U-Boot- und überwasserschiffabschussfähiger, freilaufender, mit akustischer Ortung arbeitender Torpedo in Dienst gestellt. Nachdem eingehende Erfahrungen im Einsatz gemacht wurden, modifizierte man den Typ auf *Mk37* Mod. 3 Standard. Obwohl er in der Hauptrolle als U-Boot-Bekämpfungstorpedo gut nutzbar war, war die akustische Ortungsfähigkeit dieser freilaufenden Torpedos, die eine Tiefe von bis zu 300 m erreichen konnten, doch stark begrenzt, besonders wenn das Ziel Ausweichmanöver fuhr und somit dem 640-m-Ortungsbereich oftmals entkam. Nachfolgemodelle des *Mk 37* bekamen dann Drahtsteuerung. Das erste Modell dieser Art wurde 1962 in der US Navy eingeführt. Der *Mk 37* wurde in den 1980er-Jahren aus dem Dienst genommen.

Waffentyp:
U-Boot-Bekämpfungstorpedo

Ursprungsland:
USA

Hersteller:
Westinghouse

Gewicht:
767 kg

Maße:
Durchmesser: 484 mm,
Länge: 3,52 m

Reichweite:
18,3 km (9,8 sm)

Gefechtskopf:
150 kg HE

Leistung:
33,6 kn

Hauptnutzer:
USA und NATO

Mk46

Waffentyp:	U-Boot-Abwehr-Torpedo
Ursprungsland:	USA
Hersteller:	Honeywell
Gewicht:	230 kg
Maße:	Durchmesser: 324 mm, Länge: 2,6 m
Reichweite:	11 km (6 sm)
Gefechtskopf:	43 kg HE
Leistung:	40/45 kn
Hauptnutzer:	USA, NATO und andere verbündete Marinen

Die Entwicklung dieses leichten aktiv-/passivsuchenden Torpedos begann 1960. Der Abschuss der ersten Munitionsladung des *Mk46* Mod. 0 erfolgte 1963. Der neue Torpedo erreichte die doppelte Reichweite des Vorgängers *Mk44*, den er ersetzte, konnte Tauchtiefen von 460 m erreichen und war um 50 % schneller als der Vorgänger. Die Verbesserungen ergaben sich aus einem neuen Antriebssystem. Im Mod. 0 kam noch ein Feststoffmotor zum Einsatz, aber aus wartungstechnischen Gründen musste der Motor gegen einen mit Ottokraftstoff betriebenen thermochemischen CAM-Motor ausgetauscht werden, der dann in allen Nachfolgemustern, beginnend mit *Mk 46* Mod. 1, ab 1967 zum Einsatz kam. Die letzte Version des *Mk 46* NEAR-TIP (*Near-Term-Torpedo-Improvement Program* – ein mittelfristiges Torpedo-Verbesserungsprogramm) war der Versuch, die Fähigkeit eines Torpedos im Kampfeinsatz durch einen speziellen Schallschutzanstrich zu verbessern.

Mk48

Waffentyp:	U-Boot-Abwehr-/Schiff-Abwehr-Torpedo
Ursprungsland:	USA
Hersteller:	Westinghouse
Gewicht:	1579 kg
Maße:	Durchmesser: 533 mm, Länge: 5,8 m
Reichweite:	38 km (23,75 sm)
Gefechtskopf:	294,5 kg HE
Leistung:	55/60 kn
Hauptnutzer:	USA, Australien, Kanada, Niederlande

Der *Mk48*-Torpedo ist der letzte einer langen Reihe von 533-mm-U-Boot-Torpedos. Als Langstreckenwaffe mit wählbarer Geschwindigkeit und Drahtsteuerung ersetzte dieser zweifachfähige (konventionell/nuklear) Torpedo sowohl den *Mk37* als auch den einzigen Nukleartorpedo, den Schiff-Abwehr-Typ *Mk45 Astor*, der mit einem 10-kT-Sprengkopf vom Typ *W34* ausgerüstet war. Die Entwicklung begann 1957, um den Anforderungen für einen neuen Torpedo, die letztendlich 1960 veröffentlicht wurden, zu entsprechen. Ursprünglich sollte der Torpedo U-Boot- und überwasserabschussfähig sein. Die letzte Anforderung wurde jedoch gestrichen, da die Überwasserabschussfähigkeit nicht mehr als wichtig erachtet wurde. Die letzte Version ist der *Mk48* Mod. 5 ADCAP- (*Advanced Capability*) Torpedo mit wesentlich verbesserter Sonarfähigkeit zur optimalen Zielerkennung und einer geringeren Beeinflussung durch Scheinzielkörper und sonarabweisende Anstriche.

Motofides A184 und A244

Waffentyp:	U-Boot-Abwehr-/ Schiff-Abwehr- Torpedo
Ursprungsland:	Italien
Hersteller:	Whitehead Moto- fides
Gewicht:	1265 kg
Maße:	Durchmesser: 533 mm, Länge: 6 m
Reichweite:	25 km (13,5 sm)
Gefechtskopf:	250 kg HE
Leistung:	36 kn
Hauptnutzer:	Italien

Der *A184* ist ein schwerer, drahtgesteuerter Torpedo, der von der Firma White-head Motofides hergestellt und auf den U-Booten und Überwasserschiffen der italienischen Marine stationiert ist. Die Panorama-aktiv/passiv-akustische Ortungseinheit im Kopf des Torpedos steuert die Kurshaltung und Tiefen-kontrolle des Torpedos in der Endphase des Angriffs, wohingegen die Draht-steuerung der Abschusseinheit ihre eigenen Sonarinformationen nutzt, den Torpedo aber nur bis zum Punkt der akustischen Eigenaufnahme steuert. Wie die meisten modernen elektrisch angetriebenen Torpedos verfügt der *A184* über eine Silber-/Zink-Batterie und besitzt Zweifachgeschwindigkeits-fähigkeit, langsam für die passive Suchphase und Hochgeschwindigkeit für die aktive Angriffsphase. Das Mittelmeer ist ein äußerst schwieriges Gebiet für den Einsatz von Torpedos und der kleinere *A244* wurde eigens für den Ersatz des amerikanischen *Mk44*-Torpedos, unter Berücksichtigung der Eigenheiten des Einsatzgebietes, entwickelt.

Polaris A3

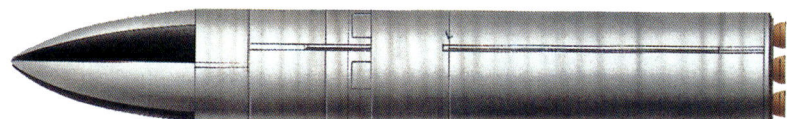

Waffentyp:	U-Boot-gestützte ballistische Rakete
Ursprungsland:	USA
Hersteller:	Lockheed
Gewicht:	15 876 kg
Maße:	Durchmesser: 1,4 m, Länge: 9,8 m
Reichweite:	4748 km (2559 sm)
Gefechtskopf:	3 60 kT MIRV mit Eindringhilfe und Ablenkmittel
Leistung:	nicht bekannt
Hauptnutzer:	USA, Großbritannien

Der letzte Nutzer des *Polaris*-SLBM war die Royal Navy, die ihren Bestand an Raketen in der Mitte der 1980er-Jahre mit neuen Antrieben versah, sodass eine sinnvolle Größe an strategischem Arsenal bis zur Entwicklung der *Trident*-Rakete aufrechterhalten werden konnte. Die britischen Rake-ten (insgesamt 133 Stück) waren mit drei eigenständig entwickelten MIRVs (Mehrfachsprengköpfen) bewaffnet, die gegen Ziele wie Städte oder Öl-felder eingesetzt werden konnten. Die Wirksamkeit eines einzigen zielge-nauen Gefechtskopfes fällt stark ab mit zunehmender Distanz zum Ein-schlagpunkt, wohingegen mehrere, weniger zielgenaue Gefechtsköpfe eine größere Zerstörungswirkung erzielen. Die britischen *Polaris*-Raketen waren im Rahmen des Chevaline-Projektes verbessert und mit einer Ein-dringhilfe versehen worden, was die Raketen auf den Stand der *A3TK* bringen sollte. Das Chevaline-Projekt war notwendig geworden, um einen Gegenpol zur sowjetischen Raketenabwehr zu setzen.

Poseidon C3

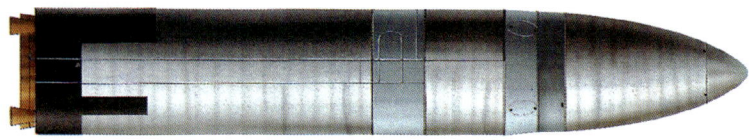

Waffentyp:	U-Boot-gestützte ballistische Rakete
Ursprungsland:	USA
Hersteller:	Lockheed
Gewicht:	29 030 kg
Maße:	Durchmesser: 1,9 m, Länge: 10,4 m
Reichweite:	4000–5200 km (2146-2803 sm)
Gefechtskopf:	10–14,40 kT MIRVs mit Eindringhilfe
Leistung:	nicht bekannt
Hauptnutzer:	USA

1964 wurden die Nachfolgeentwicklungen der *Polaris* einer genaueren Überprüfung unterzogen. Eine Entwicklung stach besonders heraus: die *UGM-73A Poseidon*-SLBM von Lockheed, die die bereits bestehenden Abschussilos der vorhandenen U-Boote nutzen konnte. Letztendlich wurden 31 der insgesamt 41 SSBN tragenden Boote für die Aufnahme der *Poseidon* modifiziert. Einige wurden später für den Abschuss der *Trident I* umgerüstet. Die *Poseidon C3* wurde 1970 in Dienst gestellt. Mit dieser Rakete wurden erstmals Raketen mit Mehrfachsprengköpfen bei der US Navy eingeführt. Auch Eindringhilfen wurden eingerüstet. Die zweistufige Feststoffrakete wurde hauptsächlich für weiche Ziele wie militärische oder Industrieanlagen, hier hauptsächlich Flugplätze, Nachschubdepots oder Führungs- und Kontrolleinrichtungen, eingeplant.

Ein Problem für einen SSBN-Kommandeur war, dass er lieber alle Raketen gleichzeitig gestartet hätte als in Salven, da jeder Raketenabschuss seine Position verrät.

Sea Lance

Waffentyp:	U-Boot-Abwehr-Abstandswaffe
Ursprungsland:	USA
Hersteller:	Boeing/Gould/ Hercules Aerospace
Gewicht:	1403 kg
Maße:	Durchmesser: 533 mm, Länge: 6,25 m
Reichweite:	166,5 km (89,7 sm)
Gefechtskopf:	362,9 kg *Mk50*-Zielsuchtorpedo
Leistung:	1,5 Mach
Hauptnutzer:	USA

Die *Sea Lance* wurde 1980 als Langstreckenrakete zur U-Bootabwehr entwickelt und sollte die Subroc der *Subroc-Raketen* der amerikanischen Angriffsunterseeboote ersetzen. Nach der Eingabe der Zieldaten durch das digitale *Mk117*-Feuerleitsystem und das Sonar wurde das raketensilostartfähige Geschoss in einer Kapsel an die Oberfläche transportiert, wo dann der Einstufenraketenmotor startete. Sobald die Rakete oberhalb von der Wasseroberfläche war, klappten vier kleine Stabilisierungsflossen am hinteren Ende des Geschosses aus und stabilisierten den Flug. Nachdem der Feststoff verbrannt war, wurde das System abgesprengt und die Rakete folgte mit dem Sprengkopf einer ballistischen Kurve bis kurz vor das Ziel, wo das Geschoss dann abgebremst und der Sprengkopf abgeworfen wurde. Das Waffensystem wurde auf den SSN-Booten der *Los-Angeles*-Klasse stationiert. Die Entwicklung wurde aber nach Ende des Kalten Krieges eingestellt.

Spearfish

Waffentyp:	U-Boot-Abwehr-/ Schiff-Abwehr-Torpedo
Ursprungsland:	Großbritannien
Hersteller:	Marconi
Gewicht:	1996 kg
Maße:	Durchmesser: 533 mm, Länge: 8,5 m
Reichweite:	36,5 km (19,7 sm)
Gefechtskopf:	249 kg HE
Leistung:	65 kn
Hauptnutzer:	Großbritannien

Entwickelt, um der Ausschreibung 7525 des Marinestabes zu entsprechen, handelt es sich bei dem Marconi *Spearfish* um einen schweren, drahtgesteuerten, zweifachfähigen Torpedo. Er entstand während des Kalten Krieges, um der Bedrohung durch eine neue Generation von sowjetischen Hochgeschwindigkeitsunterseebooten mit großer Tauchtiefe zu begegnen. Mithilfe der HAP-Ottokraftstoff-Sundstrand-21TP01-Gasturbine konnte der Torpedo durch eine Auslassöffnung mit Hochdruckwasserstrahl auf eine Geschwindigkeit von 60 Knoten gebracht werden. Der Sprengkopf besteht aus einem Hohlladungssprengkopf, der die Doppelhüllenrümpfe sowjetischer *Oscar*-SSGNs oder *Typhoon*-SSBNs durchdringen kann. Ein bordeigener Computer ermöglicht dem Torpedo eine eigene Entscheidungsfindung während der Angriffsphase.

Die Arbeit an der Entwicklung der Prototypen begann 1982. Die ersten Wasserversuche wurden ein Jahr später durchgeführt. 1988 konnte das Waffensystem in Dienst gestellt werden.

SS-N-6

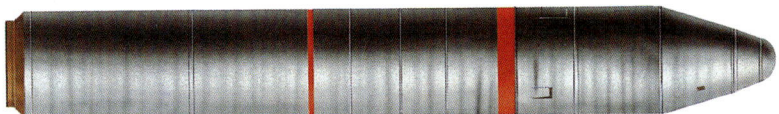

Waffentyp:	U-Boot-gestützte ballistische Rakete
Ursprungsland:	Russland
Hersteller:	nicht bekannt
Gewicht:	19 000 kg
Maße:	Durchmesser: 1,6 m, Länge: 9,65 m
Reichweite:	3000 km (1617 sm)
Gefechtskopf:	1 2 MT oder 3 MIRVs (Mod.2)
Leistung:	nicht bekannt
Hauptnutzer:	Russland

1961–62 ging ein frischer Wind durch das sowjetische seegestützte strategische Raketenprogramm, ausgelöst durch die schnelle Entwicklung der amerikanischen *Polaris*-Unterseebootflotte. Die *Yankee*-Klasse-SSBNs, an sich ursprünglich als Grundlage für die *SS-NX-13*-Rakete gegen Flugzeugträger angedacht (von 1970 bis 1973 getestet, jedoch niemals eingeführt), wurden letztendlich mit 16 *SS-N-6*-Raketen bestückt, einem Ableger aus der *SS-11*-Interkontinentalraketen-Serie. Die *SS-N-6* mit dem NATO-Codenamen *Sawfly* war eine verbesserte *SS-N-5*. Sie hatte die doppelte Reichweite, 50 % bessere Zielgenauigkeit und eine wesentlich höhere Zuverlässigkeit. Nichtsdestotrotz war die Reichweite noch unbefriedigend, was das Verlegen der *Yankee*-Boote bis weit in die Atlantik- und Pazifikgebiete erforderlich machte. Die Nutzung dieser Waffe wurde 1987 eingestellt.

SS-N-20

Waffentyp:	U-Boot-gestützte ballistische Rakete
Ursprungsland:	UdSSR
Hersteller:	nicht bekannt
Gewicht:	60 000 kg
Maße:	Durchmesser: 2,2 m, Länge: 15 m
Reichweite:	8300 km (4473 sm)
Gefechtskopf:	Bis zu 10 100/200 kt wiedereintretende Sprengköpfe
Leistung:	nicht bekannt
Hauptnutzer:	Russland

Die *SS-N-20*, in der NATO als *Sturgeon* bezeichnet, war die erste sowjetische ballistische Feststoffrakete, die mit Mehrfachsprengköpfen bestückt war. Als Dreistufenrakete war sie auf den fünf im Einsatz befindlichen U-Booten der *Typhoon*-Klasse eingerüstet sowie auf dem Erprobungsunterseeboot *Golf V*. Jede Rakete war mit zehn 100/200-kt-Sprengköpfen bestückt, die unabhängig voneinander in die Atmosphäre wiedereintauchen konnten. Diese Beschreibung entspricht den Abkommen über die Reduzierung strategischer Waffen (START = *Strategic Arms Reduction Talks*, Vertrag über die Reduzierung strategischer Waffen). Die *SS-N-20* wird durch Trägheitsnavigation gesteuert und hat eine Zielgenauigkeit (CEP = *Circular Error Probable*, kreisförmiger Zielungenauigkeitsfaktor) von ungefähr 600 Metern. Die Reichweite beträgt 8300 km (5160 sm) und erlaubt einem U-Boot eine Rakete aus der Arktis abzufeuern und dennoch die USA zu treffen. Vier Testflüge erwiesen sich 1980 als Fehlschläge, die 1981 jedoch von zwei erfolgreichen Testflügen ausgeglichen wurden. Die *SS-N-20* wurde im Jahr 1983 eingeführt.

SS-N-18

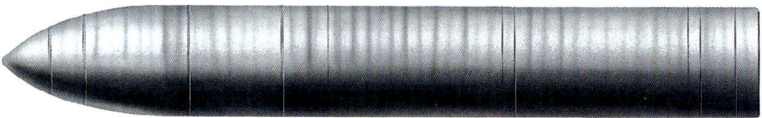

Waffentyp:	U-Boot-gestützte ballistische Rakete
Ursprungsland:	UdSSR
Hersteller:	nicht bekannt
Gewicht:	34 000 kg
Maße:	Durchmesser: 1,8 m, Länge: 14 m
Reichweite:	8000 km (4312 sm)
Gefechtskopf:	Bis zu 7 200/500 kt wiedereintretende Sprengköpfe
Leistung:	nicht bekannt
Hauptnutzer:	Russland

Die *SS-N-18* (NATO-Code *Stingray*) ist eine ballistische Zweistufenrakete (SLBM) der fünften Generation mit Flüssigkeitskraftstoff. Die sowjetische Bezeichnung war *RSM-50*. Es handelte sich dabei um die erste sowjetische ballistische Rakete mit Mehrfachsprengköpfen, die in drei Versionen zum Einsatz kam, zwei davon mit Mehrfachsprengköpfen, eine mit Einfachsprengkopf. Die Version *SS-N-18* Mod. 1 war die erste sowjetische ballistische Rakete mit wiedereintrittsfähigen Mehrfachsprengköpfen. Die Waffe wurde auf 14 *Delta-III*-Unterseebooten stationiert und war zwischen 1977 und 1978 einsatzbereit. Das Modell 2 trug einen Einfachsprengkopf mit einer Sprengkraft von 450–1000 kt. Sie wird von einem Trägheitsnavigationssystem gesteuert, das sich zur Positionsbestimmung an Himmelskörpern orientiert und eine Treffergenauigkeit (CEP) von 900 km erreicht. Jedes *Delta-III*-Unterseeboot führt 16 Raketen mit sich. Nach dem Abschluss von START I und II und aufgrund des vergleichsweise hohen Alters von der Yankee-Klasse, wurden die Boote nach und nach aus dem Verkehr gezogen und verschrottet.

Sting Ray

Waffentyp:	Leichtgewicht-Torpedo
Ursprungsland:	Großbritannien
Hersteller:	Marconi
Gewicht:	265,4 kg
Maße:	Durchmesser: 324 mm, Länge: 2,6 m
Reichweite:	11,1 km (6 sm)
Gefechtskopf:	40 kg Sprengstoff HE in Hohlladung
Leistung:	45 kn
Hauptnutzer:	Großbritannien

Entworfen, um die amerikanischen *Mk46* Mod. 2 zu unterstützen und die *Mk44*-Torpedos in britischen Diensten abzulösen, war der *Sting-Ray* der Ersatz zu dem abgebrochenen *MoD*- und *Mk30/31*-Programm. Die *Mk30*- und *31*-Programme wurden 1970 gestrichen. Der *Sting-Ray* ist der erste britische Torpedo, der ausschließlich von der Privatindustrie entwickelt wurde und eine Reihe technischer Innovationen besitzt. Der Torpedo kann mit unterschiedlicher Geschwindigkeit und in unterschiedlicher Höhe von Hubschraubern, Flugzeugen oder Überwasserschiffen abgeschossen werden. Als Resultat des einzigartigen Steuerungssystems kann er in flachem und tiefem Wasser mit einer sehr hohen Trefferwahrscheinlichkeit eingesetzt werden. Der Beweis konnte erbracht werden, als ein *Sting-Ray* von einem *Nimrod*-U-Bootjäger-Flugzeug abgeschossen wurde und das ausgemusterte U-Boot *Porpoise*, das auf Periskoptiefe festgemacht war, versenkte.

Thomson-Sintra-Seeminen

Waffentyp:	Seemine
Ursprungsland:	Frankreich
Hersteller:	Thomson-Sintra
Gewicht:	850 kg
Maße:	Durchmesser: 0,53 m
Reichweite:	keine Angaben
Gefechtskopf:	keine Angaben
Leistung:	keine Angaben
Hauptnutzer:	Frankreich, Belgien, Malaysia, Niederlande, Pakistan, Spanien

Thomson-Sintra produzierte zwei verschiedene Versionen an Seeminen. Die *TSM5310* ist eine offensive Grundmine, die mit einem Multisensorzündsystem ausgestattet ist, das auf magnetische, akustische und druckerzeugende Impulse reagiert. Sie ist in ihrer Form so konstruiert, dass sie von einem Torpedorohr eines U-Bootes aus verlegt werden kann. Die Empfindlichkeit des Zündsystems lässt sich schon festlegen, bevor die Wassertiefe und die mögliche Zielart eingestellt werden. Die Waffe wird durch Entfernung zweier Sicherungsstifte vor dem Einführen in das Torpedorohr scharf gemacht. Aktiviert wird das System durch einen voreingestellten Timer, der es dem U-Boot erlaubt, eine sichere Entfernung zu erreichen.

Die andere Mine mit der Bezeichnung *TSM3530* ist eine defensive Mine, die von Überwasserschiffen mittels Schienen verlegt wird. Beide Minen werden in der französischen Marine genutzt und wurden zudem weitgehend exportiert, vorwiegend an Länder, die die *Daphné*-Klasse-U-Boote nutzen.

Tigerfish

Waffentyp:
U-Boot-/Schiff-Abwehr-Torpedo

Ursprungsland:
Großbritannien

Hersteller:
Marconi

Gewicht:
1547 kg

Maße:
Durchmesser:
533 mm,
Länge: 6,4 m

Reichweite:
29 km (15,6 sm)

Gefechtskopf:
134 kg HE

Leistung:
35 kn

Hauptnutzer:
Großbritannien

Die Ursprünge des schweren Torpedos *Mk24 Tigerfish* gehen zurück auf das britische Torpedoprojekt *Ongar* aus dem Jahre 1959. 1970 nahm man zur Kenntnis, dass ein solch technologisch komplexes Projekt nicht mehr innerhalb der Streitkräfte allein durchgeführt werden kann. So ging der Entwicklungsauftrag an Marconi, die das Projekt von 1972 an betreuten – fünf Jahre nachdem der Torpedo eigentlich schon im Einsatz sein sollte. Bei der Entwicklung und beim Bau kam es zu verschiedenen Schwierigkeiten, weshalb die erste Version des *Tigerfish Mk24* Mod. 0 erst 1974 einsatzbereit war und nicht über alle ursprünglich geplanten Eigenschaften verfügte. Auch die notwendige Zertifizierung innerhalb der Flotte war langwierig und konnte erst 1979 abgeschlossen werden. Auch der von Marconi nachfolgend entwickelte *Mk24* Mod. 1 war kein Erfolg. Erst der *Mk24* Mod. 2 war zufriedenstellend.

BGM-109 Tomahawk

Waffentyp:
Unterwasser-abschussfähiger Marschflugkörper

Ursprungsland:
USA

Hersteller:
General Dynamics

Gewicht:
1200 kg

Maße:
Durchmesser:
533 mm,
Länge: 6,4 m

Reichweite:
2500 km (1347 sm)

Gefechtskopf:
W80 200 kt
nukleare oder
konventionelle
Munition

Leistung:
0,7 Mach

Hauptnutzer:
USA,
Großbritannien

1974 mit der Entwicklung begonnen, wurde aus der US Navy SLCM (seegestützter Marschflugkörper) *Tomahawk* eine der vielseitigsten Raketen, die jemals entwickelt wurden. Die für viele Einsatzzwecke geeignete Rakete wird in drei verschiedenen Rollen eingesetzt, und zwar als „Taktische Nuklearangriffsrakete für Landziele (TLAM-N)", „BGM-109B Schiff-Abwehr-Rakete (TASM)" und „BGM-109 Konventionelle Landangriffsrakete (TLAM-C)". Die *Tomahawk* kann in eingekapselter Form aus den Torpedorohren amerikanischer und britischer Schiffe verschossen werden und war ursprünglich auf U-Booten der *Los-Angeles*-Klasse eingesetzt. Von der *USS Providence* (SSN-719) an wurde sie in vertikalen Silos mitgeführt. Das erste Boot mit dieser Umrüstung war die *USS Pittsburgh*, die im November 1985 in Dienst gestellt wurde. Von U-Booten aus verschossene *Tomahawks* können mit Streubomben für Landeinsätze bestückt werden.

UGM-96A Trident I C4

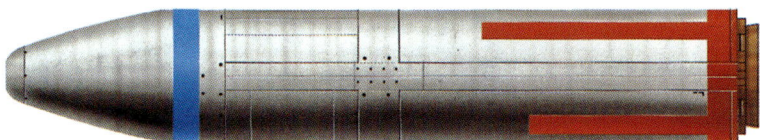

Waffentyp:	U-Boot-gestützte ballistische Rakete
Ursprungsland:	USA
Hersteller:	Lockheed
Gewicht:	31751 kg
Maße:	Durchmesser: 1,89 m, Länge: 10,4 m
Reichweite:	6808 km (3669 sm)
Gefechtskopf:	7 Mk4-MIRV mit je 100 kt W-76-Sprengköpfen
Leistung:	nicht bekannt
Hauptnutzer:	USA

Der Grund für die Entwicklung des *UGM-96A-Trident-I-C4*-Raketenprogramms war der Versuch, die Reichweiten der amerikanischen SLBMs zu erweitern, um Ziele in entfernteren Überwachungsgebieten erreichen zu können. Eine dreistufige Rakete, die *Trident I*, wurde 1977 im Flug getestet und zwei Jahre später an Bord der umgerüsteten SSBN-U-Boot-Klassen *Benjamin Franklin* und *Lafayette* eingerüstet. Die *Trident I* wurde mittlerweile durch die *Trident II* ersetzt, die größte Rakete, die in die Abschusssilos der *Ohio*-Klasse-U-Boote passt. Zuerst wurde sie im Dezember 1989 in der *Tennessee*, dem neunten Boot der *Ohio*-Klasse, eingerüstet. 1989 wurden 312 Raketen, auf die verschiedenen Boote verteilt, einsatzbereit eingerichtet. Die Rakete bildet auch die Bewaffnung für die vier britischen SSBNs der *Vanguard*-Klasse.

Im 21. Jahrhundert wird sich die amerikanische Flotte vermutlich auf SSBNs der *Ohio*-Klasse mit *Trident-II*-Raketen beschränken.

Sub-Martel

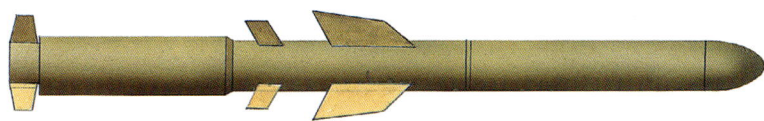

Waffentyp:	U-Boot-gestützter Spezialflugkörper
Ursprungsland:	Großbritannien
Hersteller:	Hawker Siddeley Dynamics/Matra
Gewicht:	550 kg
Maße:	Durchmesser: 400 mm, Länge: 3,87 m
Reichweite:	30 km (16 sm)
Gefechtskopf:	150 kg HE
Leistung:	nicht bekannt
Hauptnutzer:	keine Angaben

Sie entstammt einem unilateralen Entwicklungsprogramm Großbritanniens, bei dem eine effektive U-Boot-abschussfähige Rakete zur Schiffsbekämpfung entstehen sollte – als Antwort auf das russische *N-7-System*. Es handelte sich ursprünglich um ein gemeinsames Programm der Firma HSD und der französischen Firma Matra, dem Konstrukteur der luftabschussfähigen Version. Das Interesse von Matra konzentrierte sich dann aber auf die Entwicklung der *SM38 Exocet*, was zur Beendigung der Zusammenarbeit führte. Produktion und Entwicklung der gewünschten Waffe konzentrierte sich auf die Sub-Martel und die Firma Matra spielte keine Rolle mehr. Man beabsichtigte die Länge des Martel-Raketenkörpers zu vergrößern, ihn mit ausklappbaren Stabilisierungsflächen zu versehen und einen Raketenmotor hinzuzufügen. Der Suchkopf wurde von Marconi Space and Defence Systems erarbeitet. Letztendlich wurde das Projekt 1975 abgebrochen, nachdem bereits 16 Millionen Pfund an Entwicklungskosten verbraucht waren. Man entschied sich dann doch für die amerikanische SSM *Harpoon*.

UUM-44A SUBROC

Waffentyp:
U-Boot-gestützte U-Boot-Abwehr-waffe

Ursprungsland:
USA

Hersteller:
Goodyear

Gewicht:
1814 kg

Maße:
Durchmesser: 533 mm,
Länge: 6,7 m

Reichweite:
56 km (30 sm)

Gefechtskopf:
W55 5 kT nuklear

Leistung:
1,5 Mach

Hauptnutzer:
USA

Die Entwicklung der zweistufigen U-Boot-Rakete *SUBROC* begann im Jahre 1958. Die technische Erprobung konnte 1964 abgeschlossen werden. Die ersten serienmäßigen Munitionssalven wurden im darauffolgenden Jahr an die US Navy geliefert und die durchschnittliche SSN-Munitionsbeladung bestand aus vier bis sechs Sprengsätzen. Die Rakete wurde normalerweise durch das 533-mm-Torpedorohr verschossen. In einer sicheren Entfernung zum Boot wurde der Raketenmotor gezündet und das Geschoss bewegte sich erst eine kurze, horizontale Strecke unter Wasser, bevor es steil nach oben aus dem Wasser stieg. Bis zum Zielpunkt wurde das Projektil durch vier Jetdeflektoren gesteuert. Der 5-kT-W55-Sprengkopf wurde durch eine Kombination aus Sprengbolzen und einem Abbremssystem abgetrennt und begann seine elliptische Laufbahn zum Ziel. Der Gefechtskopf sank dann auf eine vorgegebene Tiefe, bevor er detonierte.

Register

A
A-Klasse 8
A1 16
Acciaio 16, 26, 151
Adua-Klasse 19, 33, 44, 121, 141
Agosta 17, 64, 124
Akula-Klasse 150
Albacore 17
Alfa 18
Aluminaut 18
Amerikanischer Bürgerkrieg 6, 7
  H.L. Hunley 82
  Intelligent Whale 88
  Pioneer 111
Ammiraglio-Cagni-Klasse 28
Aradam 19
Archimede 19, 25, 64, 156
Argentinien
  Santa Cruz 121
Argo-Klasse 56, 74
Argonaut 20
Argonaute 21
Ateliers Loire-Simonot, Frankreich 63, 103
Atlantikschlacht 9–11
Atropo 21
Australien
  Collins 31

B
B-Klasse 8
B1 22
Balilla 22, 40, 47
ballistische Raketen
  M4 164
  Polaris A3 167
  Poseidon C3 168
  SS-N-6 169
  SS-N-20 170
  SS-N-18 170
  UGM-96A Trident 1 C4 173
Barb 47
Barbarigo 23
Barracuda-Klasse 24
Bass 24
Benjamin-Franklin-Klasse 34, 173
Bernardis, Curio 36, 60, 65, 69, 102
Beta 24
BGM-109 Tomahawk 172
Blaison 25

Brin-Klasse 19, 25, 65, 113
Bronzo 26

C
C-Klasse 8, 27
C1-Klasse 26
C25 27
C3 27
Cagni 28
Calvi-Klasse 47, 70
Casabianca 29
Casma 29
CB12 28
Charlie-I-Klasse 30
Charlie-II-Klasse 30
Charlie-Klasse 109
Cherbourg-Marinewerft 61, 113, 130
Chickwick 48
China
  Han 80
  Romeo 117
  Xia-Klasse 157
Churchill-Klasse 31, 148
Collins 31
Conqueror 31
Corallo 32

D
D1 32
Dagabur 33
Dandolo 33
Dänemark
  Dykkeren 44
Daniel Boone 34
Daphné 34, 42, 97, 171
DCTN F17 162
Deep Quest 35
Deepstar 35
Delfino 54, 55
Delta I 37
Delta III 37, 170
Deutschland
  Deutschland 38
  U1 135
  U2 136
  U3 136
  U12 137
  U21 137
  U28 138

U32	138	J1	89	
U47	139	K4	90	
U106	139	L3	93	
U112	140	L10	93	
U139	140	N1	97	
U140	141	Nereide	102	
U151	141	O-Klasse	104	
U160	142	R1	112	
U1081	142	S1	119	
U2326	143	Swordfish	128	
U2501	143	U21	137	
U2511	144	U139	140	
UB4	145	U151	141	
UC74	146	U160	142	
Deutschland	38	UB4	145	
Diablo	38	UC74	146	
Diaspro	39	W2	151	
Dolfijn	39, 153	Walrus	152	
Dolphin	40/41	X2	156	
Domenico Millelire	40/41	Espadon	79, 80	
Doris	42	Ethan-Allen-Klasse	67, 87	
Dreadnought	42	Ettore Fieramosca	50	
Drum	43	Euler	51	
DTCN L5	162	Eurydice	51	
Dupuy de Lôme	43, 77	Evangelista Torricelli	52	
Durbo	44	Explorer	52	
Dykkeren	44			

E

E-Klasse	45
E20	45
Echo	46
E11	45
Electric Boat Company	78, 96
Enrico Tazzoli	46, 47
Enrico Toti	47, 48
Entemedor	48
Ersh (SHCH 303)	49

Erster Weltkrieg 8–9

B1	22
Balilla	22
Beta	24
C3	27
C25	27
D1	32
E11	45
E20	45
Euler	51
F1	53
Fisalla	57
Frimaire	61
G1	62
Giacinto Pullino	68
Grayling	74
Gustave Zédé	76
H1	77

F

F1 (Großbritannien)	53
F1 (Italien)	53
F4	54
Faa di Bruno	54
Falklandkrieg	12
Farfadet	55
Fenian Ram	55
Ferraris	56
Ferro	56
FFV-Tp42-Serie	163
FFV-Tp61-Serie	163
Fiat-San Giorgio, Italien	44, 83, 151
Filippo Corridoni	57
Fisalia	57
Flutto-Klasse	56, 58, 74
Foca-Klasse	21, 58, 59
Fournier, Père	6
Foxtrot-Klasse	59, 129
Francesco Rismondo	60

Frankreich

Agosta	17
Argonaute	21
Blaison	25
Casabianca	29
Daphné	34
Deepstar 4000	35
Doris	42
Dupuy de Lôme	43

Espadon	49, 50
Euler	51
Eurydice	51
Farfadet	55
Frimaire	61
Fulton	61
Galathée	63
Goubet I	72
Goubet II	73
Gustave Zédé	76
Gymnôte	77
Henri Poincaré	81
Nymphe	103
Le Redoutable	113
Requin	114, 115
Roland Morillot	117
Rubis	118
Surcouf	127
Le Terrible	130
Le Triomphant	133
Fratelli Bandiera	60
Frimaire	61
Fulton	61
Fulton, Robert	7, 61, 99

G

G1	62
Gal	62
Galatea	63
Galathée	63
Galerna	64
Galilei	64
Galvani	65
Gato-Klasse	38, 43, 47, 48, 52, 75, 111
Gemma	65
General Mola	66
George Washington	66
George Washington Carver	67
Georgia	67
Ghazi	38
Giacinto Pullino	68
Giacomo Nani	68
Giovanni Bausan	69
Giovanni de Procida	69
Giuliano Prini	70
Giuseppe Finzi	70
Glauco-Klasse	54, 71
Golf I	72
Golfkrieg	
Los Angeles	95
Gorki-Werft, Russland	30, 92, 123, 129
Goubet I	72
Goubet II	73
Grayback	73
Grayling	74
Griechenland	

Nordenfelt 1	102
Grongo	74
Großbritannien	
A1	16
B1	22
C3	27
C25	27
Conqueror	31
D1	32
Dreadnought	42
E11	45
E20	45
Explorer	52
F1	53
G1	62
J1	89
K4	90–91
K26	90–91
L10	93
L23	94
M1	96
Nautilus	100
Oberon	104–105, 106
Odin	106
Parthian	109
Porpoise	112
R1	112
Resolution	115
Resurgam II	116
S1	119
Sanguine	120
Sentinel	122
Seraph	122
Storm	126
Swiftsure	127
Swordfish	128
Thames	130
Thistle	131
Torbay	132
Trafalgar	132
U-Klasse	145
Upholder	147
V-Klasse	148
Valiant	148
Vanguard	149
Walrus	152, 153
Warspite	153
X1	154, 155
X2	155
X5	156
Grouper	75
Guadalcanal	43
Guglielmo Marconi	75
Gustave Zédé	76
Gymnôte	77

H

H. L. Hunley	7, 82
H1	77
H4	78
Ha 201-Klasse	78
Hai Lung	79
Hajen	79
Han	80
Harpoon	164
Harushio	80, 81, 108
Henri Poincaré	81
Holland No. 1	82
Holland VI	83
Holland, John P.	8, 20, 55, 61, 82
Hotel-Klasse	11
Hvalen	83

I

I7	84
I15	84
I21	86
I201	86
I351	87
I400	87
India	88
Indisch-Pakistanischer Krieg	
Daphné-Klasse	42, 97
Diablo	38
Intelligent Whale	88
Isaac Peral	89
Israel	
Gal	62
Typ 640	134
Italien	
Acciaio	16
Aradam	19
Archimede	19
Atropo	21
Balilla	22
Barbarigo	23
Beta	24
Brin	25
Bronzo	26
CB12	28
Cagni	28
Corallo	32
Dagabur	33
Dandolo	33
Delfino	36
Diaspro	39
Domenico Millelire	40
Durbo	44
Enrico Tazzoli	46, 47
Enrico Toti	47, 48
Ettore Fieramosca	50
Evangelista Torricelli	52

F1	53
Faa di Bruno	54
Ferraris	56
Ferro	56
Filippo Corridoni	57
Fisalia	57
Flutto	58
Foca	58, 59
Francesco Rismondo	60
Fratelli Bandiera	60
Galatea	63
Galilei	64
Galvani	65
Gemma	65
Giacinto Pullino	68
Giacomo Nani	68
Giovanni Bausan	69
Giovanni de Procida	69
Giuliano Prini	70
Giuseppe Finzi	70
Glauco	71
Grongo	74
Guglielmo Marconi	75
H1	77
Luigi Settembrini	95
Nazario Sauro	101
Nereide	102
Pietro Micca	110
Reginaldo Giuliani	113
Remo	114
Scire	121
Uebi Scebeli	146
Velella	150
Volframio	151
W2	151
X2	155
Zoea	159

J

J1	89
Japan	
C1-Klasse	26
Ha 201-Klasse	78
Harushio	80, 81
I7	84–85
I15	84–85
I21	86
I201	86
I351	87
I400	87
Oyashio	108
RO100	116
Yuushio-Klasse	158

K

K4	90-91

K26 90–91
Kalmar-Klasse 37
Kalter Krieg
  Entemedor 48
  Evangelista Torricelli 52
  Nacken 98
  Shark 123
  Spearfish 169
  Yankee-Klasse 157
Karp-Klasse 135
Kawasaki-Werft, Kobe 86, 108, 116
Kilo-Klasse 92
Kobe-Werft, Japan 108
Komsomolsk, Russland 46, 92, 150
Konföderierte Staaten von Amerika
  H. L. Hunley 82
  Pioneer 111

L
L3 (Russland) 92
L3 (USA) 93
L10 93
L23 94
La Spezia-Werft 36, 68
Lafayette-Klasse 34, 67, 173
Lake, Simon 20
Laurenti 71, 128
Le Terrible 130
Le Triomphant 133, 164
Lee, Ezra 6, 134
Liuzzi-Klasse 113
Lizardfish 52
Lorient, Frankreich 81
Los Angeles 95, 123, 168
Luigi Settembrini 94–95

M
M1 96
M4 164
Mameli-Klasse 69
Marsenne, Père 6
Marcello-Klasse 33
Marlin 96
Marokko-Flotte 43
Marsopa 97
McDonnell Douglas Harpoon 164–165
Medusa-Klasse 53
Minen
  Thomson-Sintra-Seeminen 171
Mitsubishi-Werke 108
Mk37 165
Mk46 166
Mk48 166
Motofides A184 & A244 167
Murena-Klasse 37

N
N1 97
Nacken 98
Narval-Klasse 34, 42, 115
Narwhal-Klasse 40–41, 98
Nautilus (Großbritannien) 100, 128
Nautilus (USA) 7, 61, 99, 100, 101
Nazario Sauro 101
Nereide 102
Niederlande
  Dolfijn 39
  Walrus 153
  Zeeleeuw 158
Nordenfelt I 102
November-Klasse 103
Nymphe 103

O
O-Klasse 104
Oberon 104–105, 106
Oberon-Klasse 106
Odin 106
Ohio-Klasse 107, 173
Operation Landcrab
  Nautilus 100
Operation Torch
  Argonaute 21
Orzel 107
Oscar-Klasse 13, 108, 109
Oshio-Klasse 80
Ostvenik 60
Oyashio 108

P
Papa 109
Parthian 109
Perla-Klasse 32, 39, 65, 121
Peru
  Casma 29
Pickerel 110
Pietro Micca 110
Pioneer 111
Piper 111
Pisani-Klasse 57, 69
Polaris A3 167
Polen
  Orzel 107
Porpoise-Klasse 106, 112, 152
Portsmouth Marinewerft 24, 96, 111
Poseidon C3 168
Potvis-Klasse 153
Prien, Günther, Kapitänleutnant 139
Project 705 Lira 18

R
R-Klasse 114

R1	112
Raketen *siehe auch* ballistische Raketen	
BGM-109 Tomahawk	172
Harpoon	164–165
Sea Lance	168
Sub-Martel	173
UUM-44A SUBROC	174
Redoutable-Klasse	29, 81, 113, 130
Reginaldo Giuliani	113
Remo	114
Requin-Klasse	50, 81, 114, 115
Resolution	115, 153
Resurgam II	116
Richson, Carl	79
RO100	116
Roland Morillot	117
Romeo	117
Rubis	118
Russland	
Alfa	18
Charlie-I-Klasse	30
Charlie-II-Klasse	30
Delta I	37
Delta III	37
Echo	46
Ersh (SHCH 303)	49
Foxtrot-Klasse	59
Golf I	72
India	88
Kilo-Klasse	92
L3	93
November-Klasse	103
Oscar-Klasse	108
Papa	109
Sierra-Klasse	123
Tango	129
Typhoon	135
Victor III	150
Whiskey	154
Yankee-Klasse	157
S	
S-Klasse	126, 128
S1	119
S28	119
San Francisco	120
Sandford, Richard D., Lt.	27
Santa Cruz	121
Saphir-Klasse	118
Sasebo-Werft, Japan	78
Sauro-Klasse	101
Schweden	
Hajen	79
Hvalen	83
Nacken	98
Sjoormen	124
Västergotland	149
Scire	121
Scotts, Großbritannien	122, 128
Sea Lance	168
Sentinel	122
Seraph	122
Serbien, NATO-Luftschläge	127
Severodvinsk, Russland	37, 103, 108, 109, 123
Shanghai-Werft	117
Shark	123
Sierra-Klasse	123
Sirena-Klasse	63, 65
Siroco	124
Sjoormen	124
Skate	125
Skipjack-Klasse	42, 123, 125
Spanien	
Galerna	64
General Mola	66
Isaac Peral	89
Marsopa	97
Siroco	124
Spanischer Bürgerkrieg	
Adua-Klasse	19, 146
Archimede	19
Diaspro	39
Domenico Millelire	40
Enrico Tazzoli	46, 47
Enrico Toti	47
Ferraris	56
Galatea	63
Galilei	64
Gemma	65
Giovanni da Procida	69
Perla-Klasse	32
Spearfish	169
Spinelli, leitender Ingenieur	28
Squalo-Klasse	36
SS-N-6	169
SS-N-18	170
SS-N-20	170
Sting Ray	171
Stingray	170
Storm	126
Sturgeon-Klasse	98, 126, 170
Sub-Martel	173
Surcouf	127
Swiftsure	127
Swordfish	128
T	
T-Klasse	131
Taiwan	
Hai Lung	79
Tang	129
Tango	129

Tench-Klasse	38, 110	U32	138
Thames	130	U42, siehe Balilla	
Thistle	131	U47	139
Thomson-Sintra Seeminen	171	U106	139
Thresher/Permit	225, 235	U112	140
Thyssen Nordseewerk, Deutschland	121	U123	25
Tigerfish	172	U139	140
Tizzoni, leitender Ingenieur	69	U140	141
Tomahawk	172	U151	141
Torbay	132	U160	142
Toricelli	66	U1081	142

Torpedos

		U2326	143
DTCN F17	162	U2501	143
DTCN L5	162	U2511	144
FFV-Tp42-Serie	163	UB4	144−145
FFV-Tp61-Serie	163	UC74	263
Mk37	165	Uebi Scebeli	146
Mk46	166	UGM-96A Trident I C4	173
Mk48	166	Upholder	147
Motofides A184 & A244	167	**USA**	
Spearfish	169	Albacore	17
Sting Ray	171	Aluminaut	18
Tigerfish	172	Argonaut	20
Tosi-Werft, Italien	69	Bass	24
TR1700-Klasse 1	21	Daniel Boone	34
Trafalgar-Klasse	132, 132, 153	Deep Quest	35
Travkin, I. V.	49	Diablo	38
Trident	167, 168, 173	Dolphin	40−41
Triton	133	Drum	43

Türkei

		F4	54
Entemedor	48	Fenian Ram	55
Turtle	6, 134	George Washington	66
Typ 640	134	George Washington Carver	67
Typ 1XB	25, 139	Georgia	67
Typ-205-Klasse	137, 138	Grayback	73
Typ 206	62, 138	Grayling	74
Typ 209	13, 29	Grouper	75
Typ 2400	116	H4	78
Typ-KS-Klasse	116	Holland No. 1	82
Typ VII	25, 138, 139	Holland VI	83
Typ XI	140	Intelligent Whale	88
Typ XVII B	142	L3	93
Typ XVII G	142	Los Angeles	95
Typ XVII K	142	Marlin	96
Typ XXI	25, 86, 114, 117, 143, 144, 154	N1	97
Typ XXIII	143, 144	Narwhal	98
Typhoon	135, 170	Nautilus	99, 100, 101
		O-Klasse	104

U

		Ohio	107
U-Klasse	145	Pickerel	110
U1	135	Piper	111
U2	136	S28	119
U3	136	San Francisco	120
U12	137	Shark	123
U21	137	Skate	125
U28	138	Skipjack	125

Sturgeon	126
Tang	129
Thresher-/Permit-Klasse	131
Triton	133
Turtle	134
Walrus	152
X1	155
UUM-44A SUBROC	174
Uzushio-Klasse	80, 158

V

V-Klasse	40−41, 100, 148
Valiant-Klasse	31, 148
Vanguard-Klasse	115, 149
Västergotland	149
Velella	150
Venice-Werft	24, 71
Vickers-Armstrong	52, 130, 145, 148, 153
Vickers Ltd. (Schiffbau und Konstruktionswerke)	132, 147
Vickers, Barrow-in-Furness	8, 16, 60, 62, 100, 134
Victor III	150
Victor-Klasse	30, 120, 129
Volframio	151

W

W2	151
Waffen siehe ballistische Raketen, Minen, Raketen und Torpedos	
Walrus (Großbritannien)	152
Walrus (Niederlande)	153, 158
Walrus (USA)	152
Warspite	153
Westinghouse Electric Corporation	35
Whiskey-Klasse	129, 154
Wilkins, John	6

X

X1 (Großbritannien)	154
X1 (USA)	155
X2 (Großbritannien)	156
X2 (Italien)	155
X5	155, 156
Xia-Klasse	80, 157

Y

Yankee-Klasse	37, 157, 169
Yushio-Klasse	81, 158

Z

Zeeleeuw	158
Zoea	159
Zwaardvis-Klasse	79
Zweiter Weltkrieg	9−11
Acciaio	16
Aradam	19
Archimede	19
Argonaut	20
Argonaute	21
Atropo	21
Barbarigo	23
Blaison	25
Brin	25
Bronzo	26
C1-Klasse	26
Cagni	28
Casabianca	29
CB12	28
Corallo	32
Dagabur	33
Dandolo	33
Delfino	36
Diaspro	39
Drum	43
Durbo	44
Enrico Tazzoli	46, 47
Enrico Toti	47
Ersh (SHCH 303)	49
Espadon	49
Ettore Fieramosca	50
Eurydicé	51
Faa di Bruno	54
Ferraris	56
Filippo Corridoni	57
Flutto	58
Foca	59
Francesco Rismondo	60
Fratelli Bandiera	60
Galatea	63
Galathée	63
Galilei	64
Galvani	65
Gemma	65
Giovanni da Procida	69
Giuseppe Finzi	70
Glauco	71
Grayling	74
Grongo	74
Grouper	75
Guglielmo Marconi	75
H1	77
Henri Poincaré	81
I7	84
I15	84
I21	86
I351	87
L3	93
L23	94
Luigi Settembrini	94−95
Nautilus	100
Odin	106
Orzel	107

Parthian	109	Swordfish	128
Pickerel	110	Thames	130
Pietro Micca	110	Thistle	131
Piper	111	U-Klasse	145
Porpoise	112	U2	136
Reginaldo Giuliani	113	U32	138
Remo	114	U47	139
Requin	115	U106	139
RO100	116	Uebi Scebli	146
Rubis	118	Velella	150
S28	119	Volframio	151
Scire	121	X2	155, 156
Seraph	122	X5	156
Storm	126	Zoea	159
Surcouf	127		

Erstveröffentlichung 2000 unter dem Titel
,,Submarines of the World''
© 2000 Amber Books Ltd

Genehmigte Lizenzausgabe
NEUER KAISER VERLAG GmbH
Industriestraße 19
64407 Fränkisch-Crumbach 2016
www.neuer-kaiser-verlag.de

ISBN 978-3-8468-0023-2

Text: Robert Jackson
Übersetzung: Manfred Franzke
und design cat GmbH
Layout, Satz und Umschlaggestaltung:
design cat GmbH

Bildnachweis:
Alle Bilder dieses Bandes stammen vom Istituto
Geografico De Agostini S.p.A., mit Ausnahme der
Fotos auf folgenden Seiten: Mainline Design (Guy
Smith) 17 u., 98 o., 101 u., 108 o., 121 o., 123 u., 126 u.,
132 u., 148 u., 162 o., 162 u., 164–165 o./Tony Gib-
bons 17 o., 21 o., 24 o., 29 o., 31 o., 59 u., 61 o., 70 o.,
80 u., 96 u., 98 u., 103 u., 108 u., 109 o., 109 u., 110
o., 111 u., 114 u., 115 o., 117 o. und der Bilder von
Shutterstock: AlexZaitsev 174/Feoktistoff 2/Glock
15/Ilya Shulika 161/Istomina Olena 12-13/ iurii
Cover/Pavelk Cover/Sergey Kelin 4/ solarseven
Cover/tishomir 175/ Vibrant Image Studio Cover